Grundlegende Schiffsarchitektur

Philip A. Wilson

Grundlegende Schiffsarchitektur

Schiffsstabilität

Philip A. Wilson
Faculty of Engineering and the
Environment, University of Southampton
Southampton, UK

ISBN 978-3-031-48244-1   ISBN 978-3-031-48245-8 (eBook)
https://doi.org/10.1007/978-3-031-48245-8

Übersetzung der englischen Ausgabe: „Basic Naval Architecture" von Philip A. Wilson, © Springer Nature Switzerland AG 2018. Veröffentlicht durch Springer International Publishing. Alle Rechte vorbehalten.

Die Deutsche Nationalbibliothek verzeichnet diese Publikation in der Deutschen Nationalbibliografie; detaillierte bibliografische Daten sind im Internet über http://portal.dnb.de abrufbar.

© Der/die Herausgeber bzw. der/die Autor(en), exklusiv lizenziert an Springer Nature Switzerland AG 2024

Das Werk einschließlich aller seiner Teile ist urheberrechtlich geschützt. Jede Verwertung, die nicht ausdrücklich vom Urheberrechtsgesetz zugelassen ist, bedarf der vorherigen Zustimmung des Verlags. Das gilt insbesondere für Vervielfältigungen, Bearbeitungen, Übersetzungen, Mikroverfilmungen und die Einspeicherung und Verarbeitung in elektronischen Systemen.
Die Wiedergabe von allgemein beschreibenden Bezeichnungen, Marken, Unternehmensnamen etc. in diesem Werk bedeutet nicht, dass diese frei durch jedermann benutzt werden dürfen. Die Berechtigung zur Benutzung unterliegt, auch ohne gesonderten Hinweis hierzu, den Regeln des Markenrechts. Die Rechte des jeweiligen Zeicheninhabers sind zu beachten.
Der Verlag, die Autoren und die Herausgeber gehen davon aus, dass die Angaben und Informationen in diesem Werk zum Zeitpunkt der Veröffentlichung vollständig und korrekt sind. Weder der Verlag noch die Autoren oder die Herausgeber übernehmen, ausdrücklich oder implizit, Gewähr für den Inhalt des Werkes, etwaige Fehler oder Äußerungen. Der Verlag bleibt im Hinblick auf geografische Zuordnungen und Gebietsbezeichnungen in veröffentlichten Karten und Institutionsadressen neutral.

Planung/Lektorat: Anthony Doyle
Springer Vieweg ist ein Imprint der eingetragenen Gesellschaft Springer Nature Switzerland AG und ist ein Teil von Springer Nature.
Die Anschrift der Gesellschaft ist: Gewerbestrasse 11, 6330 Cham, Switzerland

Das Papier dieses Produkts ist recycelbar.

Vorwort

Dieses Buch wurde als eine Quelle für grundlegende Informationen über die Stabilität von Schiffen geschrieben. Für alle, die ein Schiff nutzen, ist dessen Stabilität überlebenswichtig. Und die Praktiker der Wissenschaft und Kunst der Schiffbauarchitektur müssen sie sehr gut beherrschen! Die Grundlagen der Stabilität haben sich in den letzten paar hundert Jahren nicht wirklich verändert, wie das erste Kapitel zeigt, das die Geschichte und Entwicklung der Schiffsstabilität untersucht. Doch neue Anforderungen und Methoden, die durch Schiffsunfälle und Katastrophen verursacht wurden, haben dazu geführt, dass die internationale Seeschifffahrtsorganisation die Vorschriften für die Definitionen der Schiffsstabilität geändert und verschärft hat. Jüngste Entwicklungen in der Analyse von Schiffsunglücken haben dazu geführt, dass die traditionelle deterministische Methodik der Schiffsstabilität durch eine probabilistische Methodik ergänzt wurde. Dies wird in einem späteren Kapitel dieses Buches diskutiert und erklärt. Das letzte Kapitel zeigt, wie die modernen Veränderungen nun in die sogenannten Anforderungen an die Stabilität der zweiten Generation von Schiffen übergehen, die zum Zeitpunkt der Verfassung dieses Buches sehr neu sind.

Southampton, UK   Philip A. Wilson

Danksagungen

Dieses Buch ist den Dozenten und Studenten der Schiffswissenschaft gewidmet, die über die vielen Jahre hinweg eine fruchtbare Inspirationsquelle für das Schreiben dieses Buches waren. Die Arbeit basiert auf Vorlesungsnotizen für das, was früher die „Vorlesungen zu Schiffsstudien" genannt wurde und in späteren Jahren „Grundlegende Schiffbauarchitektur".

Insbesondere möchte ich meinen ehemaligen Kollegen David Cooper, John Wellicome und Penny Temarel danken.

Natürlich hätte ich ohne die Hilfe und Unterstützung meiner Frau Hilary und unserer vier Kinder, die nun vollständig erwachsen sind und das Nest verlassen haben, Richard, Thomas, Jennifer und Hugh, keine Zeit gefunden, dieses Werk zu schreiben. Die Katze Mir war überhaupt keine Hilfe!

Southampton, UK Philip A. Wilson
Mai 2017

Inhaltsverzeichnis

1	**Einführung in die Schiffbaukunst**		1
	1	Einführung in den Seetransport	1
	2	Weltweiter Seehandel	2
	3	Überblick über Seeschiffe	4
	4	Gesamtüberblick Schiffsdesign – die Designanforderungen	6
	5	Der Designzyklus	7
	6	Die Geometrie eines Schiffsrumpfs	8
	7	Vergleichende Designparameter	9
		7.1 Zuladungskoeffizient (engl. *deadweight coefficient*)	9
		7.2 Schlankheitskoeffizienten	9
		7.3 Feinheitskoeffizienten (engl. *fineness coefficients*)	11
		7.4 Geschwindigkeitsparameter	13
		7.5 Design-Trendlinien	13
		7.6 Verdrängungsmasse und Gewicht	15
	8	Begriffe zur Definition des Mittschiffsabschnitts	15
	9	Zusammenfassung	15
2	**Grundlegende Eigenschaften**		17
	1	Masse, Gewicht und Gewichtsmomente	17
	2	Trägheitsmoment	18
	3	Verschiebung von Gewichten – Äquivalente Kräfte und Gewichte	18
	4	Schwerpunkte	19
	5	Summenzeichen	20
	6	Schätzung des Gleichgewichtspunkts	21
	7	Die Auswirkung einer Drehung auf das wirkende Moment	21
	8	Allgemeine Ausdrücke für den Schwerpunkt	22
	9	Beispielberechnungen des Schwerpunkts	23
	10	Zusammenfassung	24
3	**Gleichgewichts- und Stabilitätskonzepte für schwimmende Körper**		25
	1	Druck in einer gleichförmigen inkompressiblen Flüssigkeit im Ruhezustand	25

	2	Druck auf eine geschlossene Oberfläche S imRuhezustand in einer ebenfalls ruhenden Flüssigkeit	26
	3	Archimedisches Prinzip	27
	4	Berechnung der Auftriebskraft	27
	5	Gleichgewicht und Stabilität schwimmender Körper	28
		5.1 Allgemeine Definitionen	28
		5.2 Stabilität eines untergetauchten Körpers	29
		5.3 Stabilität eines schwimmenden Körpers	30
	6	Zusammenfassung	31
4	**Berechnung von Volumen und Auftriebsschwerpunkten**		**33**
	1	Integration als Grenzwert einer Summation	34
	2	Flächen und Schwerpunkte von Schichten	36
	3	Ein einfaches Beispiel	38
		3.1 Rechteckige Schichten $(n = 0)$	39
		3.2 Dreieckige Schicht $(n = 1)$	39
		3.3 Parabolische Lamina I, $(n = \frac{1}{2})$	40
		3.4 Parabolische Schicht II, $(n = 2)$	41
	4	Zusammenfassung	42
5	**Weitere Anmerkungen zum Verdrängungsvolumen und Auftriebszentrum**		**43**
	1	Berechnung von Verdrängung und Auftriebsschwerpunkt	43
	2	Berechnung der Querschnittsfläche	45
	3	Berechnung der Schwimmfläche und des Zentroids	46
	4	Einführung in Veränderungen bei Tiefgang (paralleles Einsinken) und Trimmung	46
	5	Verschiebung des LCB aufgrund einer kleinen Änderung der Trimmung	48
	6	Längsflächenmomente zweiter Ordnung und Satz der parallelen Achsen	50
	7	Formeln für LCB-Verschiebung und Längenmetazentrum	51
	8	Verschiebung des Auftriebsschwerpunkts aufgrund kleiner Krängungswinkel	52
	9	Zweite Flächenträgheitsmomente von einfachen Schichten	54
		9.1 Rechteckige Schicht	54
		9.2 Typische Wasserlinienebene eines Schiffs	55
		9.3 Mathematisch definierte Wasserlinienebene	56
		9.4 Kreisförmige Schichten	58
	10	Zusammenfassung	59
6	**Formeln für numerische Integration**		**61**
	1	Trapezregel	63
	2	Simpsons erste Regel	64
		2.1 Beispiel	65
	3	Simpsons zweite Regel	67

	4	5, +8, −1 Regel	68
	5	Zusammenfassung	70
7	**Probleme mit Änderungen von Tiefgang und Trimmung**..........		71
	1	Der bisherige Stand	72
	2	Moment zur Änderung der Trimmung	72
	3	Tiefgang bei Trimmung	74
	4	Masse zu einem Schiff hinzufügen........................	74
		4.1 Beispiel 1...................................	75
		4.2 Beispiel 2...................................	76
	5	Vom Süßwasser zum Salzwasser wechseln	77
		5.1 Beispiel 3...................................	77
	6	Ein Schiff mit Hecktrimmung in ein Dock schwimmen lassen....	78
		6.1 Beispiel 4...................................	78
	7	Veränderung der hydrostatischen Eigenschaften mit dem Tiefgang	81
	8	Das Krängungsexperiment	81
		8.1 Zweck	81
		8.2 Methode....................................	82
		8.3 Zu beachtende Vorsichtsmaßnahmen....................	82
		8.4 Messungen des Tiefgangs	84
		8.5 Korrekturen am leeren Schiff........................	84
8	**Themen zur Anfangs-Querstabilität**		87
	1	Aufrichtende und Krängungsmomente bei kleinen Winkeln	87
	2	Metazentrische Höhendiagramm für eine rechteckige Box	89
	3	Stabilität eines homogenen quadratischen Holzstamms..........	91
		3.1 Schwimmender Holzstamm mit einer horizontal ausgerichteten Vorderfläche	91
		3.2 Schwimmender Baumstamm mit einer horizontalen Diagonalen..................................	91
	4	Morrishs-Formel für *KB*................................	94
	5	Schätzung von BM_T nach Munro-Smith	96
	6	Anfangsschätzung der Konstruktionsbreite des Schiffs	97
	7	Verluste der Querstabilität – *Virtuelle* Schwerpunktprobleme.....	98
		7.1 Aufgehängte Gewichte	98
		7.2 Freie Flüssigkeitsoberflächen	100
		7.3 Stabilitätsverluste durch Grundberührung oder Docken.....	103
	8	Zusammenfassung	105
9	**Wandseitenformel und ihre Anwendungen**		107
	1	Wandseitenformel..................................	107
	2	Anwendung auf die Querverschiebung von Gewichten	110
	3	Lollwinkel.......................................	111
	4	Zusammenfassung	113

10 Großwinkelstabilität 115
   1   Die Aufrichtehebel-GZ-Kurve 115
   2   Faktoren, die die GZ-Kurve beeinflussen. 117
       2.1   Höhe des Schwerpunkts. 117
       2.2   Erhöhung der Deckbreite. 117
       2.3   Erhöhung des Freibords. 118
       2.4   Wasserdichter Aufbau 118
   3   Berechnung von Aufrichthebelkurven 120
       3.1   Speicherung der Daten von Schnitten 120
       3.2   Eigenschaften eines vollen Schnitts bei einer Schräglage.... 121
       3.3   Integrierte Eigenschaften des eingetauchten Volumens...... 123
       3.4   Die Berechnung von *GZ* 123
       3.5   Schwankender Tiefgang und Trimm 124
       3.6   Berechnungsmodus für Kreuzkurven 124
   4   Dynamische Stabilität. 126
       4.1   Grundkonzepte. 126
       4.2   Anwendung auf Schiffe. 127
       4.3   Reaktion auf plötzlich angewandte Momente 128
       4.4   Stabilitätskriterien 129
   5   Zusammenfassung 130

11 Schottenberechnungen 131
   1   Definitionen, die bei der Unterteilung verwendet werden 132
       1.1   Schottendeck 132
       1.2   Sicherheitsrand 132
       1.3   Durchlässigkeit der Abteilung (μ) 132
       1.4   Flutbare Länge. 133
   2   Berechnungsmethoden: hinzugefügte Gewichte, wegfallende Verdrängung. 133
       2.1   Methode der hinzugefügten Gewichte (engl. *added weight method*) 134
       2.2   Methode der wegfallenden Verdrängung (engl. *lost buoyancy method*) 134
   3   Überflutung bis zu einer bestimmten Wasserlinie 134
       3.1   Konstruktion einer Kurve der flutbaren Länge 136
   4   Fluten eines bestimmten Abteils. 136
   5   Korrekturen für Tiefertauchen und Trimmen 138
   6   Beispiel: Berechnung des hinzugefügten Gewichts 138
   7   Beispiel: Methode der wegfallenden Verdrängung. 140
   8   Zusammenfassung 142

12 Stapellauf und Stapellaufberechnungen 143
   1   Geometrie der Stapellaufbahn 144
       1.1   Gerade Ablaufbahn 144
       1.2   Gekrümmte Ablaufbahn. 145

	2	Berechnungen zum Stapellauf	145
		2.1 Bevor das Heck Auftrieb hat	146
		2.2 Nachdem das Heck Auftrieb hat	146
		2.3 Stapellaufkurven	146
	3	Zusammenfassung	148

13 Methoden zur Stabilitätsbewertung (deterministisch und probabilistisch) ... 149
   1 Hintergrund ... 149
      1.1 IMO ... 149
      1.2 Entwicklungen in der Schiffsstabilität ... 149
      1.3 Geschichte der Entwicklung der probabilistischen Methodik ... 152
   2 Berechnungen zur Stabilität eines beschädigten Schiffs ... 153
      2.1 Schadensausmaß ... 154
      2.2 Anforderungen ... 155
      2.3 Probabilistischer Ansatz für die Stabilität eines beschädigten Schiffs ... 156
      2.4 Probabilistisches Konzept ... 158
      2.5 Auszug aus ANHANG 22 der SOLAS ... 162
   3 Detaillierte Vorschriften gemäß SOLAS 2009 ... 164
      3.1 Abteilungslänge ... 164
      3.2 Berechnungsmethode ... 165
      3.3 Längsunterteilung ... 167
      3.4 Begrenzung der Vorschriften ... 167
      3.5 Leichter Einsatztiefgang ... 168
      3.6 Tiefgang und Trimmung ... 168
      3.7 Erforderlicher Unterteilungsindex R ... 169
      3.8 Erreichter Unterteilungsindex A ... 171
   4 Durchlässigkeit ... 179
   Literatur ... 180

14 Stabilitätsmethodik der zweiten Generation ... 181
   1 Einführung ... 182
   2 Die IMO-Kriterien der zweiten Generation für intakte Stabilität ... 182
      2.1 Parametrisches Rollen ... 182
      2.2 Reiner Stabilitätsverlust ... 189
      2.3 Stabilität bei Totalausfall des Schiffs ... 191
      2.4 Übermäßige Beschleunigung ... 193
   3 Direkte Stabilitätsbewertung (DSA) ... 195
      3.1 Allgemeine Anforderungen ... 195
      3.2 Parametrisches Rollen und übermäßige Beschleunigung ... 195
      3.3 Reiner Stabilitätsverlust ... 196

	3.4	Wellenreiten und Querlegen	196
	3.5	Totalausfall des Schiffs	196
Literatur.			197
15	**Beispiele und Aufgaben**		199
	1	Beispiele und Aufgaben	199
	2	Beispiele und Aufgaben	200
	3	Beispiele und Aufgaben	201
	4	Beispiele und Aufgaben	203
	5	Beispiele und Aufgaben	204
	6	Beispiele und Aufgaben	206
	7	Beispiele und Aufgaben	207
	8	Beispiele und Aufgaben	209
	9	Beispiele und Aufgaben	210
	10	Beispiele und Aufgaben	211
	11	Beispiele und Aufgaben	213
	12	Beispiele und Aufgaben	214
	13	Beispiele und Aufgaben	215

Abbildungsverzeichnis

Kapitel 1

Abb. 1	Rumpfplan. (Mit freundlicher Genehmigung von Dr. John Wellicome)	8
Abb. 2	Projektion der Rumpflinien. (Mit freundlicher Genehmigung von Dr. John Wellicome)	10
Abb. 3	Wasserlinien	12
Abb. 4	Schnitt- und Wasserlinienformen	13
Abb. 5	Design-Trendlinien, Volumenkoeffizient mit Froude-Zahl	14
Abb. 6	Design-Trendlinie der Entwicklung des Schärfegrades der Verdrängung gegen die Froude-Zahl	14

Kapitel 2

Abb. 1	Definition des Moments	18
Abb. 2	Addition von gleichgroßen Kräften an einem einzelnen Punkt	18
Abb. 3	Kräfte ersetzt durch ein Moment plus Kraft	19
Abb. 4	Moment eines Moments	19
Abb. 5	Mehrere Kräfte addiert für ein äquivalentes Moment im System	20
Abb. 6	Verallgemeinerung auf eine große Anzahl von Punktlasten	20
Abb. 7	2-D Rotation des Achsensystems	21
Abb. 8	3-D-Drehung des Achsensystems	22

Kapitel 3

Abb. 1	Druckkräfte auf die Basis eines vertikalen Zylinders	26
Abb. 2	Druckkräfte auf einen dreidimensionalen Körper	26
Abb. 3	Stabilitätsbedingungen und -typen	29
Abb. 4	Stabilität eines vollständig untergetauchten Körpers	30
Abb. 5	Auswirkungen der Positionen des Auftriebsschwerpunkts und des Schwerpunkts	30

Kapitel 4

Abb. 1	Querschnittsflächenkurve	34
Abb. 2	Integration als Grenzwert der Summation	35
Abb. 3	Integration als Grenzwert der Summierung von Flächen betrachtet	35
Abb. 4	Integration mit variablen oberen und unteren Grenzen	36
Abb. 5	Eine einfache Schicht mit Rändern, die durch eine verallgemeinerte Potenz von x approximiert werden	38
Abb. 6	Berechnung von Fläche und Schwerpunkt für eine dreieckige Schicht	40
Abb. 7	Fläche einer stumpfen parabolischen Schicht	40
Abb. 8	Fläche der spitzen parabolischen Schicht	41

Kapitel 5

Abb. 1	Volumenschätzung durch Annäherung des Schiffes durch Längsschnitte	44
Abb. 2	Volumenapproximation des Schiffs durch Verwendung von Wasserflächen	44
Abb. 3	Schnitt in der Entfernung x von der Schiffsmitte	45
Abb. 4	Schätzung der Schwimmfläche aus Versatzdaten (engl. *offset data*)	46
Abb. 5	Definition des parallelen Sinkens	47
Abb. 6	Trimmungsänderung auf der Wasserlinie	48
Abb. 7	Berechnung der getrimmten *LCF*	49
Abb. 8	Definition des Längenmetazentrums M_L	52
Abb. 9	Auswirkungen der Krängung unter der Annahme eines wandseitigen Schiffsabschnitts	52
Abb. 10	Definition des Breitenmetazentrums	53
Abb. 11	Berechnung von J_T für eine rechteckige Schicht	54
Abb. 12	Typisches Wasserlinienebene eines Schiffs zur Berechnung von J_T	56
Abb. 13	Mathematisch definierte Wasserlinienebene	56
Abb. 14	Flächenträgheitsmoment, J_T und J_L für eine kreisförmige Schicht	58

Kapitel 6

Abb. 1	Funktion ausgewertet an Punkten mit gleichmäßigen Abständen	62
Abb. 2	Trapezregel	63
Abb. 3	Simpsons erste Regel	64
Abb. 4	Simpsons zweite Regel für Intervalle mit gleichmäßigem Abstand	67
Abb. 5	Simpsons dritte Regel	68

Kapitel 7

Abb. 1	Paralleles Tiefertauchen	72
Abb. 2	Trimmung um LCF	72
Abb. 3	Moment zur Änderung der Trimmung	73
Abb. 4	Tiefgang an den Loten bei Trimmung	74
Abb. 5	Beispiel für die Hinzufügung von Masse auf einem Schiff	75
Abb. 6	Schiff wird ins Trockendock gebracht	79
Abb. 7	Geneigter Schnitt	83
Abb. 8	Tiefgangsmessungen	84

Kapitel 8

Abb. 1	Rückstellendes Rollmoment	88
Abb. 2	Moment der die Neigung verursachenden Massen	88
Abb. 3	Position von B, G und M_T	89
Abb. 4	Berechnung von M_T für eine rechteckige Box	90
Abb. 5	Variation der Boxparameter mit KM_T	90
Abb. 6	Stabilitätsbereich für einen quadratischen Baumstamm	91
Abb. 7	Quadratischer Baumstamm schwimmt mit flacher Wasserlinie auf der Diagonalen	92
Abb. 8	Quadratischer Baumstamm schwimmt mit tiefer Wasserlinie auf Diagonalen	92
Abb. 9	Stabilitätsbereich eines quadratischen Stammes, der auf einer diagonal ausgerichteten Wasserlinie schwimmt	94
Abb. 10	Näherung der Schwimmfläche durch lineare Variation, die bei der Morrish-Methode verwendet wird	94
Abb. 11	Gewichte, die an einem Kran aufgehängt sind	99
Abb. 12	Ein Ladebaum unter Kontrolle von Balkensperren oder Niederholern	99
Abb. 13	Ladebaum unter vollständiger Kontrolle	99
Abb. 14	Effekte der freien Oberfläche	100
Abb. 15	Reduzierung der freien Oberfläche in einem vertikalen Trichter	101
Abb. 16	Längsunterteilung in Frachttanks	101
Abb. 17	Änderung von G, wenn Ölkraftstoff in den Treibstofftanks durch Meerwasser ersetzt wird	102
Abb. 18	Freie Oberflächenverluste in teilweise gefüllten Tanks	103
Abb. 19	Stabilitätsverlust durch Grundberührung oder Docken	103
Abb. 20	Stützen, die im Trockendock verwendet werden	104

Kapitel 9

Abb. 1	Gekrängter Schiffsschnitt für die Wandseitenberechnung	108
Abb. 2	Berechnung des Auftriebsschwerpunkts für geneigte Schiffsschnitte	109

Abb. 3	Erklärung der Berechnung der Position von B	110
Abb. 4	Bewegung der Masse über den Schiffsschnitt	111
Abb. 5	Lollwinkel	112

Kapitel 10

Abb. 1	Aufrichtemomente auf geneigtem Schiff	116
Abb. 2	Aufrichtemomentkurve	116
Abb. 3	Auswirkungen der Erhöhung von G auf GZ	117
Abb. 4	Auswirkung der Position von G auf die GZ-Kurve	118
Abb. 5	Erhöhung der Deckbreite und ihre Auswirkung auf GZ	118
Abb. 6	Erhöhung des Freibords	119
Abb. 7	Auswirkung der Erhöhung des Freibords auf GZ	119
Abb. 8	Gekrängter Schiffsschnitt	119
Abb. 9	Stabilitätskurve mit/ohne integriertem Überbau	120
Abb. 10	Digitalisierung des Schiffsschnitts	121
Abb. 11	Berechnung der geneigten Abschnittsdaten aus aufrechten Bonjean-Kurven	122
Abb. 12	Detail zur Berechnung des CG für geneigte Schiffe	123
Abb. 13	Auswirkung des gekippten Schiffs in Bezug auf verschiedene Wasserlinien	124
Abb. 14	Kreuzkurven der Stabilität	125
Abb. 15	Umkehrung des Schiffs mit großem unbeschädigtem Aufbau	125
Abb. 16	Zylinder gedreht durch Kraft F	126
Abb. 17	Kinetische Energie von rotierenden Teilchen	127
Abb. 18	Definition der dynamischen Stabilität	128
Abb. 19	Windkrängungsmoment und GZ-Variation mit dem Krängungswinkel des Schiffs	129

Kapitel 11

Abb. 1	Beladungswasserlinie	133
Abb. 2	Flutbare Länge	133
Abb. 3	Eingetauchte Bereiche	135
Abb. 4	Flächenkurve	136
Abb. 5	Kurve der flutbaren Länge	136
Abb. 6	Geflutetes Abteil	137
Abb. 7	Änderung der Verdrängung am LCF	138
Abb. 8	Trapez	140

Kapitel 12

Abb. 1	Momente am Ende der Ablaufbahn	144
Abb. 2	Gleitende und feste Teile der Stapellaufbahn	144
Abb. 3	Gerade Ablaufbahn	145

Abb. 4	Gekrümmte Ablaufbahn	145
Abb. 5	Gerade Ablaufbahn	146
Abb. 6	Bevor das Heck Auftrieb hat	147
Abb. 7	Stapellaufkurven	147

Kapitel 13

Abb. 1	Schiffslänge wie in ICCL-66 angegeben [8]	155
Abb. 2	Anforderungen an die Stabilität eines beschädigten Schiffs (vor 2009)	156
Abb. 3	Wasserlinien, die in probabilistischen Schadensberechnungen verwendet werden [4]	160
Abb. 4	Beispiel für eine Unterteilung (IMO [4])	161
Abb. 5	Beispiel 1 zur Bestimmung der Abteilungslänge	161
Abb. 6	Beispiel 2 zur Bestimmung der Abteilungslänge	162
Abb. 7	Beispiel 3 zur Bestimmung der Abteilungslänge	162
Abb. 8	Legende für Abb. 5, 6 und 7	165
Abb. 9	Beispiele für die Bestimmung der Abteilungslänge	168
Abb. 10	Auswirkungen des Tiefgangs auf GM (IMO [4])	169

Kapitel 14

Abb. 1	Mehrschichtige Struktur der zweiten Generation intakter Stabilitätskriterien	183
Abb. 2	Vergleich der vereinfachten Wasserlinie gegenüber der Wasserlinie der echten Welle im Wellenkammzustand a	184
Abb. 3	Definition des Tiefgangs der i-ten Station mit der j-ten Position des Wellenkamms	186
Abb. 4	Gefährdungskurve der Schiffsstabilität	192

Kapitel 15

Abb. 1	4. Beispiele und Aufgaben , Frage 1	203
Abb. 2	4. Beispiele und Aufgaben, Frage 4	204
Abb. 3	5. Beispiele und Aufgaben, Frage 1	204
Abb. 4	5. Beispiele und Aufgaben, Frage 2	205
Abb. 5	5. Beispiele und Aufgaben, Frage 6	205
Abb. 6	10. Beispiele und Aufgaben, Frage 1	211
Abb. 7	10. Beispiele und Aufgaben, Frage 2	212

Tabellenverzeichnis

Kapitel 1

Tab. 1	Typische Tragfähigkeitskoeffizienten	9
Tab. 2	Schiffstyp-Koeffizienten (Froude-Stil)	11
Tab. 3	Schiffsfeinheitskoeffizienten	12

Kapitel 2

| Tab. 1 | Beispiel für die Berechnung des Schwerpunkts mithilfe von Grundgewichten des Schiffs | 24 |

Kapitel 6

| Tab. 1 | Integration mit der Simpson-Regel in tabellarischer Form | 66 |

Kapitel 7

| Tab. 1 | Veränderung der Hydrostatik mit der Wasserlinie | 81 |
| Tab. 2 | Korrekturen zur Verdrängung des leeren Schiffs | 85 |

Kapitel 8

| Tab. 1 | Schätzung der Konstruktionsbreite durch Versuch und Irrtum | 98 |

Kapitel 9

Tab. 1 Schätzung des Neigungswinkels mit Gl. (4) 112

Kapitel 13

Tab. 1	Aktuelle Vorschriften zur Stabilität eines beschädigten Schiffs	153
Tab. 2	IMO-Instrumente, die die deterministische Stabilität eines beschädigten Schiffs enthalten	154
Tab. 3	Übersicht über die Konventionen zur Stabilität eines beschädigten Schiffs für verschiedene Schiffstypen	158
Tab. 4	Im R-Index verwendete Parameter	170
Tab. 5	Parameter, die im p_i Index verwendet werden	173

| Tab. 6 | Vorschriften zur Durchlässigkeit | 179 |
| Tab. 7 | Durchlässigkeitsvorschriften für Frachtschiffe | 180 |

Kapitel 14

Tab. 1	Fälle der Wellen für die parametrische Rollbewertung	185
Tab. 2	Entsprechender Begegnungsgeschwindigkeitsfaktor K_i	187
Tab. 3	Umgebungsbedingungen für reinen Verlust	190

Kapitel 15

Tab. 1	Schiffsinformationen	200
Tab. 2	Gewichte der Schiffskomponenten	201
Tab. 3	Schiffsdaten	210
Tab. 4	Schiffsverdrängung im Vergleich zum Tiefgang	213
Tab. 5	Aufrichtende Hebel gegen Neigungswinkel	214
Tab. 6	Schiffsneigungswinkel	214
Tab. 7	Startproblem	216

Einführung in die Schiffbaukunst 1

Zusammenfassung

Transport ist eine ökonomische Aufgabe, die zusammen mit anderen Produktionstätigkeiten bei der Herstellung von Gütern und Dienstleistungen in der Wirtschaft dient. Wenn wir Produktion als die Schaffung von Nutzen definieren, d. h. die Qualität der Nützlichkeit, dann schafft der Transport den Nutzen von Ort und Zeit. Das heißt, Güter, die an einem Ort zu einer Zeit wenig oder gar keinen Nutzen haben, können an einem anderen Ort zu einer anderen Zeit sehr nützlich sein. Man muss natürlich berücksichtigen, dass einige Güter so alltäglich sind, dass sie fast überall vorhanden sind und durch ihren Transport wenig gewonnen werden kann. Andere Güter können einzigartig und wertvoll sein, so dass es lohnt, sie profitabel über große Entfernungen zu befördern. Dennoch können, wenn sich die Wirtschaftspolitik ändert, Marktschranken verschwinden und die Transportkosten sinken, selbst im ersteren Fall die Vorteile des Transports die Kosten der lokalen Produktion überwiegen.

1 Einführung in den Seetransport

Transport ist eine ökonomische Aufgabe, die zusammen mit anderen Produktionstätigkeiten bei der Herstellung von Gütern und Dienstleistungen in der Wirtschaft dient. Wenn wir Produktion als die Schaffung von Nutzen definieren, d. h. die Qualität der Nützlichkeit, dann schafft der Transport den Nutzen von Ort und Zeit. Das heißt, Güter, die an einem Ort zu einer Zeit wenig oder gar keinen Nutzen haben, können an einem anderen Ort zu einer anderen Zeit sehr nützlich sein. Man muss natürlich berücksichtigen, dass einige Güter so alltäglich sind, dass sie fast überall vorhanden sind und durch ihren Transport wenig gewonnen werden kann. Andere Güter können einzigartig und wertvoll sein, so dass es lohnt, sie profitabel über große Entfernungen zu befördern. Dennoch können, wenn sich die

Wirtschaftspolitik ändert, Marktschranken verschwinden und die Transportkosten sinken, selbst im ersteren Fall die Vorteile des Transports die Kosten der lokalen Produktion überwiegen.

Konkurrenz zum Seetransport kommt von Straße, Schiene, Luft und Pipelines. Was den Personenverkehr betrifft, gibt es einen Markt für Personen-/Auto-Fähren, der von Besonderheiten der Erreichbarkeit (wie bei Inseln oder im Falle eines schlechte Straßen-/Schienennetzes), der Bequemlichkeit und wettbewerbsfähigen Preisen profitiert, und es schafft, mit Luft-, Straßen- und Schienenverkehr zu konkurrieren, wo immer diese Bedingungen vorherrschen. Darüber hinaus gibt es einen lukrativen Kreuzfahrtmarkt. Im Falle von Gütern dominiert der Seetransport den interkontinentalen und internationalen Handel, insbesondere in Gebieten, die nicht per Straße und Schiene erreichbar sind, oder wo diese Netze unterentwickelt sind. Dennoch wurde die Reduzierung der Seetransportkosten über größere Schiffe und spezielle Schiffstypen erreicht, die besondere Anforderungen an die Be- und Entladeeinrichtungen stellen (z. B. Tiefwasserhäfen, Spezialkräne für Container, spezielle Ladeeinrichtungen für Massengutfrachter, Tankerterminals, Rampen für RoRo-Schiffe). Es kann noch eine Weile dauern, bis sich die Wirtschaftlichkeit des großflächigen Transports von Gütern zugunsten des Luftverkehrs verschiebt. Die Statistiken des Verkehrsministeriums über den britischen Seehandel (jährlich veröffentlicht von HMSO) verdeutlichen diesen Punkt deutlich, obwohl dies als extremes Beispiel angesehen werden könnte, da Großbritannien eine Insel ist. Binnentransport über Wasser gibt es sehr wenig, mit wenigen Ausnahmen wie auf den Großen Seen und anderen Binnenseen und Transporten auf Kanälen. Pipelines über Land und die Verbindung zu Offshore-Einrichtungen stehen in Konkurrenz zum Seetransport von flüssigen und gasförmigen Waren.

Die beiden wichtigsten jüngsten Entwicklungen im Bereich des Seetransports sind die Stückelung und der Versand in großen Mengen. Ersteres bezieht sich auf die Standardisierung von Trockengut zur Verbesserung seiner Fließrate durch Palettierung und das Verladen in Containern. Letzteres bezieht sich auf die Vergrößerung der Schiffe, entweder beim Transport von flüssigen oder trockenen Waren, sodass es Vorteile durch reduzierte Kosten pro Einheit geben kann. Diese Maßnahmen trugen dazu bei, ein integriertes maritimes Transportsystem zu schaffen.

2   Weltweiter Seehandel

Der Seehandel ist weltweit verbreitet. Dennoch sind die größten Importeure die entwickelten Volkswirtschaften Nordamerikas, Westeuropas und Japans. Sie sind für etwa zwei Drittel der Importe über den Seehandel verantwortlich und haben somit einen dominierenden Einfluss auf den Seehandel. Die Entwicklungsländer, zu denen Zentral- und Südamerika, Südostasien und Afrika gehören, verursachen die Hälfte der weltweiten Seehandelsexporte und ein Viertel der Importe.

2 Weltweiter Seehandel

Solche Statistiken schließen nicht immer Informationen über die ehemalige Sowjetunion und die Ostblockländer und China ein, deren Anteil am weltweiten Seehandel auf 6 % geschätzt wird.

Die Schifffahrt ist eine komplexe Branche, und die Bedingungen, die ihren Einsatz in einem Sektor bestimmen, gelten nicht unbedingt für einen anderen. Es könnte sogar, für einige Zwecke, besser sein, von einer Gruppe verwandter Branchen zu sprechen. Ihr Hauptbestandteil, die Schiffe selbst, variieren stark in Größe und Typ; sie bieten eine breite Palette von Dienstleistungen für eine Vielzahl von Gütern, die über kürzere oder längere Strecken transportiert werden müssen. Obwohl es nützlich sein kann, für analytische Zwecke Sektoren der Branche, die einen bestimmten Dienstleistungstyp anbieten, getrennt zu betrachten, gibt es in der Regel einen nicht zu ignorierenden Übergang. Der größte Teil der Geschäftstätigkeit der Branche betrifft den internationalen Handel und unterliegt zwangsläufig einem komplizierten weltweiten Geflecht von Vereinbarungen zwischen Reedereien, Absprachen mit Spediteuren und Regierungspolitiken.

Die obigen Aussagen veranschaulichen prägnant die Komplexität der Schifffahrtsökonomie, die wiederum eine breite Palette von direkt und indirekt beteiligten Branchen beeinflusst. Wenn man die Arten von Fracht, die per Schiff transportiert werden, und ihren Anteil am Seehandel untersucht, zeigt sich, dass Rohöl und die sogenannten fünf großen Trockenmassengüter den Seehandel dominieren. Dies wird zudem durch Statistiken zur weltweiten Flottentonnage und den Neuaufträgen bestätigt (siehe zum Beispiel Jahresberichte der Klassifizierungsgesellschaft).

Es ist praktisch, den Seehandel in Bezug auf *Frachtstücke (engl. parcels)* zu klassifizieren, wobei ein Frachtstück eine einzelne Einheit zur Verschiffung ist. Es ist daher möglich, die weltweite Schifffahrt in zwei breit gefächerte Kategorien zu klassifizieren, nämlich den Massenguttransport für die Verschiffung von trockenen und flüssigen Massengütern und den Linienfrachtverkehr für allgemeine Güter in verschiedenen Formen und Formaten. Bei ersterer werden große Sendungen, die ein ganzes Schiff oder einen Laderaum füllen transportiert, während bei letzterer kleine Sendungen befördert werden, die zusammen mit anderen zur Beförderung zusammengepackt werden müssen. Linienschifffahrtsdienste sind in der Regel regelmäßig, d. h. zu bestimmten Zeiten zwischen festgelegten Häfen. Verschiedene Schiffstypen können im Allgemeinen einer oder beiden dieser beiden Kategorien zugeordnet werden. Ein interessantes Merkmal ist, dass Schifffahrts- (oder sogar Produktions-) Unternehmen ihre Schiffe nicht besitzen müssen, sondern sie mieten. Dies wird Charterung genannt und reicht vom Reisecharter am einen Ende des Spektrums bis zum Bareboat-Charter am anderen Ende, bei dem der Schiffseigner nicht am Betrieb des Schiffs beteiligt ist.

Weitere Informationen zu diesen Themen finden Sie in: Maritime Economics von M. Stopford (veröffentlicht von Unwin Hyman).

Die Vielfalt der Schiffe, die nach der Funktion, die sie ausführen, und der Art der Fracht, die sie transportieren (d. h. ihrem Einsatzbereich) – Größe über 100 GRT – klassifiziert sind, finden Sie in einem Artikel mit dem Titel: *Matching merchant ship desings to markets* von I.L. Buxton (veröffentlicht in den Transactions of the North East Coast Institution of Engineers and Shipbuilders – Vol. 98, S. 91–104, 1982). Obwohl diese Tabelle von1979 stammt, gibt sie einen guten Eindruck vom Zustand der Weltflotte. Beachten Sie GRT: 1 Bruttoregistertonnen = 100 Kubikfuß; dies ist ein Maß für das Volumen der Räume unter dem Tonnagedeck und zwischen den Decks über dem Tonnagedeck und allen dauerhaft geschlossenen Räumen über dem Oberdeck.

Am anderen Ende des Spektrums haben wir die Schiffe, deren Aufgabe nicht der Transport, sondern die Bereitstellung von spezialisierten Dienstleistungen und die Unterstützung und die Ausführung einer speziellen Funktion ist. In diese Kategorie von Schiffen fallen Fischereifahrzeuge, Schlepper, Bagger, Bohrschiffe, Rohrverlegeschiffe, Kabelverlegeschiffe, Vermessungsschiffe (wie ozeanographische Forschung, hydrographische Vermessung, seismische Erkundungsschiffe), Versorgungsschiffe, Taucherunterstützungsschiffe, Feuerwehrboote, Rettungsboote, Unterseeboote, eine große Auswahl an Marineschiffen, die sehr spezialisiert werden (z. B. der Single Role Mine Hunter) und eine große Vielfalt an Kleinbooten, die hauptsächlich für die Freizeit verwendet werden.

Darüber hinaus gibt es verschiedene Strukturen, die am Meeresboden befestigt sind (Jackets und Hubinseln (engl. *jack-up rigs*)) oder verankert sind (verschiedene Arten von Halbtaucherbohrinseln), die bei der Erkundung und Produktion von Offshore-Öl und -Gas verwendet werden und eine stabile Plattform für Operationen bei schweren Wetterbedingungen bieten. In diese Kategorie können wir auch verschiedene Offshore-Verladetürme rechnen.

3 Überblick über Seeschiffe

Die Unterstützungsmittel

Im vorherigen Abschnitt wurden Seeschiffe nach der Funktion, die sie erfüllen, d. h. ihrer Aufgabe, klassifiziert. Diese Klassifizierung gibt jedoch keine Auskunft darüber, welche Art von Hilfsmittel das Schiff während seines Betriebs darstellt. Zum Beispiel kann der Fährdienst von einem Einrumpfschiff, einem Katamaran, einem Small Waterplane Area Twin Hull (SWATH), einem Luftkissenfahrzeug, einem Tragflügelboot usw. erbracht werden. Das grundlegende Konzept eines Schiffs als einer einzigen Schale, die nach dem Archimedischen Prinzip schwimmt und in sich genug Bauteile enthält, die seine Festigkeit sicherstellen und die Fähigkeit bieten, seine Mission erfolgreich auszuführen, wurde insbesondere im einundzwanzigsten Jahrhundert infrage gestellt, um die Machbarkeit und Effizienz zu verbessern. Parallel zu Verbesserungen bei den Antriebsmitteln der Verdrängungskörper entstanden andere Typen, die auf die Verbesserung des konventionellen Verdrängungskörpers abzielten. In dieser Hinsicht ist die Klassifizierung, die in dem Buch: Modern Ship Design von T.C. Gillmer (veröffentlicht vom Naval Institute Press, USA, 1984) nach der Art der Unterstützung (engl. *support*) während des Betriebs auf oder im Meer gezeigt wird, sehr nützlich. Sie bietet eine gute Übersicht über die verschiedenen Schiffstypen, die für die Ausführung einer bestimmten Mission zur Verfügung stehen. Wir haben also:

3 Überblick über Seeschiffe

Aerostatische Unterstützung (engl. *aerostatic support*)**:** Dies sind im Wesentlichen Strukturen, die von einem selbstinduzierten Niederdruckluftkissen getragen werden, da es eine Aufwärtskraft erzeugt, die den gesamten oder den größten Teil des Rumpfes aus dem Wasser hebt und somit den gesamten oder den größten Teil des Widerstands, der mit der Bewegung durch das Wasser verbunden ist, beseitigt. Typische Beispiele in dieser Kategorie sind: das Luftkissenfahrzeug, das leicht über der Wasseroberfläche gleitet und amphibisch ist; das Seitenwand-Luftkissenfahrzeug, das normalerweise als Surface Effect Ship (SES) bezeichnet wird, bei dem das Luftkissen unter den starren Rumpfseiten aufgebaut wird, anstatt wie im vorherigen Fall unter der Schürze (engl. skirt) – ein gewisser Kontakt mit dem Wasser wird immer noch aufrechterhalten, und daher ist dieser Typ nicht amphibisch.

Hydrodynamische Unterstützung (engl. *hydrodynamic support*)**:** Diese basieren auf der Bereitstellung von dynamischer Unterstützung, die mithilfe einer schnellen Vorwärtsbewegung erzeugt wird. Im Falle von Tragflügelbooten (oberflächenstechend oder untergetaucht) wird beim Durchschneiden des Wassers mit hoher Geschwindigkeit erheblicher Auftrieb erzeugt, der den Rumpf auf Beinen, die an den Tragflügeln befestigt sind, über das Wasser hebt. Im Falle von Gleitrümpfen wird der Auftrieb durch die flache V-Form des Rumpfes erzeugt. Dies ist ein weniger effizientes Mittel der hydrodynamischen Unterstützung und normalerweise aufgrund von Leistungsanforderungen und induzierten strukturellen Belastungen in der Größe und auch auf den Betrieb bei relativ ruhigem Wetter beschränkt. Darüber hinaus gibt es den halbgleitenden oder halbverdrängenden Rumpf, der eine angemessen hohe Geschwindigkeit und eine gute Leistung bei starkem Wellengang kombiniert.

Hydrostatische Unterstützung (engl. *hydrostatic support*)**:** Dies sind Schiffe, die auf der Wasseroberfläche schwimmen, wobei der Auftrieb ihrem Gewicht entspricht. Diese Kategorie umfasst Schiffe von sehr unterschiedlicher Größe, von sehr großen und tiefgehenden Schiffen, wie dem Very Large Crude Carrier (VLCC), bis hin zu kleinen Küstenschiffen. Die Unterwasserform der Rümpfe variiert je nach Einsatzanforderungen (z. B. hohe Vorwärtsgeschwindigkeit) erheblich. Auch Mehrkörperschiffe gehören zu dieser Kategorie. Im Falle des Small Waterplane Area Twin Hull (SWATH) wird der Auftrieb hauptsächlich durch die Pontons bereitgestellt, die weit unterhalb der freien Oberfläche platziert sind, dabei unterstützen Streben mit schmaler Wasserlinie die große Struktur der Decks darüber. Sie besitzen gute Wellenwiderstandseigenschaften und eine gute Seegängigkeit und bieten somit eine stabile Plattform für Operationen. Andere Mehrkörperschiffe, nämlich Katamarane und Trimarane, bieten ebenfalls große Arbeitsflächen über dem Wasser und stabile Plattformen für Operationen. Schließlich sind die Tauchboote (große Tauchboote werden normalerweise als U-Boote bezeichnet) ein Sonderfall dieser Kategorie, da sie Schiffe sind, die teilweise oder vollständig getaucht betrieben werden können und dem Archimedischen Prinzip folgen.

4 Gesamtüberblick Schiffsdesign – die Designanforderungen

Ein Schiff wird für einen Zweck entworfen. Dies kann sein:

1. um einem Jachtbesitzer Vergnügen zu bereiten,
2. um ein Waffensystem zum Einsatz zu bringen,
3. um Fracht oder Passagiere zu befördern; um eine Dienstleistung zu erbringen.

Um diesen Zweck zu erfüllen, muss das Schiff:

1. Genug Platz im Inneren haben, um alles unterzubringen, was im Schiff verstaut werden muss.
2. Innen in Abteilungen unterteilt sein, die eine spezifische Funktion erfüllen (z. B. Maschinenraum, Unterkunft, Frachträume). Jede Abteilung muss eine für ihre Funktion geeignete Größe haben, muss in Bezug auf andere Abteilungen geeignet im Schiff positioniert sein (z. B. eine Kombüse neben einem Speisesaal) und über geeignete Durchgänge und Treppen zugänglich sein. Jede Abteilung muss passend ausgestattet sein.
3. Bei voller Beladung auf seiner ausgelegten Wasserlinie einigermaßen ruhig und gleichmäßig schwimmen. Dies ist wichtig aus Sicht der Seetüchtigkeit und Manövrierfähigkeit. Ein übermäßiges Trimmen nach Bug oder Heck unten erschwert das Steuern und kann dazu führen, dass bei rauem Seegang übermäßige Mengen an Wasser an Deck kommen. Der Tiefgang, mit dem ein Handelsschiff beladen werden darf, wird gesetzlich geregelt.
4. Das Schiff muss stabil sein und in ruhigem Wasser aufrecht schwimmen. Es sollte auch sicher vor dem Kentern bei rauem Seegang sein. Das Schiff sollte in allen Beladungszuständen stabil sein und sollte in der Lage sein, einen angemessenen Grad an Beschädigung (der zu einer teilweisen Überflutung des Rumpfes führt) zu verkraften, ohne zu sinken oder instabil zu werden.
5. Der Rumpf muss so geformt sein, dass er nicht allzu viel Antriebsleistung benötigt, um seine Betriebsgeschwindigkeit zu erreichen.
6. Der Rumpf muss so geformt sein, dass er bei rauem Seegang nicht übermäßig stampft, rollt oder schlingert und dass er nicht übermäßige Mengen an Wasser an Deck bekommt oder durch hartes Aufsetzen des Bodens auf dem Wasser (engl. *slamming*) Schäden erleidet.
7. Die Rumpfstruktur muss stark genug sein, um die im Betrieb auf sie ausgeübten Lasten aufzunehmen. Die Struktur darf nicht übermäßig vibrieren. Die Struktur sollte nicht zu schnell im Betrieb verschleißen (z. B. durch Korrosion).
8. Die im Schiff installierte Leistung muss ausreichend für die erforderliche Betriebsgeschwindigkeit sein, und es muss genug Kraftstoffkapazität für die erforderliche Betriebsreichweite vorhanden sein.
9. Das Schiff muss ein gutes Preis-Leistungs-Verhältnis darstellen, d. h. so konzipiert sein, dass es die Rendite auf das investierte Kapital maximiert.

5 Der Designzyklus

Es ist typisch für eine Designberechnung, dass man das Ergebnis der Berechnung kennen muss, bevor die Berechnung durchgeführt werden kann.
Betrachten Sie das Problem der Strukturplanung:

- Die Struktur muss stark genug sein, um die darauf wirkenden Lasten zu tragen.
- Ein erheblicher Teil der Belastung hängt mit dem Gewicht der Struktur zusammen.
- Das Gewicht der Struktur hängt von der Größe ihrer Komponenten ab.
- Die Größe der Komponenten hängt von der erforderlichen Stärke ab.

Um also die erforderliche Strukturfestigkeit zu schätzen, müssen Sie das Strukturgewicht kennen, das nicht ermittelt werden kann, es sei denn, Sie wissen bereits, wie stark die Struktur sein muss.
Betrachten Sie ebenso das Leistungsproblem:

- Die zum Antrieb des Schiffs erforderliche Leistung hängt (unter anderem) von seinem Gesamtgewicht ab.
- Große Gewichtsfaktoren sind Antriebsmaschinen und Treibstoff.
- Diese Gewichtsfaktoren können nicht geschätzt werden, bis die Leistung zum Antrieb des Schiffs bekannt ist.

Um mit dem technischen Designprozess unter diesen Umständen fortzufahren, muss der Ausgangspunkt eine gute erste Schätzung der Antwort sein. Ein typisches Verfahren wäre:

1. Schätzen Sie das Gesamtgewicht von Schiff und Inhalt.
2. Führen Sie eine Leistungsberechnung durch, wählen Sie die Größe und Art des Hauptmotors, schätzen Sie das Gewicht von Maschinen und Treibstoff.
3. Führen Sie eine Strukturberechnung durch, wählen Sie die Größen der Strukturkomponenten und schätzen Sie das Strukturgewicht.
4. Addieren Sie das Gesamtgewicht einschließlich Struktur, Maschinen, Treibstoff, Fracht, Ausrüstung und Vorräte.
5. Vergleichen Sie das neue Gesamtgewicht mit der Ausgangsschätzung und wiederholen Sie die Berechnung, wenn die Abweichung zu groß ist.

Es ist nicht üblich, die Abfolge der Berechnungen genau zu wiederholen. Anfangs werden sehr einfache Schätzungsmethoden verwendet, die schnelle ungefähre Antworten liefern. Später werden rigorosere, aber zeitaufwendigere Methoden verwendet. In den abschließenden Phasen des Designs können durchaus teure Computerprogramme oder Modelltests eingesetzt werden.

6 Die Geometrie eines Schiffsrumpfs

Eine der ersten Designaufgaben für den Schiffbauingenieur besteht darin, die Form der äußeren Oberfläche des Schiffsrumpfs zu definieren. Alles, was unter dem Oberdeck an Bord gebracht wird, muss in diese Oberfläche passen, und die gewählte Form muss seetüchtig und wirtschaftlich zu bewegen sein.

Die Form des Rumpfs wird auf einem Linien- oder Aufrissplan (engl. *sheer plan*) definiert, der im Grunde genommen eine Konturkarte der Rumpfoberfläche ist (siehe Abb. 1).

Drei Ansichten werden gezeigt:

1. Ein Profil- oder Aufrissplan, der eine Seitenansicht des Rumpfs ist.
2. Ein Wasserlinienriss (engl. *half-breadth plan*), der eine Ansicht von oben ist.
3. Ein Rumpfplan (engl. *body plan*), der eine Ansicht von vorne oder hinten ist.

Die gebräuchlichsten englischen Begriffe zur Beschreibung der Schiffsgeometrie sind ebenfalls in Abb. 1 dargestellt. Linien, die auf diesen drei Ansichten gezeichnet werden, stellen meistens Schnittlinien zwischen der geformten Rumpfoberfläche und verschiedenen Quer-, Längs-, Horizontal- oder Diagonalebenen dar. Einige Linien, wie die Linie des Oberdecks an der Seite, liegen nicht in irgendeiner Ebene, aber die Projektionen solcher Linien werden in allen drei Ansichten gezeigt. Bei Handelsschiffen beziehen sich die Profilabmessungen auf den

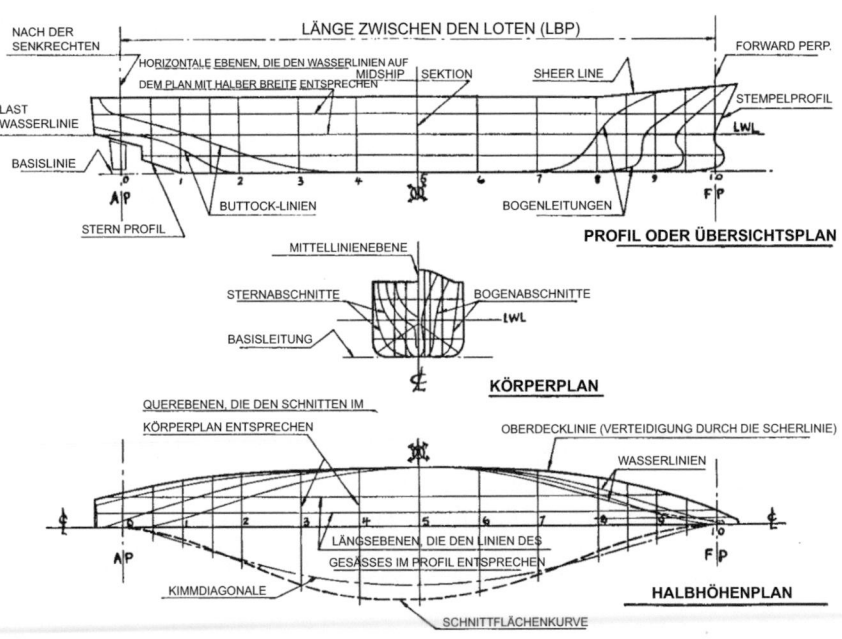

Abb. 1 Rumpfplan. (Mit freundlicher Genehmigung von Dr. John Wellicome)

Tab. 1 Typische Tragfähigkeitskoeffizienten

Supertanker	$C_D = 0{,}78$
Containerschiff	$C_D = 0{,}56$
Tragflügelboot-Fähre	$C_D = 0{,}30$

äußeren Rand des Schiffskörpers. Die Außenhaut liegt außerhalb der Profilform. Bei kleinen Booten und Kriegsschiffen wird die äußere Oberfläche der Außenhaut als Profiloberfläche genommen.

Schnittpunkte mit horizontalen Ebenen werden allgemein **Wasserlinien** (engl. *waterlines*) genannt, können aber oberhalb der Ladewasserlinie auch **Niveaulinien** (engl. *level lines*) genannt werden.

Schnittpunkte mit Längsebenen werden allgemein **Längsschnitte** (engl. *buttock-lines*) genannt, können aber vor dem Mittelschiff auch **Vorlinien** (engl. *bow lines*) genannt werden (Tab. 1).

Schnittpunkte mit vertikalen Ebenen werden allgemein **Abschnitte** (engl. *stations*) oder **Sektionen** (engl. *sections*) genannt. Diese sind in Abb. 2 dargestellt.

7 Vergleichende Designparameter

Die erste Annahme wird in der Regel durch den Vergleich bestehender Schiffe mit dem neuen Design gewonnen. Einige typische Schiffsparameter, die zum Vergleich verwendet werden, sind:

7.1 Zuladungskoeffizient (engl. *deadweight coefficient*)

$$C_D = \frac{\text{mögliche Zuladung}}{\text{Gesamtgewicht}} = \frac{\text{Zuladung}}{\text{Verdrängungsgewicht}}$$

Die Zuladung (engl. *deadweight*) in diesem Kontext umfasst alle Elemente, die nicht Teil der Struktur des Schiffs sind, d. h. Ladung + Treibstoff + Vorräte + Ballast + usw. Bitte beachten Sie, dass Verdrängungsgewicht = Leergewicht + Zuladung, wobei das Leergewicht alle Elemente umfasst, die fester Teil des Schiffs sind, d. h. Grundstruktur, Maschinen, Ausrüstung, Aufbauten.

Typische Werte:

Der Zuladungskoeffizient wird häufig verwendet, um eine erste Schätzung des Gesamtgewichts oder des Verdrängungsgewichts entsprechend einer gegebenen Frachtkapazität zu erhalten.

7.2 Schlankheitskoeffizienten

Es gibt mehrere alternative Parameter, um das Verhältnis zwischen Verdrängung und Rumpflänge auszudrücken. Die am häufigsten gefundenen sind:

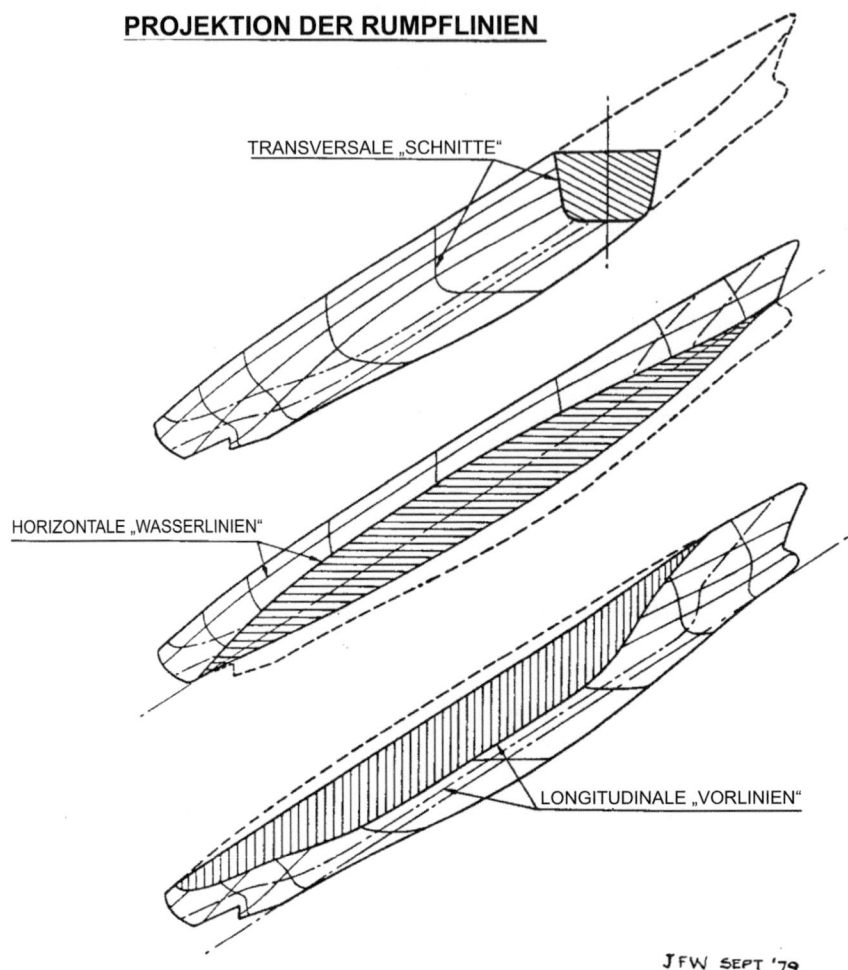

Abb. 2 Projektion der Rumpflinien. (Mit freundlicher Genehmigung von Dr. John Wellicome)

$$\text{Taylor-Verdrängungs-Längen-Verhältnis} = \frac{\text{verdrängte Masse (t)}}{[\text{Länge (ft)}/100]^3} = \frac{\Delta}{\left(\frac{L}{100}\right)^3}$$

$$\text{ITTC Volumenkoeffizient } C_V = \frac{\text{Verdrängtes Volumen}}{[\text{Länge}]^3} = \frac{\nabla}{L^3}$$

$$\text{Froude-Verdrängungskoeffizient } \textcircled{m} = \frac{\text{Länge}}{[\text{verdrängtes Volumen}]^{1/3}} = \frac{L}{\nabla^{1/3}}$$

Die letzten beiden Koeffizienten sind dimensionslos und sollten bevorzugt werden. Typische Werte dieser Schlankheitskoeffizienten sind in Tab. 2 angegeben.

Tab. 2 Schiffstyp-Koeffizienten (Froude-Stil)

Schiffstyp	$\widehat{m}$	$10^3 C_V$	$\frac{\Delta}{(\frac{L}{100})^3}$
Rennachter	17,00	0,2	6
Fregatte/Zerstörer	7,5	2,5	70
Rennyacht mit geringer Verdrängung	7,0	3,0	80
Containerschiff	6,5	3,5	105
Großer Tanker	5,0	8,0	230
Segelkreuzer	4,75	9,5	270
Bergungsschlepper	4,25	13,0	370
Linienschiff erster Klasse aus dem siebzehnten Jahrhundert	4,00	15,5	450

7.3 Feinheitskoeffizienten (engl. *fineness coefficients*)

Einige Rümpfe (z. B. niederländische Segelbargen) haben sehr volle abgerundete Enden, andere (z. B. Fregatten) haben fast messerähnliche. Hier beschreiben wir nicht das Verhältnis zwischen Verdrängung und Länge, sondern eine Eigenschaft der Form. Verschiedene Koeffizienten werden verwendet, um diese Form zu charakterisieren und sind gemeinsam als Feinheitskoeffizienten bekannt. Die häufig verwendeten Feinheitskoeffizienten sind:

$$\text{Schärfegrad } der \text{ Verdrängung} = \frac{\text{Volumen der Unterwasserform}}{\text{Länge} \times \text{Breite} \times \text{Tiefgang}} = \frac{\nabla}{L\,B\,T} = C_B$$

$$\text{Prismatischer Koeffizient} = \frac{\text{Volumen der Unterwasserform}}{\text{Länge} \times \text{Max Querschnittsfläche}} = \frac{\nabla}{L A_m} = C_P$$

$$\text{Max. Querschnittskoeffizient} = \frac{\text{Max Querschnittsfläche}}{\text{Breite} \times \text{Tiefgang}} = \frac{A_m}{B\,T} = C_M$$

Beachten Sie, dass in der Welt der großen Schiffe zumindest der maximale Querschnitt in der Mittschiffssektion liegt, auf halbem Weg entlang des Rumpfes (Station 5 auf einem normalen Linienplan). C_M ist dann einfach der Querschnittskoeffizient der Mittschiffssektion.

Hinweis:

$$C_B = \frac{\nabla}{L\,B\,T} = \frac{\nabla}{L\,A_m} \frac{A_m}{B\,T} = C_P\,C_M$$

d. h.

$$C_B = C_P C_M$$

daher sind diese drei Koeffizienten nicht unabhängig.

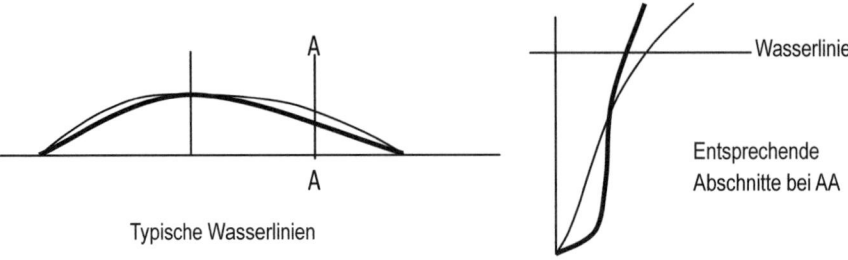

Abb. 3 Wasserlinien

$$\text{Schwimmflächenkoeffizent} = \frac{\text{Schwimmfläche}}{\text{Länge} \times \text{Breite}} = \frac{A_W}{L\,B} = C_W$$

Es gibt keine einfache Beziehung zwischen C_W und C_B oder C_P, aber die Form der Rumpfabschnitte in der Nähe der Enden wird durch diese Beziehung bestimmt.

Eine Erhöhung von C_W ohne Änderung der Querschnittsflächenkurve (und somit ohne Änderung von C_P) wird V-förmigere Abschnitte am Ende erzeugen (siehe Abb. 3).

Die Feinheitskoeffizienten, die für ein bestimmtes Schiff geeignet sind, hängen von der Geschwindigkeit ab, für die es ausgelegt ist, und von Überlegungen zur Seetüchtigkeit. Ohne an dieser Stelle auf die technischen Gründe einzugehen, lässt sich sagen, dass schnellere Schiffstypen eine schlankere Rumpfform benötigen, wenn sie ihre Geschwindigkeit in Bezug auf den Antriebsleistungsbedarf wirtschaftlich erreichen sollen. Schlankere Formen bewegen sich auch wendiger und sind bei rauem Seegang weniger starkem Aufsetzen auf der Wasseroberfläche (engl. *slamming*) ausgesetzt. Typische Feinheitsparameter sind in Tab. 3 angegeben.

Tab. 3 Schiffsfeinheitskoeffizienten

Schiffstyp	C_P	C_M	C_B	C_W
Kutter	0,648	0,880	0,570	0,720
Auto-Fähre	0,551	0,920	0,507	0,640
Schneller Frachter	0,664	0,980	0,650	0,749
Frachtschiff	0,735	0,980	0,720	0,803
Tanker	0,842	0,985	0,830	0,887
Segelyacht ohne Flossenkiel	0,550	0,680	0,374	0,700

7.4 Geschwindigkeitsparameter

Die Geschwindigkeit eines Schiffs wird in Bezug auf seine Größe beurteilt. Die verwendeten Parameter sind:
Froude-Zahl.

$$F_n = \frac{V}{\sqrt{gL}}$$

wobei V (m/s), L (m) und g (m/s^2) alle dieselben Einheiten haben (Abb. 4)
und

$$\textbf{Taylor Geschwindigkeits-Längen-Verältnis} = \frac{V_k}{\sqrt{L}}$$

wo V_k (in Knoten) und L (in ft).

7.5 Design-Trendlinien

Für erste Schätzungen ist es üblich, verschiedene Schiffsparameter gegen die Geschwindigkeit aufzutragen, um Trends in der Parameteränderung festzustellen. Daten von verschiedenen kommerziellen und militärischen Schiffstypen sind in den Abb. 5 und 6 dargestellt.

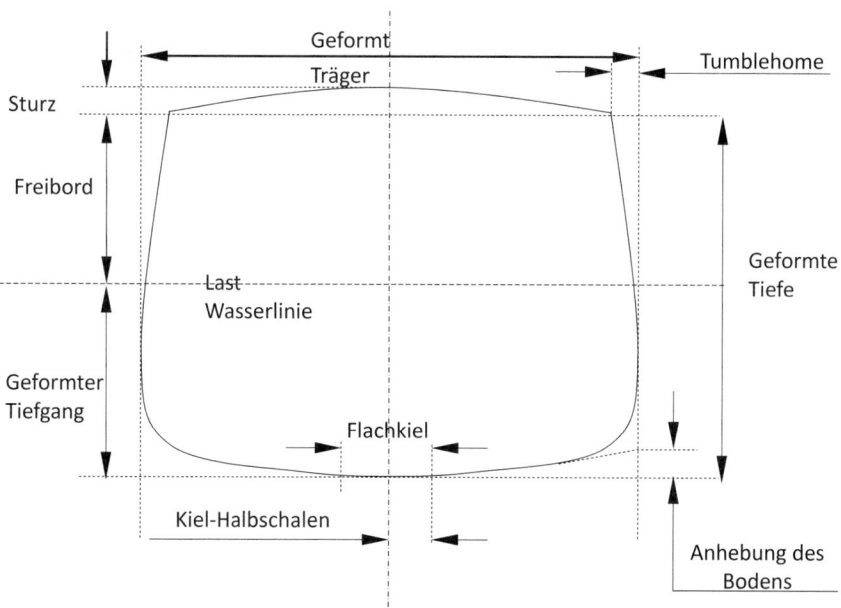

Abb. 4 Schnitt- und Wasserlinienformen

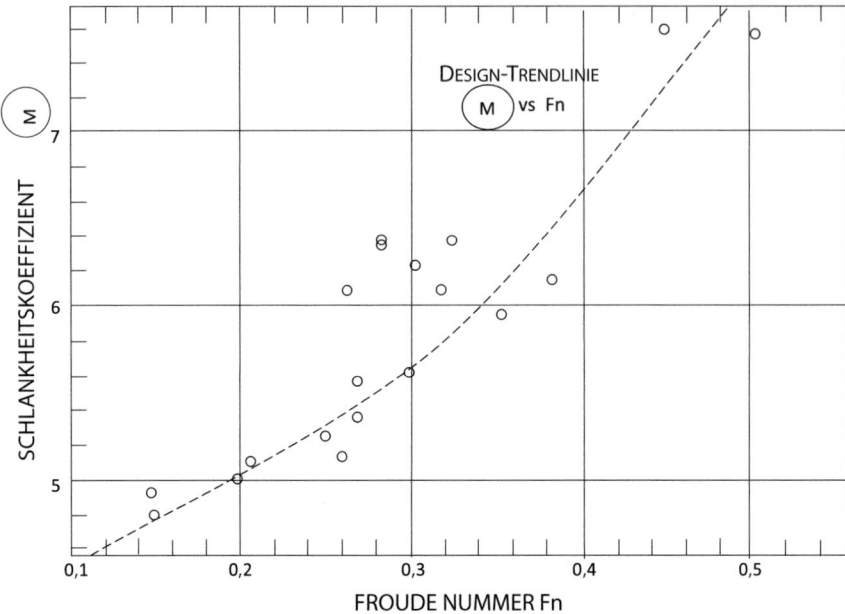

Abb. 5 Design-Trendlinien, Volumenkoeffizient mit Froude-Zahl

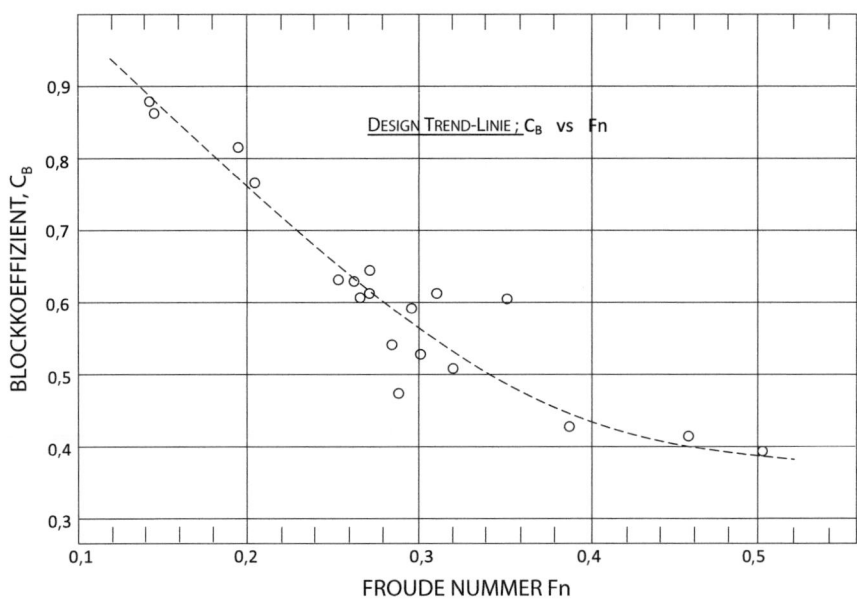

Abb. 6 Design-Trendlinie der Entwicklung des Schärfegrades der Verdrängung gegen die Froude-Zahl

7.6 Verdrängungsmasse und Gewicht

Die übliche Notation und Einheiten sind wie folgt: ∇ = verdrängtes Volumen m^3
Δ = verdrängte Masse (Tonnen oder kg bei kleinen Booten)
oder Δ = verdrängtes Gewicht (kN oder MN)
Beachten Sie, dass das Symbol sowohl für Masse als auch Gewicht verwendet wird – die verwendeten Einheiten müssen angegeben werden, um klarzustellen, was gemeint ist

$$\Delta \text{Masse} = \rho \nabla$$

$$\Delta \text{Gewicht} = \rho g \nabla = \text{Auftrieb (im Gleichgewichtsfall)}$$

ρ = Wasserdichte: Süßwasser $\rho_F = 1000 \text{ kg/m}^3 = 1000 \text{ tonne/m}^3$
Standard Salzwasser $\rho_s = 1025 \text{ kg/m}^3 = 1025 \text{ tonne/m}^3$

Die Dichte von Salzwasser ist hauptsächlich eine Funktion des Salzwassergehalts, obwohl Druck und Temperatur einen geringen Einfluss haben.

8 Begriffe zur Definition des Mittschiffsabschnitts

Die Hauptbegriffe zur Festlegung der Abschnitte in der Schiffsmitte sind in Abb. 4 in Englisch dargestellt.

9 Zusammenfassung

- Die Bandbreite und Arten von Wasserfahrzeugen wurden veranschaulicht.
- Die Komplexitäten des Schiffsdesignprozesses wurden eingeführt.
- Die grundlegenden Begriffe der Schiffbauarchitektur werden anhand eines typischen Linienplans veranschaulicht.
- Die grundlegenden Koeffizienten in Bezug auf die Schiffsgeometrie, Kapazität und Geschwindigkeit werden definiert.
- Die Verwendung von Design-Trendlinien wird anhand von Beispielen für die Arbeit der Studierenden veranschaulicht.

Grundlegende Eigenschaften 2

Zusammenfassung

In diesem Kapitel werden die Konzepte des Trägheitsmoments und eines Kräftepaares eingeführt. Die Koordinaten des Schwerpunkts eines dreidimensionalen Gewichtssystems werden abgeleitet. Und durch eine typische Berechnung wird der Schwerpunkt eines Schiffs bestimmt.

1 Masse, Gewicht und Gewichtsmomente

Sie sollten bereits mit den folgenden Konzepten vertraut sein:

MASSE: Ein Maß für die Menge an Material in einem Körper. In SI-Einheiten wird die Masse in Kilogramm (kg) oder in unserem Kontext in Tonnen gemessen (1 Tonne = 1000 kg).

GEWICHTSKRAFT: Die vertikale Kraft, die in einem Gravitationsfeld auf eine gegebene Masse nach unten wirkt. Diese Kraft hängt von der Masse des Körpers und der lokalen Schwerebeschleunigung ab:

$$w = mg$$

wobei w = Gewichtskraft gemessen in Newton (N), Kilonewton (kN) oder Meganewton (MN) und $g = 9{,}81$ m/s^2 als guter durchschnittlicher Wert für die Gravitationsbeschleunigung auf der Erde. Hinweis: 1 N = 1 kg 1 m/s^2, 1 kN = 1000 N, 1 MN = 1000 kN = 10^6 N. Das Gewicht einer Masse von 1 Tonnen beträgt 9,81 kN.

2 Trägheitsmoment

Das Moment einer Kraft um einen Punkt ist das Produkt aus der Kraft und dem senkrechten Abstand zwischen dem Punkt und der Wirkungslinie der Kraft. Im in Abb. 1 dargestellten Fall gilt:

$$M = wx.$$

Momente werden in N m, kN m oder MN m gemessen, d. h. Newtonmeter, Kilonewtonmeter usw. Damit ein System von Massen, das in einem Rahmen gehalten wird, um einen bestimmten Drehpunkt P ausbalanciert ist, muss die algebraische Summe aller Trägheitsmomente um P null sein.

3 Verschiebung von Gewichten – Äquivalente Kräfte und Gewichte

Die Einführung von gleichgroßen und entgegengesetzten Kräften $+w$ und $-w$ entlang derselben Wirkungslinie hat zur Folge, dass das Kraftsystem unverändert bleibt (siehe Abb. 2).

Das neue System von Kräften entspricht der Summe von zwei getrennten Systemen aus Kräften (siehe Abb. 3).

(a) ist eine **Kraft** w, die von Q nach P verschoben wird
(b) ist ein **Kräftepaar** (d. h. ein reines Moment ohne resultierende Gesamtkraft).

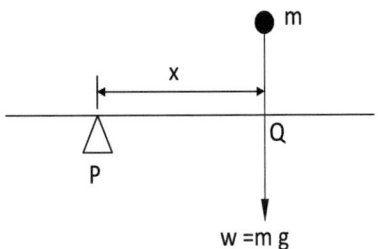

Abb. 1 Definition des Moments

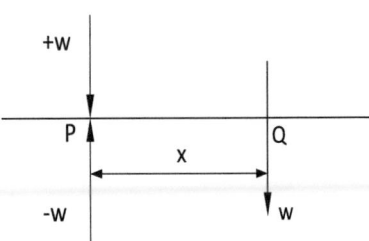

Abb. 2 Addition von gleichgroßen Kräften an einem einzelnen Punkt

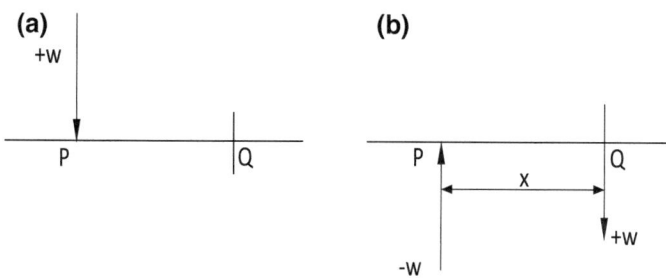

Abb. 3 Kräfte ersetzt durch ein Moment plus Kraft

Abb. 4 Moment eines Moments
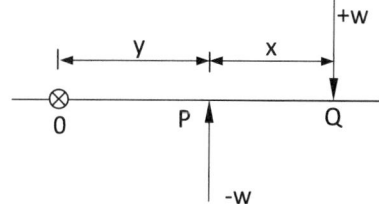

Die ursprüngliche Kraft, die auf Q einwirkte, entspricht also einer gleichgroßen Kraft, die auf P wirkt, plus einem Moment $w \times x$. Das Moment des Kräftepaars um 0 ist (siehe Abb. 4) ist: $M = +w(x+y) - wy = wx$.

Das heißt, das Moment ist unabhängig von y und daher von der Lage von 0.

Ein **Kräftepaar** ist also einfach ein Moment und nicht ein Moment um einen bestimmten Punkt.

4 Schwerpunkte

Durch Einführung eines geeigneten Kräftepaars, das das System zum Rotieren bringen würde, wenn es nicht null ist, können die Gewichtskräfte eines Massensystems auf einen gegebenen Punkt P übertragen und zu einer einzigen Kraft zusammengefasst werden, die gleich der Summe aller Gewichtskräfte der Massen im System ist (siehe Abb. 5).

Wenn der Punkt P so gewählt wird, dass das resultierende Moment null ist, dann würde das System auf einem Drehpunkt bei P ausbalanciert sein.

Wenn das System in jede gewünschte Lage gedreht werden kann und immer noch um P ausbalanciert bleibt, dann wird P als *Schwerpunkt* **des Massensystems bezeichnet.**

Abb. 5 Mehrere Kräfte addiert für ein äquivalentes Moment im System

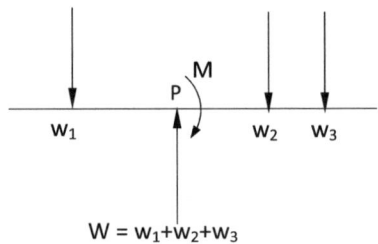

5 Summenzeichen

Betrachten Sie eine Menge von Massen $m_1, m_2 \ldots$ an Punkten $x_1, x_2 \ldots$ auf einem horizontalen Balken. Sei N die Gesamtzahl der Massen (siehe Abb. 6).

Die Gewichte w_i dieser Massen m_i können auf einen Drehpunkt P übertragen werden, und ergeben so eine äquivalente Einzelkraft:

$$W = w_1 + w_2 + w_3 + \cdots + w_N = \sum_{i=1}^{N} w_i \quad (1)$$

zusammen mit einem Moment,

$$M = w_1(x_1 - \bar{x}) + w_2(x_2 - \bar{x}) + w_3(x_3 - \bar{x}) + \cdots + w_N(x_N - \bar{x})$$

oder

$$M = \sum_{i=1}^{N} w_i(x_i - \bar{x}) \quad (2)$$

In der obigen Notation sind w_i ein Element der Menge $w_1, w_2 \ldots w_N$ und x_i der Menge $x_1, x_2, x_3 \ldots x_N$, und die Notation $\sum_{i=1}^{N}$ impliziert die Summation aller Terme des angegebenen Typs [w_i oder $w_i(x_i - \bar{x})$ je nach Bedarf], summiert für alle Werte des Subskripts i zwischen $i = 1$ und $i = N$.

Abb. 6 Verallgemeinerung auf eine große Anzahl von Punktlasten

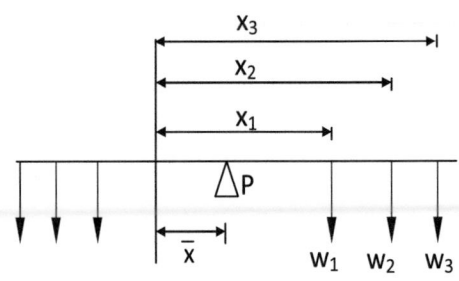

6 Schätzung des Gleichgewichtspunkts

Der Ausdruck (2) für das Moment M kann umgeschrieben werden als:

$$M = \sum_{i=1}^{N} w_i x_i - \bar{x} \sum_{i=1}^{N} w_i$$

oder, unter Verwendung von (1),

$$M = \sum_{i=1}^{N} w_i x_i - W.\bar{x}.$$

Das Massensystem ist bei P ausbalanciert, wenn $\bar{x}$ so gewählt wird, dass gilt:

$$M = 0.$$

Das heißt, wenn,

$$\bar{x} = \frac{\sum_{i=1}^{N} w_i\ x_i}{W} \tag{3}$$

7 Die Auswirkung einer Drehung auf das wirkende Moment

Nach einer im Uhrzeigersinn erfolgten Drehung um einen Winkel θ wird eine Masse m (mit dem Gewicht w), deren Koordinaten relativ zum Drehpunkt 0 zunächst (x, z) sind, ein Trägheitsmoment $w \times l$ ausüben (siehe Abb. 7).

Geometrisch gesehen:

$$l = OD + CB = x\ \cos\theta + z\ \sin\theta \tag{4}$$

Also gilt für das Moment:

$$M(\theta) = w\,x\,\cos\theta + w\,z\,\sin\theta \tag{5}$$

Mit anderen Worten, das **vertikale Moment** $w \times z$ ist genauso wichtig wie das **horizontale Moment** $w \times x$ bei der Entscheidung über Drehmomente, sobald ein Körper aus seiner Ausgangsposition gedreht wird.

Abb. 7 2-D Rotation des Achsensystems

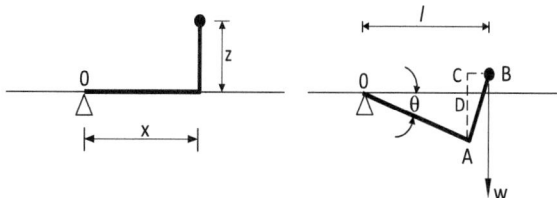

8 Allgemeine Ausdrücke für den Schwerpunkt

Betrachten Sie ein Achsensystem $Oxyz$, das durch Drehung des Achsensystems $OXYZ$ um die Achse Oy um einen Winkel θ gewonnen wird. Betrachten Sie eine Menge von Massen mit dem Gewicht $w_i (i = 1, 2, \ldots N)$, die an den Punkten (x_i, y_i, z_i) befestigt sind, und die sich auf das Achsensystem $Oxyz$ beziehen (siehe Abb. 8).

Stellen Sie sich vor, das System ist auf einem Punkt P ausbalanciert, dessen Koordinaten im Achsensystem $Oxyz$ $(\bar{x}, \bar{y}, \bar{z})$

Wenn das System ausbalanciert ist, das heißt, wenn P mit dem **Schwerpunkt** der Masseansammlung übereinstimmt, dann müssen die Trägheitsmomente um die horizontalen Achsen PX und PY beide null sein. Wie zuvor besprochen, gilt nach der Drehung für den Hebel um die Achse PY, gemäß Gl. 4

$$l_i = (x_i - \bar{x})\cos\theta + (z_i - \bar{z})\sin\theta,$$

sodass für das Moment um diese Achse gilt:

$$M_{YY} = \cos\theta \sum_{i=1}^{N} w_i(x_i - \bar{x}) + \sin\theta \sum_{i=1}^{N} w_i(z_i - \bar{z}) \tag{6}$$

Das Moment um die Achse PX ist:

$$M_{XX} = \sum_{i=1}^{N} w_i(y_i - \bar{y}) \tag{7}$$

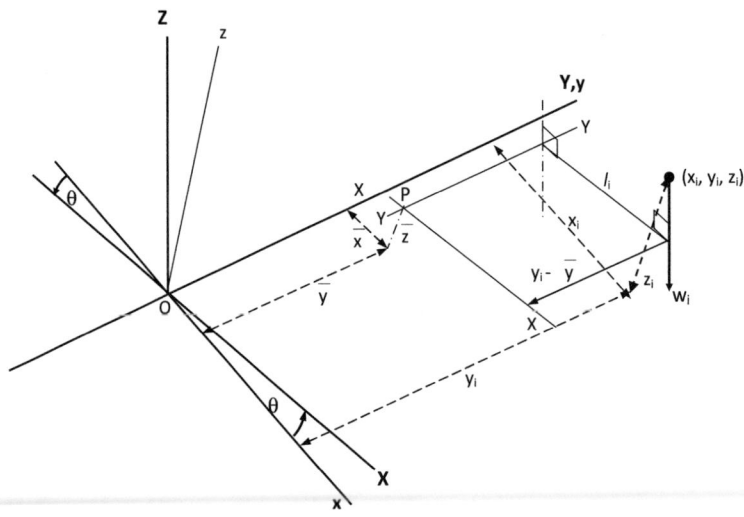

Abb. 8 3-D-Drehung des Achsensystems

Beide M_{YY} und M_{XX} sind für alle Drehungen null, wenn

$$\sum_{i=1}^{N} w_i(x_i - \bar{x}) = 0, \quad \sum_{i=1}^{N} w_i(y_i - \bar{y}) = 0, \quad \sum_{i=1}^{N} w_i(z_i - \bar{z}) = 0. \qquad (8)$$

Wenn wir wie zuvor

$$W = \sum_{i=1}^{N} w_i$$

schreiben, werden diese drei Gleichungen erfüllt, wenn gilt:

$$\bar{x} = \frac{\sum_{i=1}^{N} w_i \, x_i}{W}, \quad \bar{y} = \frac{\sum_{i=1}^{N} w_i \, y_i}{W}, \quad \bar{z} = \frac{\sum_{i=1}^{N} w_i \, z_i}{W} \qquad (9)$$

Der Punkt $P = (\bar{x}, \bar{y}, \bar{z})$ ist der **Schwerpunkt** des Massensystems.

Obwohl diese Ausdrücke (9) **Gewichtkraft** statt **Masse** betreffen, enthalten sowohl Zähler als auch Nenner den Faktor g (da $w_i = m_i g$), und daher es ist ebenso möglich, die Formeln mit Massen zu schreiben:

$$\bar{x} = \frac{\sum_{i=1}^{N} m_i \, x_i}{M}, \quad \bar{y} = \frac{\sum_{i=1}^{N} m_i \, y_i}{M}, \quad \bar{z} = \frac{\sum_{i=1}^{N} m_i \, z_i}{M} \qquad (10)$$

wobei

$$M = \sum_{i=1}^{N} m_i.$$

9 Beispielberechnungen des Schwerpunkts

Die folgenden Berechnungen (siehe Tab. 1) der Längsposition (LCG) und der vertikalen Position (VCG) des Schwerpunkts eines Schiffs, dessen Schwerpunkt auf der Mittellinie (d. h. $\bar{y} = 0$) angenommen wird, veranschaulichen die Anwendung der obigen Gleichungen: Messungen von x_i gehen längs von der Schiffsmitte aus (positiv nach vorne), z_i vertikal über der Kiel-Linie.

Gesamtmasse des Schiffs = 29465 Tonnen.

$LCG = +\frac{113570}{29465} = +3{,}85$ m (von der Schiffsmitte aus nach vorne).
$VCG = \frac{213472}{29465} = 7{,}24$ m (über dem Kiel).

Tab. 1 Beispiel für die Berechnung des Schwerpunkts mithilfe von Grundgewichten des Schiffs

Artikel	m_i (t)	x_i (m)	z_i (m)	$m_i x_i$ (t m)	$m_i z_i$ (t m)
Rumpfstruktur	6820	−8,0	8,7	−54560	59334
Hauptmotoren	1960	−55,0	6,8	−107800	13328
Anker und Kabel	150	+95,0	11,5	+14250	1725
Rettungsboote	10	−57,0	23,0	−570	230
Ladung	18450	+15,0	7,4	+276750	136530
Treibstoff	2000	−5,0	0,6	−10000	1200
Lager	75	−60,0	15,0	−4500	1250
	Σm_i			$\Sigma m_i x_i$	$\Sigma m_i z_i$
Gesamt	29465			+113570	213472

10 Zusammenfassung

- Die Konzepte des (ersten) Moments einer Kraft und eines Kräftepaares wurden zusammengefasst.
- Die Koordinaten des Schwerpunkts eines dreidimensionalen Gewichtssystems wurden abgeleitet.
- Eine typische Berechnung des LCG und VCG eines Schiffs wurde veranschaulicht.

3 Gleichgewichts- und Stabilitätskonzepte für schwimmende Körper

Zusammenfassung

In diesem Kapitel werden der hydrostatische Druck und das Archimedische Prinzip zusammenfassend dargestellt. Gleichgewichtsbedingungen für Gewichts- und Auftriebskräfte werden eingeführt. Das allgemeine Konzept der Stabilität wird definiert und stabiles, instabiles und neutrales Gleichgewicht sowie das Konzept der Stabilität für schwimmende und untergetauchte Schiffe werden veranschaulicht.

1 Druck in einer gleichförmigen inkompressiblen Flüssigkeit im Ruhezustand

Betrachten Sie eine Flüssigkeitssäule, die an einer freien Oberfläche bei atmosphärischem Druck endet p_o. Nehmen Sie vertikale Wände und einen gleichförmigen Querschnitt mit der Fläche A an (siehe Abb. 1).

Die vertikale resultierende Drucklast auf die Säule nach oben beträgt $(p - p_o)A$. Die senkrecht nach unten wirkende Gewichtskraft der Flüssigkeit ist $\rho g A h$.

Das Gleichgewicht erfordert keine Nettokraft, d. h. $(p - p_o)A = \rho g A h$
oder

$$p - p_o = \rho g h. \tag{1}$$

Hinweis: p ist konstant, wenn h konstant ist, d. h. über jeder horizontalen Ebene.

Abb. 1 Druckkräfte auf die Basis eines vertikalen Zylinders

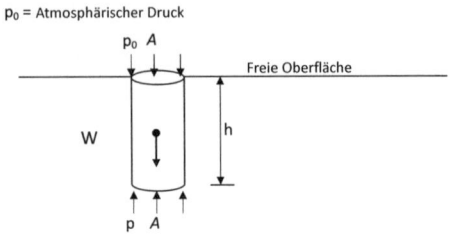

2 Druck auf eine geschlossene Oberfläche S im Ruhezustand in einer ebenfalls ruhenden Flüssigkeit

Eine Oberfläche S, die in die Flüssigkeit eingetaucht ist, kann als von einer Menge von Oberflächenelementen bedeckt betrachtet werden, wie in Abb. 2 dargestellt. Ein Element der Fläche S ist, wie gezeigt, dem Druck p ausgesetzt, der durch Gl. (1) gegeben ist. Es wird eine resultierende Kraft **normal** zur Oberfläche aufgrund von p wirken, die durch $p\delta S$ gegeben ist (wenn δS ausreichend klein ist).

Die Drucklasten können vektoriell summiert werden, und ergeben so eine resultierende Kraft auf S. Wenn man die Momente der einzelnen Kräfte um ein geeignetes Achsensystem nimmt und summiert, um die resultierenden Trägheitsmomente um die Achsen zu erhalten, kann man die Wirkungslinie dieser Kraft bestimmen. Die Kraft wird nicht davon abhängen, ob die Oberfläche S einen fremden Körper (z. B. ein Schiff) umschließt oder lediglich mehr Flüssigkeit. Dies liegt daran, dass sie von den Drücken in der Flüssigkeit außerhalb von S abhängt.

Abb. 2 Druckkräfte auf einen dreidimensionalen Körper

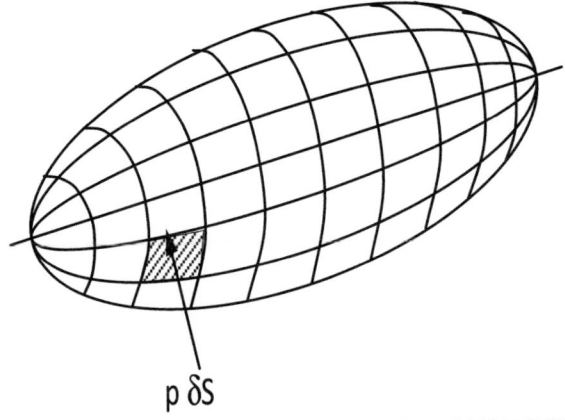

3 Archimedisches Prinzip

Betrachten Sie bei einer Oberfläche S, die ein Volumen V umschließt, das Flüssigkeit enthält, die sich in Ruhe befindet,

1. die resultierende hydrostatische Drucklast, die oben berechnet wurde,
2. das Gewicht der Flüssigkeit, das senkrecht nach unten durch den Schwerpunkt des Volumens wirkt.

Da die Flüssigkeit in S bezüglich dieser beiden Kräfte im Gleichgewicht ist, müssen sie sich gegenseitig aufheben. Daher muss die resultierende Druckkraft auf S:

1. genauso groß sein wie die Gewichtskraft der Flüssigkeit in S,
2. senkrecht nach oben durch den Schwerpunkt oder den Schwerpunkt des eingeschlossenen Volumens wirken.

Wenn die Flüssigkeit in S verdrängt und durch einen Körper ersetzt wird, dessen äußere Hülle in S passt, dann wird dieser Körper die gleiche Gesamtdruckkraft erfahren, die zumindest teilweise das Gewicht des Körpers selbst teilweise trägt.

Dies ist das **Archimedes-Prinzip:**

Ein Körper, der ganz oder teilweise in eine ruhende Flüssigkeit eingetaucht ist, erfährt eine Auftriebskraft:

1. deren Größe dem Gewicht der verdrängten Flüssigkeit entspricht,
2. senkrecht nach oben durch den Schwerpunkt des eingetauchten Volumens des Körpers wirkt (fortan als **Auftriebsschwerpunkt** (engl. *centre of buoyancy*) bezeichnet).

4 Berechnung der Auftriebskraft

In der Praxis können die Auftriebskraft und den Auftriebsschwerpunkt auf eine von zwei Arten berechnet werden:

1. Eine Berechnung der Lasten aus den Eigenschaften des eingetauchten Volumens unter Verwendung des Archimedischen Prinzips.
2. Eine Oberflächenintegration über die hydrostatischen Drucklasten.

1. Ist das traditionelle Verfahren für **Schiffe**,
2. Hat Vorteile für die komplexen Geometrien von Offshore-Plattformen.

5 Gleichgewicht und Stabilität schwimmender Körper

Für jedes Schiff oder jede Offshore-Struktur, ja eigentlich jedes marine Artefakt, das (zu irgendeinem Zeitpunkt in seinem Leben) frei schwimmen muss, muss gewährleistet sein, dass:

1. der Körper in seinem Designzustand frei im Gleichgewicht schwimmt;
2. der Körper in seinem Gleichgewichtszustand ausreichend stabil ist.

Diese beiden Konzepte sind sehr unterschiedlich. Gleichgewicht wird erreicht, wenn sich die Kräfte von Gewicht und Auftrieb genau aufheben. Die Anforderungen dafür sind, dass:

1. Gewichts- und Auftriebskraft gleich groß sind,
2. der Schwerpunkt (der Körpermasse) senkrecht auf einer Linie mit dem Auftriebsschwerpunkt liegt.

5.1 Allgemeine Definitionen

Stabilität hat mit dem Verhalten des Körpers, **nachdem er aus seinem Gleichgewichtszustand gebracht wurde,** zu tun. Dieses Problem wird am besten veranschaulicht, indem man einen einfachen Kegel betrachtet, der auf einem Tisch steht (siehe Abb. 3). Ein Kegel, der genau aufrecht auf seiner Spitze steht, mit seinem Schwerpunkt vertikal über der Spitze, ist im Gleichgewicht, da sich Gewicht und die Gegenkraft durch den Tisch aufheben. Wenn er jedoch gekippt wird, auch nur sehr leicht, bilden das Gewicht und die daraus resultierenden Kräfte ein Moment, das den Kegel dazu bringt, auf seine Seite zu fallen (siehe Abb. 3). Ein Kegel, der auf seiner Grundfläche steht, ist ebenfalls im Gleichgewicht. In diesem Fall wirkt das Moment auf einen gekippten Kegel so, dass er wieder auf Grundfläche Basis zurückkehrt, vorausgesetzt, der Kippwinkel ist nicht zu groß (siehe Abb. 3 Mitte).

Ein Kegel, der auf seiner Seite liegt, ist ebenfalls im Gleichgewicht. Wenn der Kegel in diesem Fall durch Rollen zu einer neuen Position bewegt wird, wird er dort bleiben, wo er gelassen wurde: Er wird weder dazu neigen, sich zurück zu seiner ursprünglichen Position zu bewegen, noch sich weiter von seiner ursprünglichen Position entfernen (siehe Abb. 3 unten).

Stabiles Gleichgewicht: Ein Körper, der nach einer kleinen Störung dazu neigt, zu seiner Gleichgewichtsposition zurückzukehren, wenn er losgelassen wird, befindet sich in einem Zustand des **STABILEN** Gleichgewichts.

Instabiles Gleichgewicht: Ein Körper, der nach einer kleinen Störung dazu neigt, sich weiter von seiner Gleichgewichtsposition zu entfernen, wenn er losgelassen wird, befindet sich in einem Zustand des **INSTABILEN** Gleichgewichts.

Abb. 3 Stabilitätsbedingungen und -typen

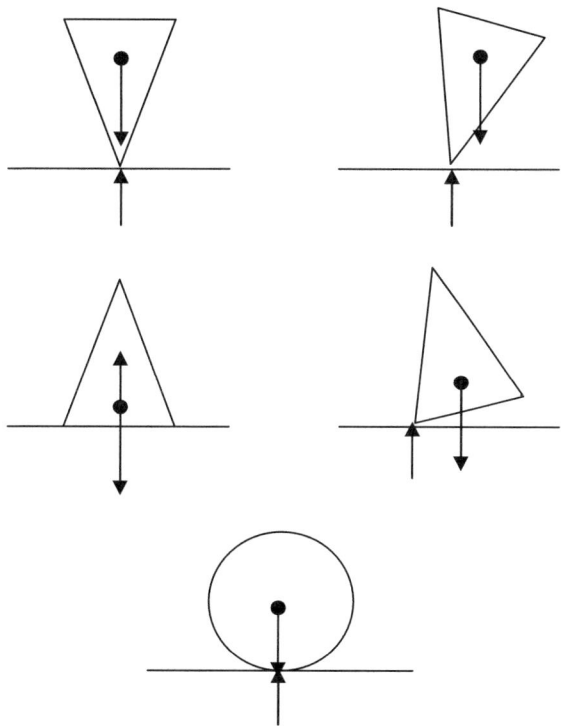

Neutrales Gleichgewicht: Ein Körper, der nach einer kleinen Störung weder dazu neigt, zu seiner Gleichgewichtsposition zurückzukehren, noch sich weiter von ihr zu entfernen, wird als in einem Zustand des **NEUTRALEN** Gleichgewichts bezeichnet.

Schwimmende Körper haben Zustände von stabilem oder instabilem Gleichgewicht. Wenn der Körper, wie ein U-Boot, vollständig unter der freien Oberfläche ist, kann er auch neutral stabil sein. Aus Gründen, die später diskutiert werden, ist es sehr unwahrscheinlich, dass ein Körper, der auf einer freien Oberfläche schwimmt, neutral stabil ist.

5.2 Stabilität eines untergetauchten Körpers

Bei einem untergetauchten Körper ist die Position des Auftriebsschwerpunkts B durch die Form des Auftriebsvolumens festgelegt, sein Schwerpunkt G durch die Verteilung der Masse innerhalb des Körpers. Der Körper kann im **Gleichgewicht** sein, wenn die Größen von Gewichts- und Auftriebskraft gleich sind und B und G senkrecht auf einer Linie liegen, wie in Abb. 4 gezeigt. Offenbar ist das Gleichgewicht stabil, wenn G unter B liegt (siehe Abb. 4 links), instabil, wenn G über B liegt (siehe Abb. 4 rechts) und neutral, wenn B und G zusammenfallen.

Abb. 4 Stabilität eines vollständig untergetauchten Körpers

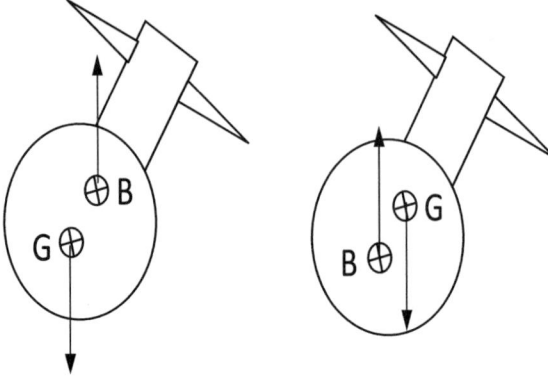

Abb. 5 Auswirkungen der Positionen des Auftriebsschwerpunkts und des Schwerpunkts

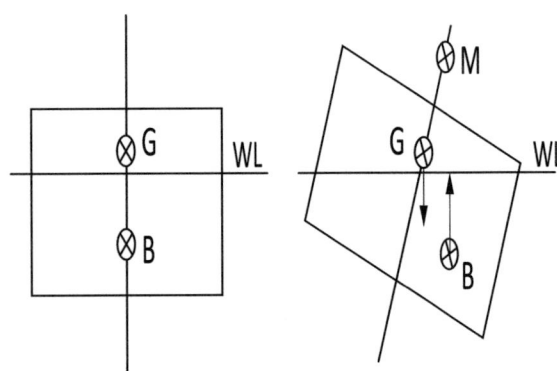

5.3 Stabilität eines schwimmenden Körpers

Die Stabilität eines Körpers, der auf einer freien Oberfläche schwimmt, ist komplizierter als die des untergetauchten Körpers, weil die Form des Verdrängungsvolumens und daher die Position des Auftriebsschwerpunkts sich ändert, wenn der Körper aus seiner Gleichgewichtsposition gedreht wird. Die vertikale Position von B ist jetzt nicht mehr wichtig, und B kann tatsächlich unter G liegen. Der Körper ist stabil, wenn der Punkt M auf dem Diagramm über G liegt (siehe Abb. 5) und instabil, wenn M unter G liegt. Da der Punkt M selbst nicht fest ist, sondern steigt, wenn der Drehwinkel zunimmt, ist der neutrale Gleichgewichtszustand (M und G fallen für alle kleinen Drehungen zusammen) tatsächlich nicht erreichbar. Die niedrigste Position von M wird als **Metazentrum** (engl. *metacentre*) des schwimmenden Körpers bezeichnet - dazu später mehr!

6 Zusammenfassung

- Der hydrostatische Druck und das Archimedische Prinzip werden zusammenfassend dargestellt.
- Gleichgewichtsbedingungen für Gewichts- und Auftriebskräfte wurden eingeführt.
- Das allgemeine Konzept der Stabilität wurde definiert und stabiles, instabiles und neutrales Gleichgewicht veranschaulicht.
- Das Konzept der Stabilität für schwimmende und untergetauchte Schiffe wurde veranschaulicht.

4. Berechnung von Volumen und Auftriebsschwerpunkten

Zusammenfassung

Um die Eigenschaften eines schwimmenden Körpers, wie eines Schiffs, zu untersuchen, ist es notwendig, das Verdrängungsvolumen und den Auftriebsschwerpunkt berechnen zu können. Um die Gewichte und Schwerpunkte einer Deckplatte oder einer Schottplatte zu berechnen, muss man die Fläche und den Flächenschwerpunkt einer Platte berechnen können, deren Umriss durch die Rumpfform definiert ist. Wir müssen in der Lage sein, Flächen und Flächenschwerpunkte einer gleichförmigen ebenen Schicht oder die Volumen und Volumenschwerpunkte eines gleichförmigen dreidimensionalen Festkörpers zu berechnen. Der zweite Prozess (Finden von Volumeneigenschaften) ist eine Erweiterung des ersten, und beide müssen Integrationen verwendet werden.

Um die Eigenschaften eines schwimmenden Körpers, wie eines Schiffs, zu untersuchen, ist es notwendig, das Verdrängungsvolumen und den Auftriebsschwerpunkt berechnen zu können. Um die Gewichte und Schwerpunkte einer Deckplatte oder einer Schottplatte zu berechnen, muss man die Fläche und den Flächenschwerpunkt einer Platte berechnen können, deren Umriss durch die Rumpfform definiert ist. Wir müssen in der Lage sein, Flächen und Flächenschwerpunkte einer gleichförmigen ebenen Schicht oder die Volumen und Volumenschwerpunkte eines gleichförmigen dreidimensionalen Festkörpers zu berechnen. Der zweite Prozess (Finden von Volumeneigenschaften) ist eine Erweiterung des ersten, und beide müssen Integrationen verwendet werden.

Das Volumen eines kleinen Schnitts quer zum Schiff ist (siehe Abb. 1):

$$\delta \nabla = a(x) \delta x$$

wobei $a(x)$ die Querschnittsfläche der Unterwasser liegenden Rumpfform für diesen Schnitt durch das Schiff ist. Das Volumen des Schiffs findet man, indem

Abb. 1 Querschnittsflächenkurve

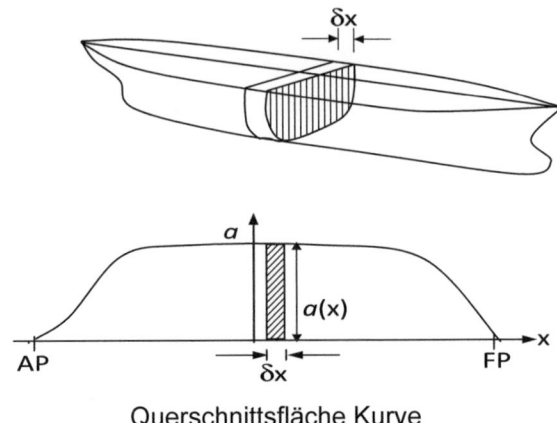

Querschnittsfläche Kurve

$a(x)$ für eine große Anzahl von Punkten entlang der Schiffslänge berechnet und die Volumen jeder Scheibe des Schiffs addiert werden. Dies entspricht dem Zeichnen der Kurve, die zeigt, wie $a(x)$ entlang der Schiffslänge variiert, und dann der Berechnung der Fläche unter dieser Kurve (siehe Abb. 1). Somit kann die Berechnung von Volumeneigenschaften auf die Berechnung der Eigenschaften geeigneter Schichten reduziert werden. Volumenmomente können durch Auswertung der Flächenmomente der Querschnittsflächenkurve gefunden werden.

1 Integration als Grenzwert einer Summation

Integration kann auf zwei Arten betrachtet werden:

1. Als das Inverse der Differenziation und
2. Als der Grenzwert eines Summationsprozesses.

Analytisch liefert (1) den nützlichsten Ansatz zu Standardintegrationsformeln, aber im Hinblick auf die Modellierung physikalischer Systeme im Ingenieurwesen ist der zweite Ansatz (2) von immenser praktischer Bedeutung. Betrachten Sie eine Funktion $A(x)$, die die Fläche unter einer Kurve $y(x)$ darstellt (siehe Abb. 2). Wenn x um einen kleinen Betrag δx größer wird, erhöht sich die Fläche um einen annähernd rechteckigen Streifen der Fläche

$$\delta A \approx y(x)\delta x.$$

Genau genommen gilt:

$$y(x)\delta x \leq \delta A \leq (y + \delta y)\delta x$$

wie gezeichnet. Wenn also

$$\delta x \to 0,$$

1 Integration als Grenzwert einer Summation

Abb. 2 Integration als Grenzwert der Summation

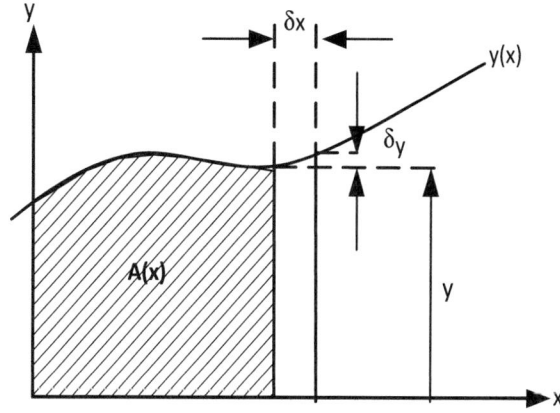

folgt

$$\frac{dA}{dx} = y(x).$$

So ergibt sich $A(x)$ durch die Umkehrung entsprechend (1) als

$$A(x) = \int y(x)\,dx.$$

Alternativ betrachten Sie die Fläche unter $y(x)$ zwischen x_1 und x_N unterteilt in Streifen der Breite δx_i (siehe Abb. 3).

Wenn man die kleinen schraffierten Teile vernachlässigt, ist die Fläche ungefähr

$$A = \sum_{i=1}^{N} y(x_i)\delta x_i = \sum_{i=1}^{N} y_i\,\delta x_i,$$

Abb. 3 Integration als Grenzwert der Summierung von Flächen betrachtet

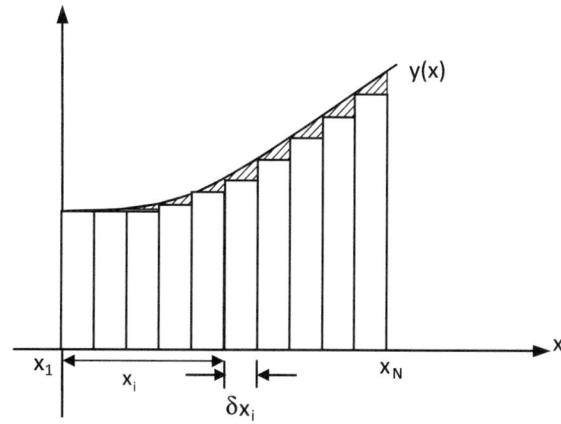

wenn $y(x_i)$ einfach als y_i geschrieben wird. Die Anzahl der Streifen kann nun vielfach erhöht werden, sodass $N \to \infty$ und $\delta x_i \to 0$.

Offensichtlich werden die schraffierten Bereiche (der Ordnung δx^2) mit zunehmender Anzahl der Streifen immer unwichtiger und verschwinden im Grenzfall $\delta x_i \to 0$ vollständig. Dann gilt:

$$A = \lim_{\delta x_i \to 0} \sum_{i=1}^{N \to \infty} y_i \, \delta x_i = \int_{x_1}^{x_N} y \, dx.$$

Hier wird die Integration als Grenzwert einer Summierung betrachtet (d. h. Betrachtungsweise (2)). Tatsächlich steht das Integralzeichen $\int$ für ein verlängertes ‚S', das für ‚Summierung' steht. Diese Betrachtungsweise der Integration bereitet den Weg zur Bestimmung von Flächen und Schwerpunkten von Schichten (dünnen Platten) und dreidimensionalen Körpern.

2   Flächen und Schwerpunkte von Schichten

Stellen Sie sich eine Schicht einheitlicher Dicke und Materialdichte vor, die durch eine geschlossene Kurve c begrenzt ist, dargestellt durch die obere Kurve $y_2(x)$ und die untere Kurve $y_1(x)$, mit einem Gewicht w pro Flächeneinheit (siehe Abb. 4).

Schneiden Sie diese Fläche in schmale Streifen parallel zur y-Achse. Einer dieser Streifen liege zwischen x_i und $x_i + \delta x_i$.

Der Schwerpunkt des Streifens liegt offenbar in der Mitte des höchsten Punktes, d. h. bei

$$y_i = \frac{1}{2}[y_2(x_i) + y_1(x_i)].$$

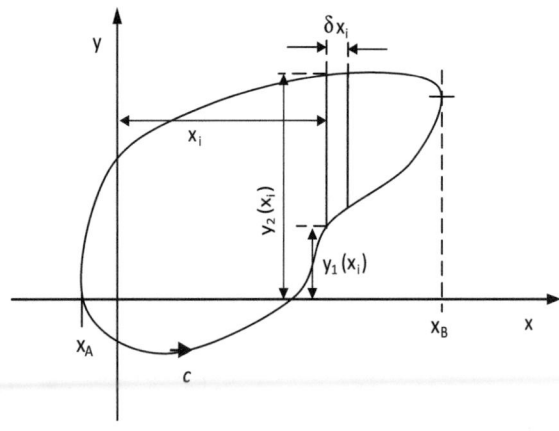

Abb. 4 Integration mit variablen oberen und unteren Grenzen

2 Flächen und Schwerpunkte von Lamellen

Die Fläche des Streifens beträgt

$$\delta A = [y_2(x_i) - y_1(x_i)]\delta x_i$$

und sein Gewicht

$$w_i = w[y_2(x_i) - y_1(x_i)]\delta x_i.$$

Wir können das Gewicht der Schicht schreiben als (siehe Gl. 1 in Kap. 2):

$$W = \sum_{i=1}^{N} w_i = \sum_{i=1}^{N} w[y_2(x_i) - y_1(x_i)]\delta x_i$$

und die Koordinaten des Schwerpunkts als (siehe Gl. 9 in Kap. 2):

$$\bar{x} = \frac{\sum_{i=1}^{N} w_i x_i}{\sum_{i=1}^{N} w_i} = \frac{1}{W} \sum_{i=1}^{N} w[y_2(x_i) - y_1(x_i)] x_i \delta x_i$$

$$\bar{y} = \frac{\sum_{i=1}^{N} w_i y_i}{\sum_{i=1}^{N} w_i} = \frac{1}{W} \sum_{i=1}^{N} w[y_2(x_i) - y_1(x_i)] \frac{[y_2(x_i) + y_1(x_i)]}{2} \delta x_i$$

oder

$$\bar{y} = \frac{1}{W} \sum_{i=1}^{N} \frac{w}{2}[y_2(x_i)^2 - y_1(x_i)^2]\delta x_i.$$

Wenn wir nun als Grenzwert der Summen $\delta x_i \to 0$ gehen lassen, werden die obigen Gleichungen zu

$$W = w \int_{x_A}^{x_B} [y_2(x)] - y_1(x)] \, dx = w\, A$$

wobei A die Fläche der Schicht ist;

$$\bar{x} = \frac{w}{W} \int_{x_A}^{x_B} [y_2(x) - y_1(x)] x \, dx$$

und

$$\bar{y} = \frac{w}{2W} \int_{x_A}^{x_B} [y_2(x)^2 - y_1(x)^2] dx.$$

Die Fläche und die Koordinaten des Schwerpunkts können also auch geschrieben werden als:

$$A = \int_{x_A}^{x_B} [y_2(x) - y_1(x)]\, dx \qquad (1)$$

$$\bar{x} = \frac{1}{A} \int_{x_A}^{x_B} [y_2(x) - y_1(x)] x\, dx \qquad (2)$$

und

$$\bar{y} = \frac{1}{2A} \int_{x_A}^{x_B} [y_2(x)^2 - y_1(x)^2]\, dx \qquad (3)$$

In dieser Form sind $\bar{x}, \bar{y}$ Eigenschaften der Form und der Fläche der Schicht und haben nichts mit Gewicht oder Schwerkraft an sich zu tun.

Der Begriff **Schwerpunkt** oder **CG** (engl. *centre of gravity*) ist Körpern mit Masse und daher Gewicht vorbehalten. Wo wir uns Eigenschaften einer Fläche oder eines Volumens ansehen, die direkt nichts mit Masse und Gewicht zu tun haben, wird der Begriff **Zentroid** (engl. *centroid*) anstelle von Schwerpunkt verwendet.

3 Ein einfaches Beispiel

Betrachten Sie eine Schicht, die symmetrisch zur x-Achse ist, definiert durch (siehe Abb. 5)

$$y_2 = a\, x^n \qquad y_1 = -y_2$$

Gl. (1) ergibt

$$A = 2a \int_{x_A}^{x_B} x^n dx = \frac{2a}{n+1} [x^{n+1}]_{x_A}^{x_B}$$

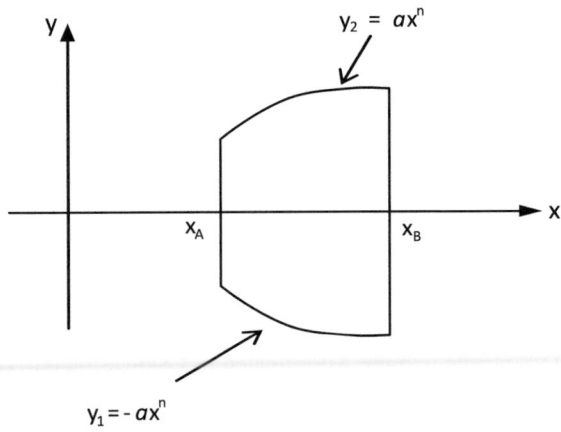

Abb. 5 Eine einfache Schicht mit Rändern, die durch eine verallgemeinerte Potenz von *x* approximiert werden

oder

$$A = \frac{2a}{n+1}[x_B^{n+1} - x_A^{n+1}]. \qquad (4)$$

Gl. (2) gibt

$$\bar{x} = \frac{2a}{A}\int_{x_A}^{x_B} x^n x\, dx = \frac{2a}{A}\int_{x_A}^{x_B} x^{n+1}\, dx$$

oder

$$\bar{x} = \frac{2a}{A(n+2)}[x^{n+2}]_{x_A}^{x_B},$$

$$= \frac{2a}{A(n+2)}[x_B^{n+2} - x_A^{n+2}].$$

Nach Einsetzen von A ergibt dies offensichtlich aus der Symmetrie bei $\bar{y} = 0$ in diesem Fall:

$$\bar{x} = \left(\frac{n+1}{n+2}\right)\left[\frac{x_B^{n+2} - x_A^{n+2}}{x_B^{n+1} - x_A^{n+1}}\right]. \qquad (5)$$

Beachten Sie, dass $y_2(x)$ und $y_1(x)$ **keine** Konstanten sind und daher **nicht** aus der Integration herausgenommen werden können, noch dürfen Sie Durchschnittswerte von y_2 und y_1 vor der Integration einsetzen. Einige Werte für n sind besonders interessant:

3.1 Rechteckige Schichten (n 0)

$y_2 = a$ (konstant), dann ist die Schicht ist ein Rechteck, für das gilt:
$A = 2a[x_B - x_A] =$ Breite $(2a)$, Länge $(x_B - x_A)$ und

$$\bar{x} = \frac{1}{2}\frac{(x_B^2 - x_A^2)}{(x_B - x_A)} = \frac{1}{2}\frac{(x_B + x_A)(x_B - x_A)}{(x_B - x_A)} = \frac{x_B + x_A}{2}.$$

(Beide Ergebnisse sind in diesem Fall ziemlich offensichtlich).

3.2 Dreieckige Schicht(n 1)

$x_A = 0$ (siehe Abb. 6) und aus Gl. (4)

$$A = \frac{2a}{2}[x_B^2 - x_A^2] = a\, x_B^2 = \frac{1}{2}b\; x_B,$$

und aus Gl. (5) folgt:

Abb. 6 Berechnung von Fläche und Schwerpunkt für eine dreieckige Schicht

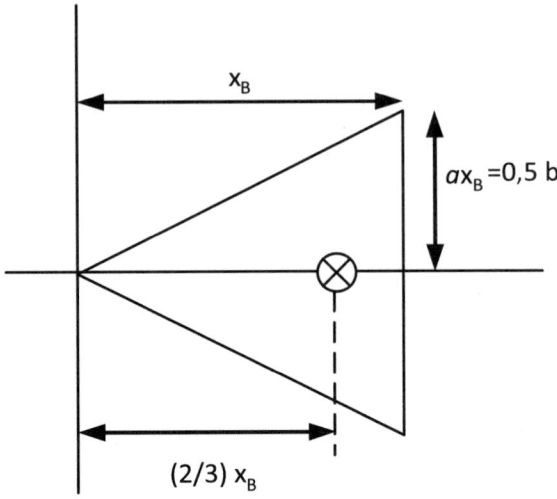

$$\bar{x} = \frac{2}{3} \frac{x_B^3 - x_A^3}{x_B^2 - x_A^2} = \frac{2}{3} x_B.$$

Daher liegt der Schwerpunkt eines Dreiecks bei 2/3 der *Höhe* vom *Scheitel* oder 1/3 der *Höhe* von der *Basis*.

3.3 Parabolische Lamina I, ($n = \frac{1}{2}$)

$x_A = 0, x_B = L$

In diesem Fall ist die Schicht parabolisch, da $y = ax^{\frac{1}{2}}$ äquivalent zu $y^2 = a^2 x$ ist, was die Gleichung einer Parabel ist, wie in Abb. 7 skizziert.

Aus Gl. (4) folgt in diesem Fall:

Abb. 7 Fläche einer stumpfen parabolischen Schicht

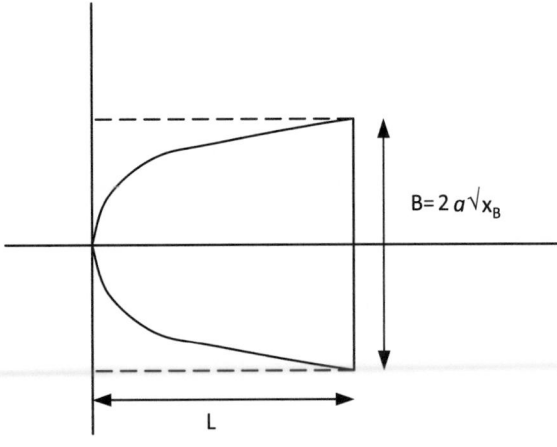

$$A = \frac{2a}{\frac{3}{2}}[x_B^{3/2} - x_A^{3/2}] = \frac{4a}{3} x_B \, x_B^{1/2} = \frac{2}{3} L \, B$$

Somit ist die Fläche der parabolischen Schicht 2/3 der Fläche des sie umgebenden Rechtecks. Aus Gl. (5) folgt:

$$\bar{x} = \frac{\frac{3}{2}}{\frac{5}{2}} \left[\frac{x_B^{5/2} - x_A^{5/2}}{x_B^{3/2} - x_A^{3/2}} \right] = \frac{3}{5} x_B = \frac{3}{5} L.$$

Also liebt der Schwerpunkt bei $\frac{3}{5}L$ rechts von $x = 0$.

3.4 Parabolische Schicht II, (n 2)

$x_A = 0, x_B = L$.

In diesem Fall ist $y_2 = ax^2$, das ebenfalls parabolisch ist, aber eine andere Form darstellt (siehe Abb. 8). Aus Gl. (4) folgt:

$$A = \frac{2a}{3} x_B^3 = \frac{1}{3} L \, B$$

Aus Gl. (5) ergibt sich:

$$\bar{x} = \frac{3}{4} \frac{x_B^4}{x_B^3} = \frac{3}{4} L$$

Es gibt offensichtlich viele andere mögliche Fälle. Auch verschiedene Formen der Gleichung für $y_1(x)$ und $y_2(x)$ können in Betracht gezogen werden. Die Behandlung ist jedoch in allen Fällen ähnlich. Man muss lediglich Gl. (1), (2) und (3) nach den Vorschriften integrieren.

Abb. 8 Fläche der spitzen parabolischen Schicht

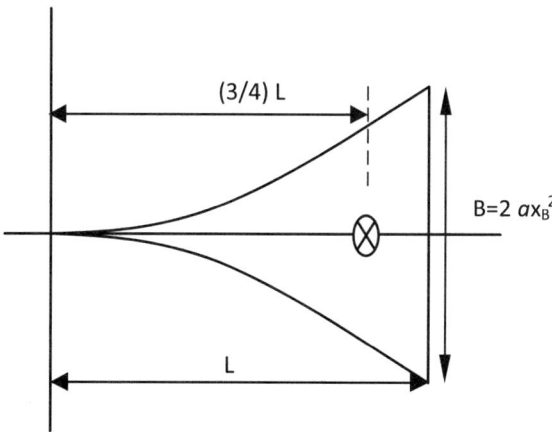

4 Zusammenfassung

1. Das grundlegende Prinzip der Berechnung geometrischer Eigenschaften des Verdrängungsvolumens durch die Verwendung von Querschnittsflächen wurde eingeführt.
2. Das Konzept der Integration wurde zusammenfassend dargestellt.
3. Fläche und Schwerpunktkoordinaten für eine allgemeine Schicht werden abgeleitet, indem die Fläche und die relevanten (ersten) Momente eines infinitesimal kleinen Streifens verwendet und anschließend entlang der Schicht integriert werden.
4. Die Schwerpunktkoordinaten wurden durch Teilen des relevanten ersten Moments der Fläche durch die Fläche ermittelt.
5. Beispiele für einfache geometrische Formen wurden gegeben: Rechteck, Dreieck und Parabeln.

Weitere Anmerkungen zum Verdrängungsvolumen und Auftriebszentrum

5

Zusammenfassung

In diesem Kapitel werden die Verwendung eines unendlich schmalen Streifens und die anschließende Integration erweitert, um den Querschnittsbereich, die Schwimmfläche und den Zentroid (LCF) sowie das Verdrängungsvolumen LCB und VCB zu definieren. Es werden die Konzepte von kleinen Änderungen des Tiefgangs und der Trimmung und Neigung eingeführt. Die Bewegung des Auftriebsschwerpunkts bei kleinen Trimm- und Neigungswinkeln werden mithilfe der relevanten (ersten) Momente abgeleitet und Längs- und Quermomente zweiter Ordnung für verschiedene Formen definiert und illustriert. Das Parallelachsen-Theorem und die Positionen des transversalen und longitudinalen Metazentrums in Bezug auf VCB werden definiert.

1 Berechnung von Verdrängung und Auftriebsschwerpunkt

Wir wählen das Achsensystem mit Ursprung in der Mittelebene und der Grundlinie (engl. *baseline*), wie in Abb. 1 dargestellt, und nehmen im Augenblick an, dass unser schwimmender Körper oder Schiff symmetrisch zur Mittellinie (xz) ist. Dies impliziert, dass der Auftriebsschwerpunkt auf der Mittellinie liegt (d. h. $y = 0$).

Volumen- und Volumenmoment-Eigenschaften können auf zwei Arten gefunden werden:

1. Schneiden Sie das Schiff entlang der Schiffslänge in Querschnitte (siehe Abb. 2);
2. Schneiden Sie das Schiff in horizontale Scheiben oder Wasserlinienscheiben entlang des Tiefgangs des Schiffs (siehe Abb. 2).

© Der/die Autor(en), exklusiv lizenziert an Springer Nature Switzerland AG 2024
P. Wilson, *Grundlegende Schiffsarchitektur*,
https://doi.org/10.1007/978-3-031-48245-8_5

Abb. 1 Volumenschätzung durch Annäherung des Schiffes durch Längsschnitte

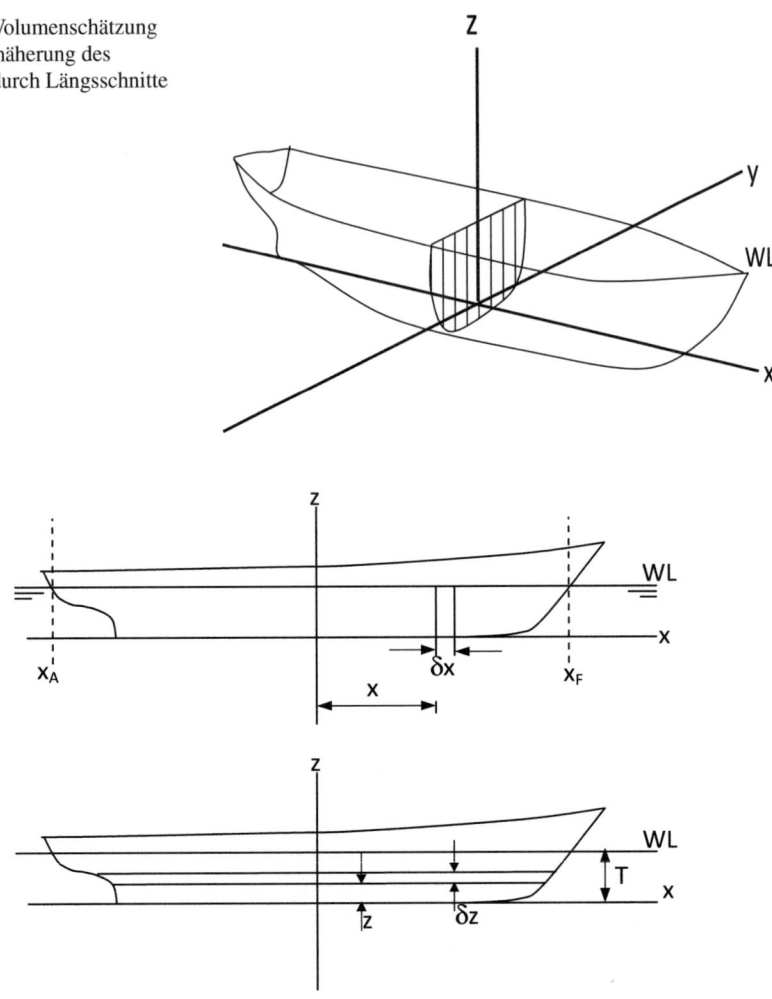

Abb. 2 Volumenapproximation des Schiffs durch Verwendung von Wasserflächen

Im Fall (1) reiche der Querschnittsbereich $a(x)$ bis zum erforderlichen Tiefgang. Dann ist das Verdrängungsvolumen

$$\nabla = \int_{x_A}^{x_F} a(x)\,dx. \tag{1}$$

Das Volumenmoment über $x = 0$ (mittschiffs ($\otimes$)) ist

$$M_x = \int_{x_A}^{x_F} a(x)\,x\,dx = \nabla\,\bar{x} \tag{2}$$

wobei $\bar{x}$ die **Längs**position des **Auftriebsschwerpunkts** (LCB) ist.

Folgende Gleichungen ergeben sich aus den Eigenschaften der Bestandteile:

$$\delta \nabla = a(x)\, \delta x \tag{3}$$

$$\delta M_x = \delta \nabla\, x = a(x)\, x\, \delta x. \tag{4}$$

Im Fall (2) liege die Wasserfläche bei $z\,A(z)$. Dann ist das Verdrängungsvolumen ∇

$$\nabla = \int_0^T A(z)\, dz, \tag{5}$$

und das Volumenmoment über $z = 0$ (Basislinie) ist

$$M_z = \int_0^T A(z)\, z\, dz = \nabla\, \bar{z}, \tag{6}$$

wobei $\bar{z}$ die **vertikale** Position des **Auftriebsschwerpunkts** (VCB) definiert.

2 Berechnung der Querschnittsfläche

Um die Berechnungen für Fall (1) abzuschließen, ist es notwendig, die Querschnittsflächen $a(x)$ aus den halben Breiten oder Versätzen der Wasserlinie $y(z, x)$ zu berechnen (siehe Abb. 3).

Daher gilt:

$$a(x) = 2 \int_0^T y(z, x)\, dz. \tag{7}$$

Abb. 3 Schnitt in der Entfernung x von der Schiffsmitte

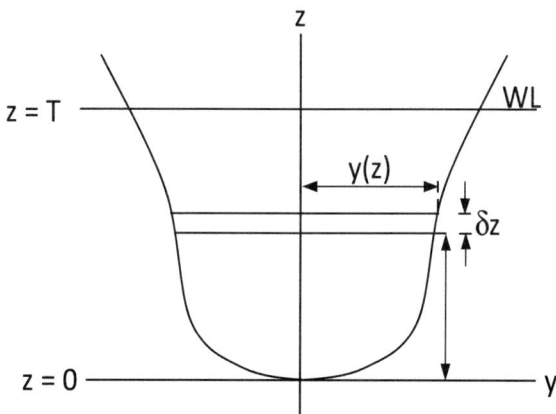

Hinweis y wird als $y(z, x)$ geschrieben, weil es eine Funktion von **beiden,** der vorderen **und** hinteren Sektionsposition und dem vertikalen Tiefgang ist. Der Faktor 2 ergibt sich, weil die volle Breite des Schiffs $2y(z, x)$ ist. Das Auslassen dieses *Faktors* 2 ist der häufigste Berechnungsfehler in der Schiffbauarchitektur. Diagramme, die die Variation der Querschnittsfläche mit dem Tiefgang für alle Sektionen entlang des Schiffs zeigen, sind ein häufiges Merkmal der *Hydrostatik;* solche Diagramme werden üblicherweise Spantflächenkurven (engl. *Bonjean curves*) genannt.

3 Berechnung der Schwimmfläche und des Zentroids

Zur Vervollständigung der Berechnungen für Fall (2) sind außerdem die Eigenschaften der Wasserlinienebene (engl. *waterplane*) erforderlich (siehe Abb. 4).

In diesem Fall gilt:

$$A(z) = 2 \int_{x_A}^{x_F} y(z,x)\,dx \tag{8}$$

und außerdem:

$$A(z)\,x'(z) = 2 \int_{x_A}^{x_F} y(z,x)\,x\,dx \tag{9}$$

wobei $x'(z)$ die Position des **Flächenschwerpunkts** (Zentroid) der gegebenen Wasserlinienebene ist.

4 Einführung in Veränderungen bei Tiefgang (paralleles Einsinken) und Trimmung

Wenn es eine kleine Vergrößerung δT des Tiefgangs gibt, mit der neuen Wasserlinienebene WL parallel zur alten, wird zusätzliches Volumen und Auftrieb entstehen. Die zusätzliche Auftriebskraft wird durch den Mittelpunkt der

Abb. 4 Schätzung der Schwimmfläche aus Versatzdaten (engl. *offset data*)

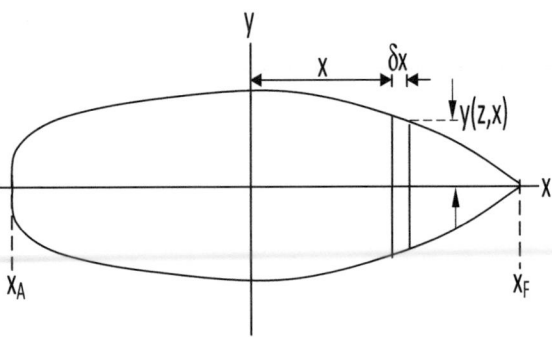

4 Einführung in Änderungen des Tiefgangs (Parallel Sinkage) und der ...

hinzugefügten Schicht wirken, das heißt durch das *Flächenzentrum* der Wasserlinienebene.

Jede zusätzliche Masse, die an Bord gebracht wird, muss über dem Schwerpunkt der Wasserlinie platziert werden, um ein **paralleles Einsinken** zu erzeugen (siehe Abb. 5). Wenn die Masse vor diesem Zentrum platziert wird, wird das Schiff buglastig trimmen; wenn sie dahinter (oder achtern) dieses Schwerpunkts platziert wird, wird es hecklastig **trimmen**.

Trimmen wird definiert als

$$t = T_F - T_A \tag{10}$$

wobei T_F = Tiefgang am vorderen Lot und T_A = Tiefgang am hinteren Lot.

Der mittlerer Tiefgang ist

$$T_M = \frac{T_F + T_A}{2} \tag{11}$$

das ist der Tiefgang in der Mitte (zwischen den Lots).

Aufgrund seiner Bedeutung in Bezug auf Änderungen der Trimmung wird das Flächenzentrum der Wasserlinienebene als Wasserlinienschwerpunkt (engl. *centre of flotation*, LCF) bezeichnet.

LCF = Längsposition des Wasserlinienschwerpunkts.

Bei Änderung des Tiefgangs durch paralleles Sinken beträgt die Änderung der Verdrängung

$$\delta \Delta = \rho \, A \, \delta T (\text{Masse}) \tag{12}$$

oder

$$\delta \Delta = \rho \, g \, A \, \delta T (\text{Gewichtskr.}). \tag{13}$$

Die Ableitungswerte

$$\frac{d\Delta}{dT}, \tag{14}$$

Abb. 5 Definition des parallelen Sinkens

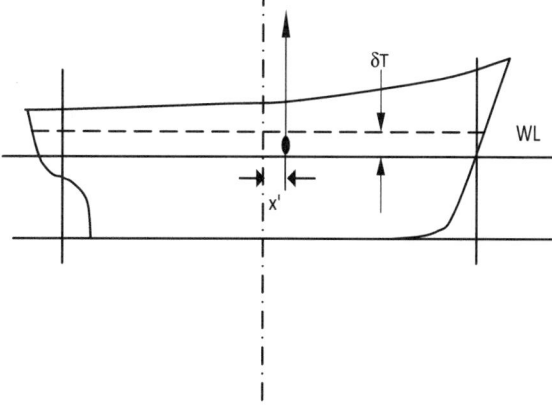

zeigen die Änderungsrate der Verdrängung mit dem Tiefgang T oder die Änderung der Verdrängung pro Einheit Tiefgangsänderung.

In Masseneinheiten wird dies üblicherweise ausgedrückt als:

Tonnen pro Meter (TPM) oder Tonnen pro cm (TPC).

5 Verschiebung des LCB aufgrund einer kleinen Änderung der Trimmung

Wenn es eine Änderung der Trimmung aufgrund kleiner Änderungen des Tiefgangs gibt, ist die Winkelrotation des Schiffs gegeben durch (siehe Abb. 6):

$$tan\theta = \frac{\delta T_F - \delta T_A}{L_{BP}} \approx \theta \; (Radiant) \qquad \theta \text{ ist klein} \qquad (15)$$

Jede Änderung des Tiefgangs kann als in zwei Stufen stattfindend betrachtet werden, wie in Abb. 6 dargestellt:

1. Ein paralleles Absinken, ohne Änderung der Trimmung, gefolgt von
2. einer Änderung der Trimmung bei konstantem Verdrängung.

Für Fall (2) werden sich die ursprüngliche WL_0 und die neue getrimmte WL_1 an z.B. $x = x'$ schneiden (siehe Abb. 7). Die Änderung des Tiefgangs bei x (für kleine θ) beträgt

$$(x - x')\,\theta. \qquad (16)$$

Das schraffierte Volumenelement ist

$$\delta\nabla = 2y\,(x - x')\,\theta\,\delta x. \qquad (17)$$

Das Element wird ein Volumenmoment um **mittschiffs** haben, dafür gilt:

$$\delta m_x = x\,\delta\nabla = 2y\,x\,(x - x')\,\theta\,\delta x. \qquad (18)$$

Durch Integration über das gesamte Volumen zwischen den alten und neuen Wasserlinien erhält man die Änderung des Verdrängungsvolumens:

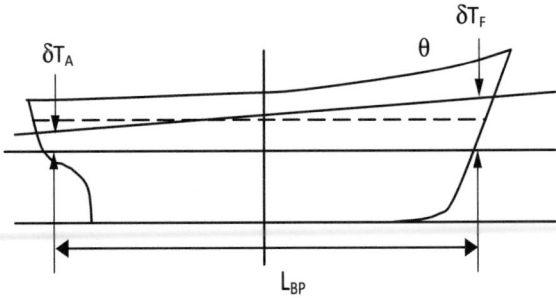

Abb. 6 Trimmungsänderung auf der Wasserlinie

5 Verschiebung des LCB aufgrund einer kleinen Änderung der Trimmung

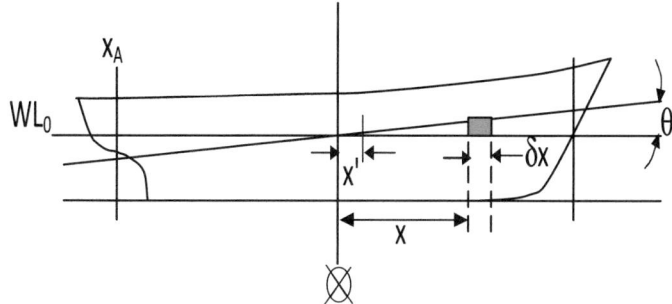

Abb. 7 Berechnung der getrimmten *LCF*

$$\delta \nabla = 2 \int_{x_A}^{x_F} y\,(x - x')\,dx\,\theta = \left\{ 2 \int_{x_A}^{x_F} x\,y\,dx - 2x' \int_{x_A}^{x_F} y\,dx \right\} \theta = \left\{ 2 \int_{x_A}^{x_F} x\,y\,dx - x'\,A \right\} \theta \tag{19}$$

wobei A = Schwimmfläche

$$2 \int_{x_A}^{x_F} y\,dx. \tag{20}$$

Es gibt offensichtlich keine Änderung des Verdrängungsvolumens, wenn x' so gewählt wird, dass,

$$x' = \frac{2}{A} \int_{x_A}^{x_F} x\,y\,dx = \frac{\text{Erstes Moment der Schwimmfl.}}{\text{Schwimmfl.}}. \tag{21}$$

Dies bedeutet, dass x' die Position des Flächenmittelpunkts der Schwimmfläche ist. Daher gilt:

Wenn ein Schiff bei konstanter Verdrängung trimmt, tut es dies um eine Achse durch den Wasserlinienschwerpunkt (engl. centre of flotation) (d. h. um das LCF).

Offensichtlich wird sich das longitudinale Zentrum der Auftriebskraft (LCB) nach vorne bewegen, wenn das Schiff mit dem Bug nach unten trimmt. Dies kann aus der Änderung des Volumenmoments aufgrund der Trimmänderung berechnet werden:

$$\delta M_x = \nabla\,\delta \bar{x} = \int_{x_A}^{x_F} \delta m_x = 2 \int_{x_A}^{x_F} y\,x\,(x - x')\,dx\,\theta\,. \tag{22}$$

Also ergibt sich für die Vorwärtsbewegung des LCB:

$$\delta \bar{x} = \frac{1}{\nabla} \left\{ 2 \int_{x_A}^{x_F} x^2\,y\,dx - 2x' \int_{x_A}^{x_F} x\,y\,dx \right\} \theta = \frac{1}{\nabla} \left\{ 2 \int_{x_A}^{x_F} x^2\,y\,dx - A\,(x')^2 \right\} \theta \tag{23}$$

da

$$2 \int_{x_A}^{x_F} x\, y\, dx = A\, x' \quad . \tag{24}$$

Man erkennt, dass es nun notwendig ist, Integrale der folgenden Form zu berechnen:

$$J_{0L} = 2 \int_{x_A}^{x_F} x^2\, y\, dx \quad . \tag{25}$$

6 Längsflächenmomente zweiter Ordnung und Satz der parallelen Achsen

Für das in Abb. 4 dargestellte Wasserlinienelement gilt für die
  Fläche: $\delta A = 2y\delta x$
und für das erste Flächenmoment: $x \times \delta A = 2xy\delta x$.

Dieses Schema kann auf höhere Momente ausgedehnt werden, indem man definiert:
  das zweite Flächenmoment ist: $x^2 \times \delta A = 2\, x^2 y\, \delta x$.

Der Grund, warum das gewöhnliche *Flächenmoment* als erstes Moment bezeichnet wird, ist nun klar. Daher ist

$$J_{0L} = 2 \int_{x_A}^{x_F} x^2\, y\, dx \tag{26}$$

das **Längsmoment zweiter Ordnung** bezüglich $x = 0$; daher die Indizes 0, L.

Ein zweites Flächenmoment könnte auch bezüglich einer Achse durch den LCF (siehe Abb. 7) definiert werden als

$$J_L = 2 \int_{x_A}^{x_F} (x - x')^2\, y\, dx \tag{27}$$

oder

$$J_L = 2 \int_{x_A}^{x_F} [x^2 - 2x'\, x + (x')^2]\, y\, dx \tag{28}$$

oder

$$J_L = 2 \int_{x_A}^{x_F} x^2\, y\, dx - 2\, x'\, 2 \int_{x_A}^{x_F} x\, y\, dx + (x')^2\, 2 \int_{x_A}^{x_F} y\, dx \tag{29}$$

$$J_L = J_{0L} - 2x'\, A\, x' + (x')^2\, A. \tag{30}$$

Das heißt:

$$J_L = J_{0L} - A(x')^2 \tag{31}$$

oder, ebenso gut:

$$J_{0L} = J_L + A(x')^2. \tag{32}$$

Diese Beziehung wird **SATZ DER PARALLELEN ACHSEN** genannt. Diese Beziehung macht deutlich, dass, da $A(x')^2$ immer positiv ist, das zweite Flächenmoment bezüglich einer Achse durch das Flächenzentrum (oder den Zentroid) J_L das kleinstmögliche zweite Moment ist. Diese Gleichung bietet auch eine einfache Methode zur Korrektur des zweiten Flächenmoments für eine Achse, die einen Abstand x' vom Flächenzentrum entfernt ist.

7 Formeln für LCB-Verschiebung und Längenmetazentrum

Die LCB-Verschiebung aufgrund der Änderung des Trimmwinkels, Gl. 23, kann wie folgt geschrieben werden,

$$\delta \bar{x} = \frac{1}{\nabla} \left\{ 2 \int_{x_A}^{x_F} x^2 \, y \, dx - A(x')^2 \right\} \theta = \frac{1}{\nabla} \left\{ J_{0L} - A(x')^2 \right\} \theta. \tag{33}$$

Das heißt:

$$\delta \bar{x} = \frac{J_L}{\nabla} \theta. \tag{34}$$

Auf der alten Wasserlinie wirkt der Auftrieb Δ durch B, senkrecht zur alten Wasserlinie. Nach dem Trimmen wirkt Δ durch B_1, senkrecht zur neuen Wasserlinienebene (siehe Abb. 8). Der Abstand beträgt

$$BB_1 = \delta \bar{x} = \frac{J_L}{\nabla} \theta. \tag{35}$$

Die beiden Eingriffslinien von Δ schneiden sich bei M_L, wo für den Abstand BM_L (für kleine θ) gilt:

$$BM_L \, \theta = BB_1 = \frac{J_L}{\nabla} \theta. \tag{36}$$

Daher:

M_L wird als das **Längenmetazentrum** (engl. *longitudinal metacentre*) für das

$$BM_L = \frac{J_L}{\nabla}. \tag{37}$$

Schiff, das auf der gegebenen Wasserlinie schwimmt, identifiziert, und die Formel (die man sich merken sollte!) gibt die Höhe dieses Metazentrums vertikal über dem Auftriebsschwerpunkt an.

Abb. 8 Definition des Längenmetazentrums M_L

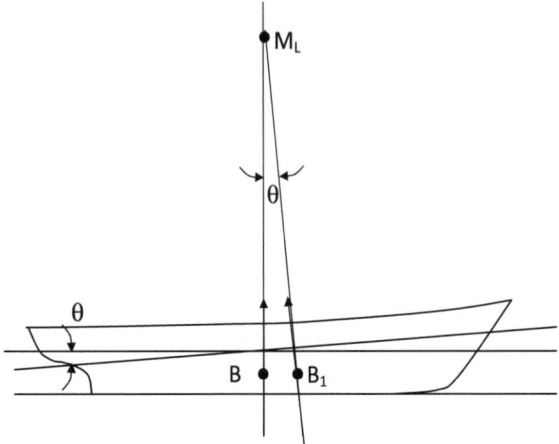

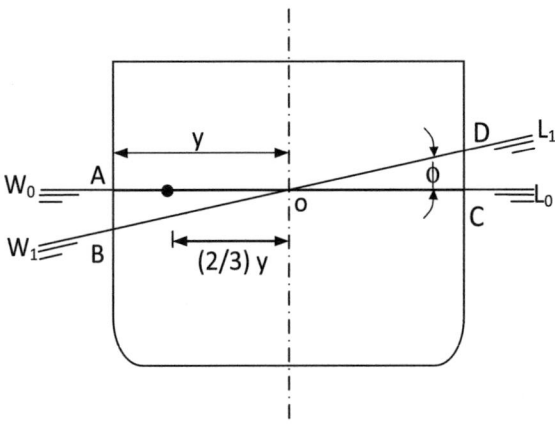

Abb. 9 Auswirkungen der Krängung unter der Annahme eines wandseitigen Schiffsabschnitts

8 Verschiebung des Auftriebsschwerpunkts aufgrund kleiner Krängungswinkel

Betrachten Sie den Schnitt, der eine Scheibe der Länge δx darstellt, wie in Abb. 9 gezeigt, wo

$$W_o L_o = \text{gerade Wasserlinienebene} \tag{38}$$

$$W_1 L_1 = \text{gekränkte Wasserlinienebene.} \tag{39}$$

Wenn das Schiff krängt, taucht der Keil OAB auf (kommt aus dem Wasser) und der Keil OCD taucht ein (geht ins Wasser). Daher ist das Volumen eines jeden Keils,

$$\delta \nabla = \frac{1}{2} y (y \, \varphi) \, \delta x \tag{40}$$

8 Verschiebung des Auftriebszentrums aufgrund kleiner Krängungswinkel

da für kleine φ (Rad) $AB = DC = y\varphi$.

Der Schwerpunkt jedes Keils liegt bei $\frac{2}{3}y$ von O (Schwerpunkt eines Dreiecks).

Daher gibt es eine Übertragung des Volumenmoments von der auftauchenden zur eintauchenden Seite, die durch folgende Formel gegeben ist:

$$\delta m_y = 2 \frac{2}{3} y \frac{1}{2} y^2 \, \delta x \, \varphi = \frac{2}{3} y^3 \, \delta x \, \varphi. \qquad (41)$$

Integriert man entlang der Schiffslänge, ergibt sich eine Gesamtänderung des Volumenmoments, die gegeben ist durch:

$$\delta M_y = \frac{2}{3} \int_{x_A}^{x_F} y^3 \, dx \quad \varphi \; = J_T \, \varphi. \qquad (42)$$

Als Ergebnis dieser Übertragung des Volumenmoments bewegt sich der Auftriebsschwerpunkt quer von B (auf der Mittelinie für symmetrisches Schiff) zu B_1, sodass (siehe Abb. 10)

$$BB_1 = \frac{J_T}{\nabla} \, \varphi. \qquad (43)$$

Dies ist analog zur Vor- und Rückverschiebung des LCB aufgrund der Änderung des Trimmens. Die neuen und alten Wirkungslinien des Auftriebs schneiden sich bei M_T, wo, wieder analog zum Trimmfall, für die Höhe des Punktes M_T über dem aufrechten Auftriebsschwerpunkt für kleine Werte, da $BM_T = BB_1$, gilt:

$$BM_T = \frac{J_T}{\nabla}. \qquad (44)$$

M_T ist das **Breitenmetazentrum** (engl. *transverse metacentre*) für das Schiff auf der gegebenen Wasserlinie. J_T wird im nächsten Abschnitt dieser Notizen als das transversale zweite Flächenträgheitsmoment um die Vor- und Rücklinie identifiziert, es wird berechnet durch:

Abb. 10 Definition des Breitenmetazentrums

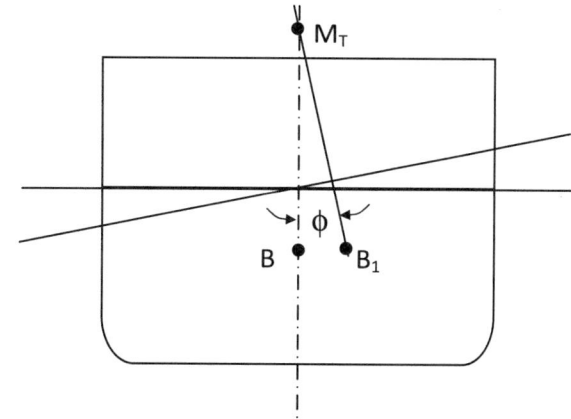

$$J_T = \frac{2}{3} \int_{x_A}^{x_F} y^3 \, dx. \tag{45}$$

9 Zweite Flächenträgheitsmomente von einfachen Schichten

9.1 Rechteckige Schicht

Für ein einfaches Rechteck wird das longitudinale zweite Flächenträgheitsmoment wie folgt gefunden (siehe Abb. 11):
 Mit

$$\delta J_L = x^2 B \, \delta x \tag{46}$$

gilt:

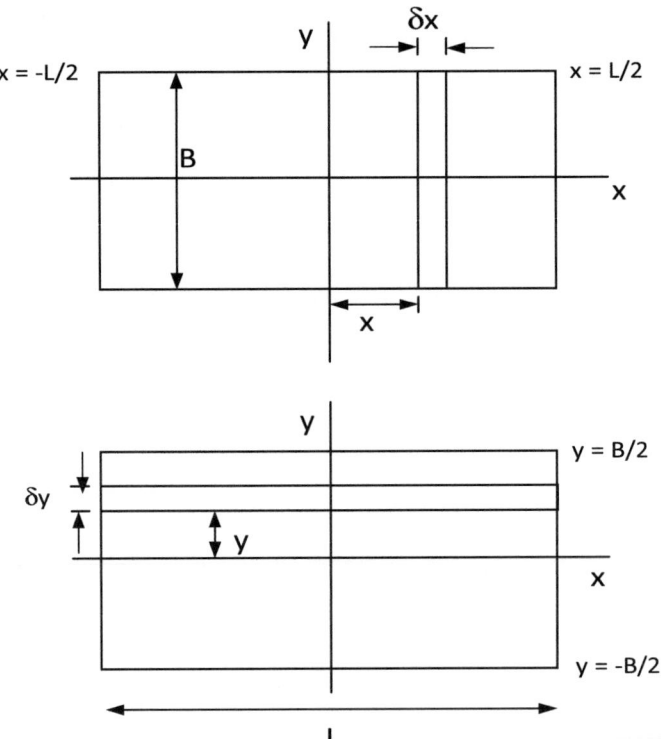

Abb. 11 Berechnung von J_T für eine rechteckige Schicht

9 Zweite Flächenträgheitsmomente von einfachen Lamellen

$$J_L = B \int_{\frac{-L}{2}}^{\frac{L}{2}} x^2 \, dx = B \left[\frac{x^3}{3} \right]_{-L/2}^{L/2} \qquad (47)$$

und folglich:

$$J_L = \frac{BL^3}{12}. \qquad (48)$$

Das transversale zweite Flächenträgheitsmoment kann auf eine von zwei Arten formuliert werden, entweder (siehe Abb. 11) folgendermaßen: Mit

$$\delta J_T = y^2 \, L \, \delta y, \qquad (49)$$

gilt:

$$J_T = L \int_{\frac{-B}{2}}^{\frac{B}{2}} y^2 \, dy = L \left[\frac{y^3}{3} \right]_{-B/2}^{B/2}, \qquad (50)$$

oder alternativ (siehe Abb. 11), indem man das zweite Moment des Streifens x um die x-Achse nimmt:

$$\delta J_T = \left(\frac{B^3}{12} \right) \delta x \qquad (51)$$

dann gilt:

$$J_T = \frac{1}{12} \int_{-L/2}^{L/2} B^3 \, dx = \left[\frac{B^3}{12} x \right]_{-L/2}^{L/2}. \qquad (52)$$

In beiden Fällen ergibt sich:

$$J_T = \frac{L \, B^3}{12}. \qquad (53)$$

9.2 Typische Wasserlinienebene eines Schiffs

Dieses einfache Ergebnis führt auf folgende allgemeine Formel für die Wasserlinienebene (siehe Abb. 12):

Für das Element der Länge x und Höhe $2y$ (ungefähr ein Rechteck) gilt:

$$\delta J_T = \frac{1}{12} (2y)^3 \, \delta x = \frac{2}{3} y^3 \, \delta x, \qquad (54)$$

und Integration über die gesamte Wasserlinienebene führt auf:

$$J_T = \frac{2}{3} \int_{x_A}^{x_F} y^3 \, dx, \qquad (55)$$

Abb. 12 Typisches Wasserlinienebene eines Schiffs zur Berechnung von J_T

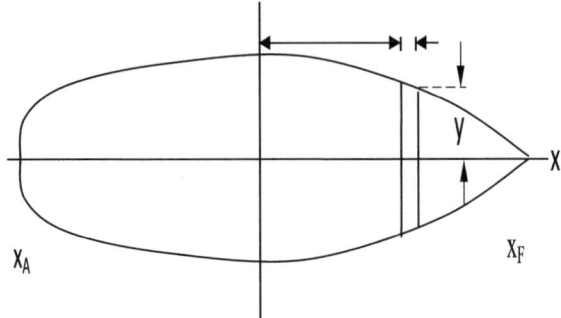

wie es erforderlich ist für die Schätzung von

$$BM_T. \tag{56}$$

9.3 Mathematisch definierte Wasserlinienebene

Betrachten Sie als Nächstes eine einfache Kurve der Form

$$y = \frac{B}{2}\left(1 - \left(\frac{2x}{L}\right)^n\right), \tag{57}$$

die sich von $x = 0$ bis $x = L/2$ erstreckt. Betrachten Sie eine vollständige Wasserlinienebene, die durch Spiegelung dieser Kurve an der y-Achse gebildet wird (siehe Abb. 13). Beachten Sie, dass $y = 0$ bei $x = L/2$ und $y = B/2$ bei $x = 0$. Aufgrund der angenommenen Symmetrie gilt für die Fläche A:

$$\begin{aligned} A &= 2\int_{-\frac{L}{2}}^{\frac{L}{2}} y\, dx = 4\int_{0}^{\frac{L}{2}} y\, dx = 4\frac{B}{2}\int_{0}^{\frac{L}{2}} \left(1 - \left(\frac{2x}{L}\right)^n\right) dx \\ &= 2B\left[x - \left(\frac{2}{L}\right)^n \frac{x^{n+1}}{n+1}\right]_0^{\frac{L}{2}} = LB\left\{1 - \frac{1}{n+1}\right\}; \end{aligned} \tag{58}$$

Abb. 13 Mathematisch definierte Wasserlinienebene

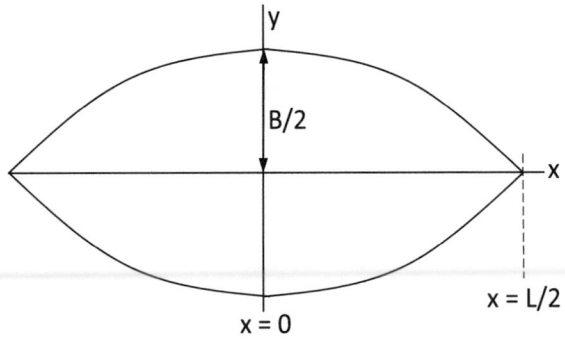

das longitudinale zweite Flächenmoment ist:

$$J_L = 4 \int_0^{\frac{L}{2}} x^2 \, y \, dx = 2B \int_0^{\frac{L}{2}} \left(x^2 - \left(\frac{2}{L}\right)^n x^{n+2} \right) dx \quad (59)$$

$$J_L = 2B \left[\frac{x^3}{3} - \left(\frac{2}{L}\right)^n \frac{x^{n+3}}{n+3} \right]_0^{\frac{L}{2}} \quad (60)$$

und dies ergibt

$$J_L = \frac{L^3 B}{4} \left(\frac{1}{3} - \frac{1}{n+3} \right) . \quad (61)$$

Unter Verwendung der algebraischen Identität

$$(1+a)^3 = 1 + 3a + 3a^2 + a^3 \quad (62)$$

kann das transversale zweite Flächenmoment wie folgt berechnet werden:

$$J_T = 2 \frac{2}{3} \int_0^{L/2} \left(\frac{B}{2}\right)^3 \left(1 - \left(\frac{2x}{L}\right)^n\right)^3 dx = \frac{B^3}{6} \int_0^{L/2} \left(1 - 3\left(\frac{2x}{L}\right)^n + 3\left(\frac{2x}{L}\right)^{2n} - \left(\frac{2x}{L}\right)^{3n} \right) dx \quad (63)$$

$$J_T = \frac{B^3}{6} \left[x - 3 \left(\frac{2}{L}\right)^n \frac{x^{n+1}}{n+1} + 3 \left(\frac{2}{L}\right)^{2n} \frac{x^{2n+1}}{2n+1} - \left(\frac{2}{L}\right)^{3n} \frac{x^{3n+1}}{3n+1} \right]_0^{L/2} \quad (64)$$

oder

$$J_T = \frac{L B^3}{12} \left[1 - \frac{3}{(n+1)} + \frac{3}{(2n+1)} - \frac{1}{(3n+1)} \right]. \quad (65)$$

Durch die geeignete Auswahl des Index n können Wasserlinien erzeugt werden, die eine breite Palette von Schwimmflächenkoeffizienten C_W aufweisen. Diese können sehr realistische Schätzungen von J_T und J_L für normale Wasserlinienebenen von Schiffen liefern. Die oben verwendeten Vorgehensweisen können offensichtlich auf andere Klassen von Kurven ausgedehnt werden, die durch verschiedene Funktionen $y(x)$ definiert sind. Für eine parabolische Wasserlinie ist $n = 2$ und daher

$$A = \frac{2}{3} L B, \quad J_L = \frac{L^3 B}{30}, \quad J_T = \frac{4 L B^3}{105} \quad ! \quad (66)$$

Ein Ergebnis, das Sie überprüfen können.

9.4 Kreisförmige Schichten

Betrachten Sie nun das Flächenträgheitsmoment eines Kreises mit einen Durchmesser $2R$ (siehe Abb. 14):

$$J_L = 2 \int_{-R}^{R} x^2 \; y \; dx. \tag{67}$$

In Polarkoordinaten sind

$$x = R \cos\theta \quad ; \quad dx = -R \sin\theta \; d\theta \tag{68}$$

und

$$y = R \sin\theta. \tag{69}$$

Daher:

$$J_L = 2 \int_{\pi}^{0} R^2 \cos^2\theta R \sin\theta(-R \sin\theta \; d\theta) = 2R^4 \int_{0}^{\pi} \cos^2\theta \sin^2\theta \; d\theta. \tag{70}$$

Da

$$\sin 2\theta = 2\cos\theta \sin\theta \tag{71}$$

$$\sin^2 2\theta = 4\cos^2\theta \sin^2\theta \tag{72}$$

$$J_L = \frac{R^4}{2} \int_{0}^{\pi} \sin^2 2\theta \, d\theta \tag{73}$$

gilt auch:

$$\cos 4\theta = 1 - 2\sin^2 2\theta \tag{74}$$

und damit:

$$J_L = \frac{R^4}{2} \int_{0}^{\pi} (1 - \cos 4\theta) d\theta \tag{75}$$

Abb. 14 Flächenträgheitsmoment, J_T und J_L für eine kreisförmige Schicht

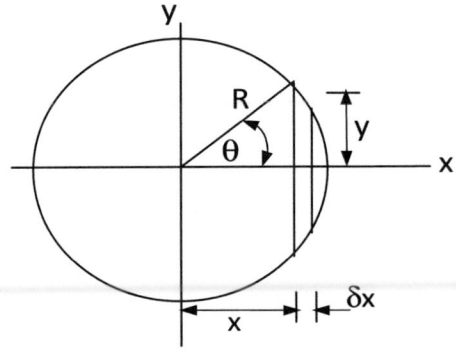

Dies kann integriert werden und ergibt:

$$J_L = \frac{R^4}{4}\left[\theta - \frac{1}{4}\sin 4\theta\right]_{\theta=0}^{\pi}. \qquad (76)$$

Also ergibt sich:

$$J_L = \frac{\pi R^4}{4} = \frac{\pi D^4}{64}. \qquad (77)$$

als $D = 2R$. Natürlich gilt das gleiche Ergebnis für das transversale Flächenträgheitsmoment. Dieses Ergebnis kann auch durch die Bestimmung des polaren Flächenträgheitsmoments $J_{polar} = 2J_L = 2J_T$ erzielt werden. Dieses Ergebnis ist nützlich für Offshore-Strukturen mit zylindrischen Beinen und Verstrebungen.

10 Zusammenfassung

1. Die Verwendung eines unendlich schmalen Streifens und die anschließende Integration wurden erweitert, um den Querschnittsbereich, die Schwimmfläche und den Zentroid (LCF) sowie das Verdrängungsvolumen LCB und VCB zu definieren.
2. Die Konzepte von kleinen Änderungen des Tiefgangs und der Trimmung und Neigung wurden eingeführt.
3. Ein Schiff trimmt (kleiner Trimmwinkel) um LCF, ohne seine Verdrängung zu ändern.
4. Die Bewegung des Auftriebsschwerpunkts bei kleinen Trimm- und Neigungswinkeln wurde mithilfe der relevanten (ersten) Momente abgeleitet.
5. Längs- und Quermomente zweiter Ordnung wurden für verschiedene Formen definiert und illustriert.
6. Das Parallelachsen-Theorem wurde definiert, das besagt, dass das kleinste Moment zweiter Ordnung um eine Achse durch den Schwerpunkt wirkt.
7. Die Positionen des transversalen und longitudinalen Metazentrums in Bezug auf VCB wurden mithilfe der relevanten Momente zweiter Ordnung wie folgt definiert:

$$BM_{L,T} = \frac{J_{L,T}}{\nabla}. \qquad (78)$$

Formeln für numerische Integration 6

Zusammenfassung

In diesem Kapitel wird der Bedarf an numerischer Integration zur Ermittlung von flächen- und volumenbezogenen Eigenschaften für Schiffe diskutiert: Trapez-, Simpsons erste bis dritte Regel werden abgeleitet. Ein Beispiel für die Anwendung von Simpsons erster Regel zur Berechnung einiger hydrostatischer Eigenschaften für ein typisches Schiff wird vorgeführt und die + 5, + 8, − 1 Regel wird abgeleitet und ihre Anwendungen diskutiert.

Bei Schiffen und anderen schwimmenden Strukturen ist oft die Berechnung von Querschnittsflächen, Schwimmflächen, Volumen und verschiedenen Eigenschaften wie ersten und zweiten Momenten notwendig. Dazu müssen, wie im vorherigen Kap. 5 gesehen, oft Integrale ausgewertet werden, zum Beispiel der Form:

$$A = 2 \int_{x_A}^{x_F} y(x) \, dx, \tag{1}$$

$$M_x = 2 \int_{x_A}^{x_F} x \, y(x) \, dx, \tag{2}$$

$$J_{xx} = 2 \int_{x_A}^{x_F} x^2 y(x) \, dx, \tag{3}$$

$$a(x) = 2 \int_{0}^{T} y(z, x) \, dz, \tag{4}$$

© Der/die Autor(en), exklusiv lizenziert an Springer Nature Switzerland AG 2024
P. Wilson, *Grundlegende Schiffsarchitektur*,
https://doi.org/10.1007/978-3-031-48245-8_6

$$\nabla = \int_{x_A}^{x_F} a(x)\, dx \tag{5}$$

usw.

Wobei x entlang des Rumpfes gemessen wird und x_F und x_A die vorderen und hinteren Grenzen anzeigen, $y(x)$ ist die halbe Breite oder der Versatz einer in Backbord/Steuerbord symmetrischen Wasserlinienebene, A die Schwimmfläche und M_x und $J_x x$ ihre longitudinalen ersten und zweiten Flächenmomente über dem gewählten Ursprung. $y(z, x)$ bezeichnet die halbe Breiten zwischen dem Kiel und der Ladewasserlinie an einer bestimmten Position entlang des Schiffs. Ähnlich sind ∇ das Unterwasservolumen und $a(x)$ der Unterwasserquerschnittsbereich.

Die Integranden $y(x), xy(x), x^2 y(x), a(x)$ usw. sind im Allgemeinen keine analytischen Funktionen. Ihre Werte sind jedoch an verschiedenen Punkten entlang des Rumpfes, d. h. an Positionen, oder entlang der vertikalen Achse, d. h. der Wasserlinien, verfügbar. Daher ist zur Auswertung dieser Integrale die numerische Integration einer Funktion $f(x)$ oder $f(z)$ erforderlich, bei der die Werte der Funktion an diskreten Punkten f_0, f_1, f_2 usw. verfügbar sind, wie in Abb. 1 gezeigt.

Bei jeder numerischen Integrationsformel ist es wichtig, die Genauigkeit des Ergebnisses zu kennen. Die Quellen für Ungenauigkeiten können auf Rundungsfehler zurückgeführt werden, die mit den Messungen der zu integrierenden Funktion verbunden sind (typischerweise sind Messungen mit dem Auge mit einem Lineal auf 0,5 mm genau und werden daher auf eine angemessene Anzahl von Dezimalstellen gerundet), und auf Trunkierungsfehler, die sich auf die analytische Näherung beziehen, die zur Darstellung der zu integrierenden Funktion verwendet wird. Typischerweise wird eine Funktion in polynomialer Form dargestellt:

$$f(x) = a_0 + a_1 x + a_2 x^2 + a_3 x^3 + \ldots \tag{6}$$

Sie wird also nach den ersten paar Termen geeignet abgeschnitten oder abgebrochen.

Abb. 1 Funktion ausgewertet an Punkten mit gleichmäßigen Abständen

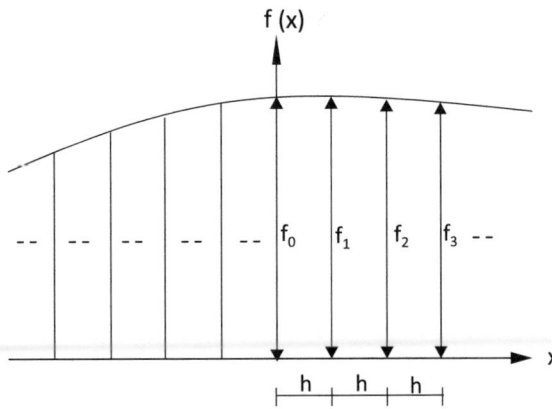

1 Trapezregel

Dies ist die einfachste Form der Integration, die zwei Ordinaten beinhaltet und davon ausgeht, dass die Variation der Funktion zwischen diesen beiden Ordinaten linear ist, wie durch die gestrichelte Linie in Abb. 2 gezeigt. Man wählt ein Polynom 2. Ordnung aus (um den Trunkierungsfehler zu finden) und legt den Ursprung auf $x = 0$:

$$f(x) = f_0 + a\,x + b\,x^2 \tag{7}$$

sodass (aus $f(x = h) = f_1$) folgt:

$$a\,h = f_1 - f_0 - b\,h^2 \tag{8}$$

wobei h das Intervall zwischen den Ordinaten ist. Das Integral ergibt sich zu

$$I = \int_0^h f(x)\,dx = f_0\,h + \frac{1}{2} a\,h^2 + \frac{1}{3} b\,h^3 = \frac{f_0 + f_1}{2} h - \frac{1}{6} b\,h^3 = I_{TI} + \varepsilon_{tr} \tag{9}$$

wobei I_{TI} den Wert des Integrals darstellt, vorausgesetzt, der Bereich unter $f(x)$ zwischen $x = 0$ und $x = h$ kann durch die Fläche eines Trapezes dargestellt werden und t_r ist der Trunkierungsfehler. Daher lautet die Trapezregel für eine Funktion, die durch $N + 1$ Punkte definiert ist (d. h. N Intervalle der Länge h):

$$I_{TI} = h\left(\frac{f_0}{2} + f_1 + f_2 + f_3 + \ldots + f_{N-1} + \frac{f_N}{2}\right) \tag{10}$$

Der Trunkierungsfehler ist proportional zur zweiten Ableitung der Funktion $f(x)$, wie $b = f''/2$, und hängt von h^3 ab, d. h. der Gesamtzahl der Intervalle, die bei der numerischen Integration verwendet werden.

Abb. 2 Trapezregel

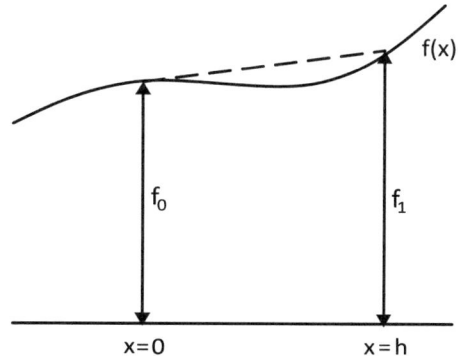

2 Simpsons erste Regel

Die Funktion wird zwischen $-h \leq x \leq h$ durch ein Polynom 2. Grades dargestellt. Sie wird durch drei Ordinaten beschrieben, nämlich f_{-1}, f_0 und f_1 (siehe Abb. 3). Mit einem Polynom 4. Grades (um den Trunkierungsfehler zu finden),

$$f(x) = f_0 + a x + b x^2 + c x^3 + d x^4, \qquad (11)$$

kann das Integral ausgedrückt werden als,

$$\int_{-h}^{h} f(x)\,dx = \left[f_0 x + \frac{1}{2} a x^2 + \frac{1}{3} b x^3 + \frac{1}{4} c x^4 + \frac{1}{5} d x^5 \right]_{-h}^{h}$$
$$= 2 f_0 h + \frac{2}{3} b h^3 + \frac{2}{5} d h^5. \qquad (12)$$

Aus Gl. 11 und nach Abb. 3 gilt zunächst mit $x = -h$

$$f_{-1} = f(x = -h) = f_0 - a h + b h^2 - c h^3 + d h^4 \qquad (13)$$

und dann mit $x = h$

$$f_1 = f(x = h) = f_0 + a h + b h^2 + c h^3 + d h^4. \qquad (14)$$

Addiert man die Gl. 13 und 14, führt das zu:

$$f_1 + f_{-1} = 2 f_0 + 2 b h^2 + 2 d h^4 \qquad (15)$$

also

$$\frac{2}{3} b h^2 = \frac{1}{3} (f_1 + f_{-1}) - \frac{2}{3} f_0 - \frac{2}{3} d h^4. \qquad (16)$$

Abb. 3 Simpsons erste Regel

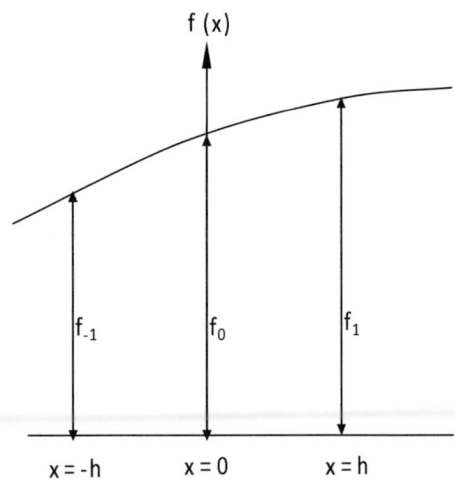

2 Simpsons erste Regel

Substituiert man Gl. 16 in Gl. 12, lautet das Integral wie folgt:

$$I = \frac{4}{3}f_0 h + \frac{1}{3}(f_1 + f_{-1})h - \frac{4}{15}d h^5 = I_{S1} + \varepsilon_{tr}. \quad (17)$$

Daher ist Simpsons **ERSTE** Regel für den Bereich unter der Kurve, der durch drei Ordinaten in zwei gleichen Abständen dargestellt wird:

$$I_{S1} = \frac{h}{3}(f_{-1} + 4f_0 + f_1), \quad (18)$$

mit dem Trunkierungsfehler proportional zur 4. Ableitung der Funktion $f(x)$, d. h. $d = f^{IV}/24$, und abhängig von h^5. Der Bereich unter einer Kurve, dargestellt durch N gleich große Intervalle der Länge h (d. h. mit einer ungeraden Anzahl von Ordinaten zur Beschreibung von $f(x)$), beginnend bei f_0 und endend bei f_N, da dies für schiffsbezogene Berechnungen geeigneter ist, gilt:

$$I_{S1} = \frac{h}{3}(f_0 + 4f_1 + 2f_2 + 4f_3 + 2f_4 + 4f_5 + \cdots + 4f_{N-3} \\ + 2f_{N-2} + 4f_{N-1} + f_N) \quad (19)$$

Hier wurde Gl. 19 durch Anwendung von Gl. 18 auf aufeinanderfolgende Intervallpaare und Aufsummierung der erhaltenen Flächen gewonnen.

Die konstanten Koeffizienten $1, 4, 2, 4, 2, 4, 2, 4, \ldots, 4, 2, 4, 1$ werden üblicherweise als **Simpson-Multiplikatoren** bezeichnet.

2.1 Beispiel

Es folgt ein Anwendungsbeispiel der ersten Simpson-Regel zur Ermittlung von Flächen, Schwerpunkten und Trägheitsmomenten der Schwimmfläche für einen Rumpf mit LBP = 25 m. Die halben Schiffsbreiten an der Wasserlinie $y(x)$ werden als Eingabe an 11 Positionen entlang des Schiffs bereitgestellt, wobei 0 das hintere Lot (engl. *aft perpendicular*, AP) und 10 das vordere Lot (engl. *fore perpendicular*, FP) ist. Beachten Sie jedoch, dass Daten auch jeweils in der Mitte zwischen den Positionen 0 und 1, 1 und 2, 8 und 9, 9 und 10 bereitgestellt werden. Dies ist üblich und ergibt sich aus der Notwendigkeit, zusätzliche Daten in den Bereichen des Schiffs mit schnellen Krümmungsänderungen bereitzustellen. Die halben Breiten und entsprechenden Simpson-Multiplikatoren sind in den Spalten (2) und (3) der Tab. 1 dargestellt. Es gibt Unterschiede in den Simpson-Multiplikatoren im Vergleich zu Gl. 19, weil solche halben Abstände verwendet wurden. Ermitteln Sie die in Spalte (3) der Tab. 1 dargestellten Simpson-Multiplikatoren, indem Sie Gl. 19 auf Intervallpaare mit der Länge $0,5\,h$ in den entsprechenden Bereichen anwenden und die Flächen als Funktion von h, anstatt von $0,5\,h$, ausdrücken. Diese werden dann zur Fläche der vollen Stationen hinzugefügt, um die in Tab. 1 dargestellten Simpson-Multiplikatoren zu ermitteln.

Das zu verwendende Intervall bei der Anwendung der ersten Regel von Simpson ist $h = 2,5$ m. Beachten Sie auch, dass sich der Arm für die Momente (erster

Tab. 1 Integration mit der Simpson-Regel in tabellarischer Form

(1)	(2)	(3)	(4) = (3) (2)	(5)	(6) =(4) (5)	(7) =(6) (5)	(8) = (2)²	(9) =(8) (3)
Station	$y(x)$	SM	$A_1(x)$	$l(x)$	$M_1(x)$	$J_1(x)$	$y^3(x)$	$J_2(x)$
	(m)		(m)	(m)	(m²)	(m³)	(m³)	(m³)
0	0,0	0,5	0,0	−12,50	0,0	0,0	0,0	0,0
0,5	0,406	2	0,812	−11,25	−9,315	102,769	0,067	0,134
1	0,792	1	0,792	−10,00	−7,920	79,20	0,497	0,497
1,5	1,142	2	2,284	−8,75	−19,985	174,869 m	1,489	2,978
2	1,442	1,5	2,163	−7,50	−16,623	121,673	2,998	4,497
3	1,840	4	7,360	−5,00	−36,800	184,000	6,230	24,920
4	1,982	2	3,964	−2,50	−9,910	24,775	7,786	15,572
5	1,946	4	7,784	0,0	0,0	0,0	7,369	29,476
6	1,758	2	3,516	2,50	8,790	21,975	5,433	10,866
7	1,414	4	5,656	5,00	28,280	141,400	2,827	11,308
8	0,900	1,5	1,350	7,50	10,125	75,938	0,729	1,094
8,5	0,618	2	1,236	8,75	10,815	94,631	0,236	0,472
9	0,354	1	0,354	10,00	3,540	35,400	0,044	0,044
9,5	0,139	2	0,278	11,25	3,128	35,190	0,003	0,006
10	0,0	0,5	0,0	12,50	0,0	0,0	0,0	0,0
Σ			37,549		−35,295	1091,82		101.864

und zweiter Ordnung) in Spalte (5) in Tab. 1 auf die Mitte des Schiffs (Station 5) bezieht, d. h., der Ursprung des Achsensystems befindet sich in der Mitte des Schiffs mit x positiv nach vorne. Die endgültigen Ergebnisse ändern sich nicht, wenn ein anderer Bezugspunkt, wie AP oder FP, ausgewählt wird.

Somit ist die Schwimmfläche, wenn man alle Elemente in Spalte (4) in Tab. 1 summiert:

$$A = 2 \frac{2,5}{3} 37,459 = 62,582 \text{ m}^2; \tag{20}$$

und das longitudinale erste Moment der Schwimmfläche um die transversale Achse durch die Mitte des Schiffs, unter Verwendung der algebraischen Summation aller Elemente in Spalte (6) der Tab. 1, ist

$$M_x = 2 \frac{2,5}{3} (-35,295) = -58,825 \text{ m}^3, \tag{21}$$

und der LCF befindet sich bei

$$\frac{M_x}{A} = (-)0,94 \text{ m} \quad \text{vor der Schiffsmitte.} \tag{22}$$

Das longitudinale zweite Moment der Schwimmfläche um die Mitte des Schiffs, unter Verwendung der Summation aller Elemente in Spalte (7) der Tab. 1, beträgt

$$J_{0L} = 2\,\frac{2{,}5}{3}\,1091{,}82 = 1819{,}70 \text{ m}^4. \tag{23}$$

Das longitudinale zweite Moment der Schwimmfläche um den LCF, unter Verwendung des Parallelenachsensatzes, beträgt

$$J_L = 1819{,}70 - 62{,}582\,(-0{,}94)^2 = 1764{,}40 \text{ m}^4. \tag{24}$$

Das transversale zweite Moment der Schwimmfläche, unter Verwendung der Summation aller Elemente in Spalte (9) in Tab. 1, beträgt

$$J_T = \frac{2}{3}\,\frac{2{,}5}{3}\,101{,}864 = 56{,}591 \text{ m}^4. \tag{25}$$

3 Simpsons zweite Regel

Die Funktion wird in diesem Fall durch 4 Ordinaten beschrieben, nämlich f_1, f_2, f_3 und f_4 zwischen $-3h/2 \leq x \leq 3h/2$, wie in Abb. 4 gezeigt. Wählt man das in Gl. 11 gezeigte Polynom 4. Ordnung, wobei f_0 in diesem Fall keine gemessene Ordinate der Funktion ist, erhält man das Integral

$$\int_{-3h/2}^{3h/2} f(x)\,dx = 3 f_0 h + \frac{9}{4} b\,h^3 + \frac{243}{80} d\,h^5 \tag{26}$$

Mit Gl. 11, bei $x = -3h/2, -h/2, h/2$ und $3h/2$, kann gezeigt werden, dass

$$f_1 + f_4 = 2 f_0 + \frac{9}{2} b\,h^2 + \frac{81}{8} d\,h^4 \tag{27}$$

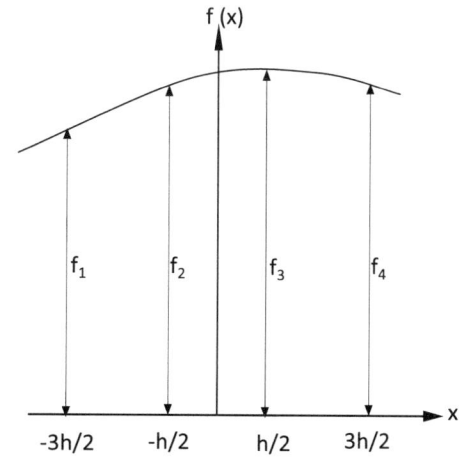

Abb. 4 Simpsons zweite Regel für Intervalle mit gleichmäßigem Abstand

und

$$f_2 + f_3 = 2f_0 + \frac{1}{2} b h^2 + \frac{1}{8} d h^4. \qquad (28)$$

Bei der Auswertung von f_0 und bh^2 aus diesen Gleichungen und der Substitution in Gl. 26 wird das Integral zu

$$I = \frac{18}{16} (f_2 + f_3) h + \frac{6}{16} (f_1 + f_4) h - \frac{9}{10} d h^5 = I_{S2} - \varepsilon_{tr}. \qquad (29)$$

Also ist Simpsons **ZWEITE** Regel für die Fläche unter einer Kurve, die durch 4 Ordinaten bei **DREI** gleichen Intervallen definiert ist:

$$I_{S2} = \frac{3}{8} h (f_1 + 3f_2 + 3f_3 + f_4) \qquad (30)$$

mit dem Trunkierungsfehler proportional zu $d = f^{IV}/24$ und abhängig von h^5. Wie man sehen kann, ist der Trunkierungsfehler, der mit der zweiten Regel verbunden ist, mehr als dreimal so groß wie der Fehler der ersten Regel, für denselben Wert von h. Diese Regel ist geeignet, wenn die Anzahl der Intervalle durch 3 teilbar ist.

4   5, +8, −1 Regel

Diese Regel wird im Allgemeinen zur Integration über ein Kurvensegment verwendet, das durch zwei Ordinaten gegeben ist, während eine dritte Ordinate genutzt wird. Das heißt, die schraffierte Fläche in Abb. 5 wird unter Verwendung aller **DREI** Ordinaten f_{-1}, f_0 und f_1 ausgewertet. Die Funktion wird durch ein Polynom 2. Ordnung dargestellt, und ein Polynom 3. Ordnung wird ausgewählt, um den Trunkierungsfehler zu finden, nämlich:

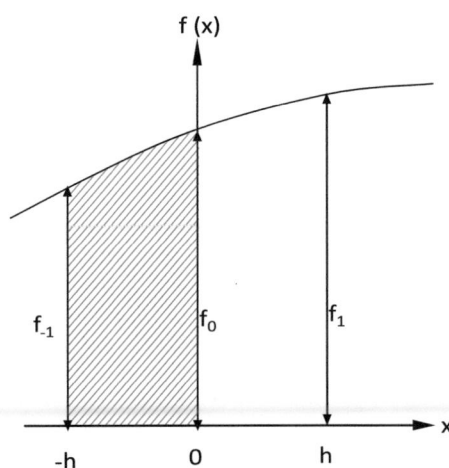

Abb. 5 Simpsons dritte Regel

$$f(x) = f_0 + a\,x + b\,x^2 + c\,x^3 \tag{31}$$

Das in Gl. 33 definierte Integral, d. h. der Bereich zwischen $-h$ und 0, ergibt sich als

$$\int_{-h}^{0} f(x)\,dx = \left[f_0\,x + \frac{1}{2}a\,x^2 + \frac{1}{3}b\,x^3 + \frac{1}{4}c\,x^4 \right]_{-h}^{0} \tag{32}$$

oder nach Vereinfachung:

$$\int_{-h}^{0} f(x)\,dx = f_0\,h - \frac{1}{2}a\,h^2 + \frac{1}{3}b\,h^3 - \frac{1}{4}c\,h^4 \tag{33}$$

Aus Gl. 31 wird, mit $x = -h$

$$f_{-1} = f(x = -h) = f_0 - a\,h + b\,h^2 - c\,h^3 \tag{34}$$

und mit $x = h$

$$f_1 = f(x = h) = f_0 + a\,h + b h^2 + c h^3 \tag{35}$$

Addition der Gl. 34 und 35 führt zu

$$2\,b\,h^2 = f_{-1} - 2 f_0 + f_1. \tag{36}$$

Und durch Subtraktion der gleichen beiden Gleichungen ergibt sich

$$2\,a\,h = f_1 - f_{-1} - 2\,c\,h^3. \tag{37}$$

Durch Einsetzen dieser Ausdrücke in Gl. 37 und 36 in Gl. 33 wird das Integral vereinfacht zu

$$I = f_0\,h - \frac{1}{4}(f_1 - f_{-1})\,h + \frac{1}{2}c\,h^4 + \frac{1}{6}(f_{-1} - 2 f_0 + f_1) - \frac{1}{4}c\,h^4. \tag{38}$$

Und nach Einsetzen der Grenzen wird es zu

$$I = \frac{h}{12}(5 f_{-1} + 8 f_0 - f_1) + \frac{1}{4}c\,h^4. \tag{39}$$

So folgt die **5, +8, −1** Regel, auch Simpsons **DRITTE** Regel genannt:

$$I_{S3} = \frac{h}{12}(5 f_{-1} + 8 f_0 - f_1) \tag{40}$$

mit dem Abrundungsfehler proportional zu $c = f'''/6$ und abhängig von h^4. Natürlich werden die Ordinaten f_{-1} und f_1 die Plätze tauschen, wenn der Bereich zwischen 0 und h benötigt wird, wobei f_{-1} als dritte Ordinate verwendet wird.

So ergeben sich numerische Schätzungen für verschiedene Bereiche, abhängig davon, wann wir die entsprechende Simpson-Regel anwenden können, wobei durch Gl. 18 die **ERSTE** Regel, Gl. 30 die **ZWEITE** Regel und schließlich durch Gl. 40 die **DRITTE** Regel definiert ist.

5 Zusammenfassung

Der Bedarf an numerischer Integration zur Ermittlung von flächen- und volumenbezogenen Eigenschaften für Schiffe wird diskutiert:

1. Trapez-, Simpsons erste und zweite Regel wurden abgeleitet.
2. Ein Beispiel für die Anwendung von Simpsons erster Regel zur Berechnung einiger hydrostatischer Eigenschaften für ein typisches Schiff wurde vorgeführt.
3. +5, +8, −1 Regel wurde abgeleitet und ihre Anwendungen diskutiert.

Probleme mit Änderungen von Tiefgang und Trimmung

Zusammenfassung

Es gibt eine Vielzahl von praktischen Problemen, die Änderungen des Tiefgangs und der Trimmung betreffen, die man aber recht genau behandeln kann, indem man annimmt, dass diese Änderungen klein sind. Im folgenden Kapitel wird eine solche Analyse dargestellt.

Es gibt eine Vielzahl von praktischen Problemen, die Änderungen des Tiefgangs und der Trimmung betreffen, die man aber recht genau behandeln kann, indem man annimmt, dass diese Änderungen klein sind. In der folgenden Analyse wird davon ausgegangen, dass alle Änderungen auf einer Ebene entlang der Mittellinie stattfinden und somit die Backbord-Steuerbord-Symmetrie des Schiffs nicht beeinflussen. Solche Probleme könnten die folgenden sein:

1. Auswirkung des Hinzufügens von Ladung oder Ballast,
2. Auswirkung des Wechsels von Süßwasser zu Salzwasser,
3. Auswirkungen des Dockens oder von Grundberührungen,
4. Auswirkungen von Überschwemmungen aufgrund von Schäden.

Es ist in der Regel am einfachsten, Änderungen des mittleren Tiefgangs und Änderungen der Trimmung getrennt zu betrachten.

Abb. 1 Paralleles Tiefertauchen

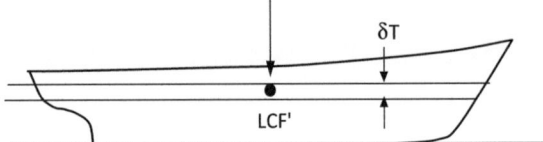

Abb. 2 Trimmung um LCF

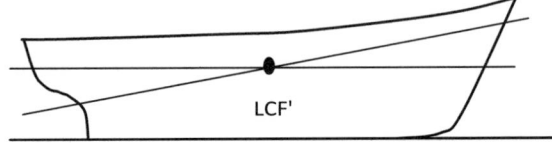

1 Der bisherige Stand

1. Um die Verdrängung durch paralleles Tiefertauchen (oder paralleles Auftauchen), normalerweise bezeichnet durch T, zu ändern, muss auf einer vertikalen Linie durch den Wasserlinienschwerpunkt (LFC) Masse hinzugefügt oder entfernt werden (siehe Abb. 1).
Änderungen der Verdrängungsmasse werden in Tonnen pro Meter Eintauchtiefe (= TPM) oder Tonnen pro Zentimeter Eintauchtiefe (= TPC) ausgedrückt, die von der Schwimmfläche abhängen, d. h.

$$TPM = \rho A \tag{1}$$

wobei A = Schwimmfläche (m²) und ρ = Wasserdichte (Tonnen/m³) ist.
2. Die Trimmung (normalerweise bezeichnet durch t) bei konstanter Verdrängung wird geändert, indem Masse längs innerhalb des Schiffs bewegt wird, dabei findet diese Änderung der Trimmung um den LCF statt. Das heißt, die neuen und alten Schwimmflächen schneiden sich am LCF (siehe Abb. 2).
Per Definition gilt:

$$\text{TRIMM} = T_F - T_A = t$$

wobei T_F der Tiefgang am vorderen Lot und T_A der Tiefgang am hinteren Lot ist.

2 Moment zur Änderung der Trimmung

Vorausgesetzt, die Änderung der Trimmung ist ausreichend klein, wirkt der Auftrieb entlang einer Linie durch das Längenmetazentrum M_L vertikal über dem Auftriebszentrum an einem Punkt, sodass

$$BM_L = \frac{J_L}{\nabla}$$

wo J_L das zweite longitudinale Moment der Schwimmfläche um den LCF ist.

2 Moment zur Änderung der Trimmung

Um die Änderung der Trimmung aufrechtzuerhalten, muss ein Kräftepaar auf das Schiff wirken, das (siehe Abb. 3) gegeben ist durch

$$\text{Moment} = \Delta \times GM_L \theta, \quad \theta \text{ in Radiant}.$$

Da

$$\theta = \frac{T_F - T_A}{L_{BP}} = \frac{t}{L_{BP}}$$

gilt:

$$\text{Moment} = \frac{\Delta \; GM_L}{L_{BP}} (T_F - T_A). \tag{2}$$

Für eine Trimmungseinheit ($T_F - T_A = 1{,}0$ m) beträgt das Moment

$$\text{MCT} = \frac{\Delta \; GM_L}{L_{BP}}$$

gemessen in Tonnen m pro m, wenn Δ in Tonnen ist.

In diesen Einheiten ist das Moment offensichtlich ein **Massen**-Moment und nicht ein **Gewichts**-Moment. MCT kann in mehreren Einheiten ausgedrückt werden, mit einfachen Umrechnungen, wie Tonne m/m, Tonne m/cm, MN m/m, MN m/cm.

Da sich das Moment linear mit der Trimmung ändert, ist MCT das zusätzliche Moment, das erforderlich ist, um eine Einheit Trimmungsänderung zu verursachen, unabhängig davon, wie die absolute Trimmung sein mag.

BM_L ist von der Größenordnung der Schiffslänge, während BG im Vergleich dazu recht klein ist. In vielen Fällen ist es ausreichend genau, BM_L, GM_L zu schätzen und daher annehmen, dass gilt:

$$MCT \approx \frac{\Delta \; BM_L}{L_{BP}} = \frac{\rho \nabla}{L_{BP}} \frac{J_L}{\nabla} = \frac{\rho \; J_L}{L_{BP}} \tag{3}$$

Abb. 3 Moment zur Änderung der Trimmung

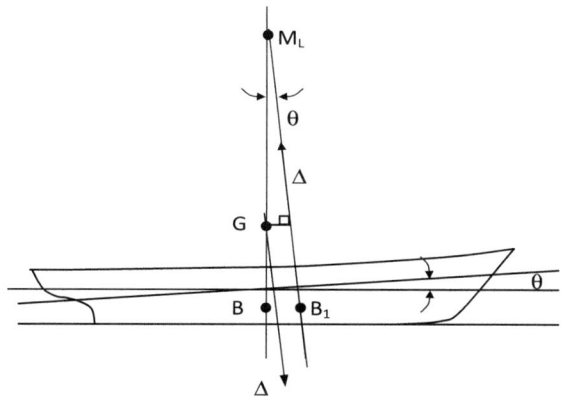

Abb. 4 Tiefgang an den Loten bei Trimmung

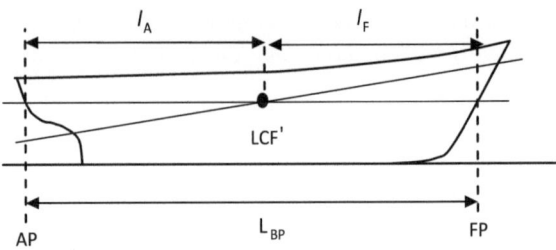

3 Tiefgang bei Trimmung

Um die Tiefgänge T_F und T_A an den Loten für ein am Bug getrimmtes Schiff (positive Trimmung) zu berechnen, gehen Sie wie folgt vor:

(1) Berechnen Sie den äquivalenten mittleren Tiefgang T_E entsprechend einem Zustand mit ebenem Kiel bei der erforderlichen Verdrängung. Dies wird der Tiefgang des *am LCF getrimmten Schiffs* sein.

(2) Verteilen Sie die Trimmung zwischen FP und AP entsprechend den Abständen zu den Senkrechten vom LCF.

So gilt für eine Trimmung $t = T_F - T_A$ unter Verwendung ähnlicher Dreiecke (siehe Abb. 4):

$$\frac{T_F - T_E}{l_F} = \frac{t}{L_{BP}} = \frac{T_E - T_A}{l_A}.$$

Daher gilt:

$$T_F = T_E + t\,\frac{l_F}{L_{BP}}, \qquad T_A = T_E - t\,\frac{l_A}{L_{BP}} \qquad (4)$$

Beachten Sie, dass die Aufteilung der Trimmung auf Vor- und Hinterlot, dargestellt durch Gl. (4), auch auf die Aufteilung der Änderung der Trimmung anwendbar ist. Die folgenden Abschnitte befassen sich mit verschiedenen praktischen Situationen, die zu Änderungen des Tiefgangs und der Trimmung führen. Die Änderungen von Tiefgang und Trimmung infolge von Überflutungen werden separat behandelt.

4 Masse zu einem Schiff hinzufügen

Die Berechnung der Änderung des Tiefgangs, die durch eine zusätzliche Masse an Bord entsteht, kann in drei Stufen gefunden werden:

1. Berechnen Sie das parallele Tiefertauchen, das auftreten würde, wenn die zusätzliche Masse über dem LCF platziert wird.

4 Masse zu einem Schiff hinzufügen

2. Berechnen Sie die Trimmungsänderung, die entsteht, wenn die Masse von ihrer ursprünglichen Position am LCF zu ihrer endgültigen Position im Schiff bewegt wird.
3. Berechnen Sie den endgültigen Tiefgang T_F und T_A durch Kombination des parallelen Tiefertauchen und der Änderung des Tiefgangs aufgrund der Trimmungsänderung.

4.1 Beispiel 1

850 Tonnen werden 40,0 m vor dem Schiffsmittelpunkt eines Frachtschiffs von 135 m LBP (Länge zwischen den Loten: engl. *length between perpendiculars*) hinzugefügt. Berechnen Sie die resultierenden Tiefgänge an den Loten aus den folgenden Daten:
TPC = 22,33 Tonnen/cm, MCT = 184,6 Tonnen m/cm, LCF = 1,66 m hinter den Anfangs-Tiefgängen: $T_F = 7{,}3$ m, $T_A = 9{,}8$ m.

Lösung
Die beiden zu befolgenden Schritte sind in Abb. 5 dargestellt.

1. Paralleles Tiefertauchen:

$$\delta T = \frac{850}{22{,}33} = 38{,}1 \text{ cm} = 0{,}381 \text{ m}$$

2. Das Trimmmoment aufgrund einer Massenbewegung von Position 1 zu Position 2 (siehe Abb. 5) beträgt

$$850 \times (40 + 1{,}66) = 35.411 \text{ tonne. m.}$$

Die Änderung des Trimms ist also

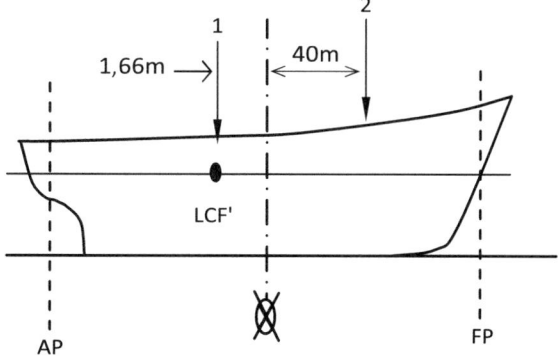

Abb. 5 Beispiel für die Hinzufügung von Masse auf einem Schiff

$$\delta t = \frac{35.411}{184,6} = 191,8 \, \text{cm} = 1,918 \, \text{m} \quad \text{geneigt}$$

Die endgültigen Tiefgänge an den Loten werden ermittelt, indem das parallele Tiefertauchen und die Auswirkung der Trimmänderung (gemäß Gl. (4) angemessen aufgeteilt) zu den Tiefgängen am Anfang hinzugefügt werden, nämlich:

$$\text{Endgültiger Tiefgang vorne} \quad T_F = 7,30 + 0,381 + \frac{(67,5 + 1,66) \, 1,918}{135} = 8,66 \, \text{m}$$

$$\text{Endgültiger Tiefgang hinten:} \quad T_A = 9,80 + 0,381 - \frac{(67,5 - 1,66) \, 1,918}{135} = 9,25 \, \text{m}.$$

4.2 Beispiel 2

Für ein Schiff im gleichen Anfangszustand wie Beispiel 1 soll ausreichend Masse an Bord gebracht werden, um einen ebenen Kiel-Tiefgang von 9,0 m zu erzeugen. Wie viel Masse muss hinzugefügt werden, und wo sollte ihr Schwerpunkt platziert werden?

Lösung

Die einfachste Lösung für dieses Problem besteht darin, jede unbekannte Größe aus den Gleichungen für die Änderung des Tiefgangs (paralleles Tiefertauchen) δT und Änderung der Trimmung δt zu ermitteln. Zunächst ist daher der Anfangstiefgang am LCF erforderlich, den man unter Verwendung ähnlicher Dreiecke oder mithilfe von Gl. 4 ermittelt:

$$T_{LCF} = 7,30 + \frac{(67,5 + 1,66)}{135} (9,80 - 7,30) = 8,581 \, \text{m}.$$

Daher ist das Schiff um folgenden Wert tiefer eingetaucht:

$$\delta T = 9,00 - 8,581 = 0,419 \, \text{m} = 41,9 \, \text{cm}$$

und die erforderliche zusätzliche Masse (= TPC) beträgt
$\delta T = 22,33 \times 41,9 = 935,6 \, \text{t}.$

Die erforderliche Trimmungsänderung zum ebenen Kiel beträgt

$$\delta t = 9,80 - 7,30 = 2,50 \, \text{m} = 250 \, \text{cm}. \quad \text{Neigung}$$

$$\text{korrespondierendes Trimmungsmoment} = 184,6 \times 250 = 46.150 \, \text{t m}$$

und

$$\text{Position des Massenschwerpunkts} = \frac{\text{Trimmmoment}}{\text{zusätzl. Masse}}$$
$$= \frac{46.150}{935,6} = 49,33 \, \text{m} \quad \text{vor dem LCF.}$$

Daher liegt der Schwerpunkt der hinzugefügten Masse = 49,33 − 1,66 = 47,67 m vor der Schiffsmitte.

5 Vom Süßwasser zum Salzwasser wechseln

Für Probleme dieser Art sollte beachtet werden, dass die Werte für TPM und MCT normalerweise für Standard-Salzwasser angegeben werden (d. h. $\rho = 1025\,\text{kg/m}^3$ ebenso wie alle anderen hydrostatischen Einzelheiten. Diese sind dichtabhängig und müssen für nicht Standard-Dichten (z. B. Süßwasser, $\rho = 1000\,\text{kg/m}^3$ angepasst werden.

Gehen Sie bei diesem Problem wie folgt vor:

1. Stellen Sie sich vor, das Schiff bewege sich ins Süßwasser **ohne Änderung von Tiefgang oder Trimmung.** Im Süßwasser würde nun ein Defizit an Verdrängungsmasse im LCB bestehen.
2. Berechnen Sie ein paralleles Tiefertauchen, um die Verdrängungsmasse wiederherzustellen, unter Verwendung eines *Süßwasserwertes* für TPM. Diese zusätzliche Verdrängung wäre im LCF zentriert.
3. Berechnen Sie die Trimmungsänderung, die sich aus einer Übertragung der zusätzlichen Verdrängung vom LCF zum LCB ergibt, unter Verwendung eines *Süßwasserwertes* für MCT. Diese Übertragung hilft, LCB in Übereinstimmung mit LCG zu bringen.
4. Kombinieren Sie (2) und (3), um die neuen T_F, T_A zu berechnen.

5.1 Beispiel 3

Betrachten Sie ein Schiff mit den folgenden Eigenschaften im Salzwasser:
Die Länge zwischen den Loten beträgt LBP = 135 m.
Die Schiffsverdrängung ist Δ = 17.500 Tonnen bei 9,0 m Kieltiefgang.
Der longitudinale Auftriebsschwerpunkt LCB = +0,61 (vorne).
Der Wasserlinienschwerpunkt, LCF = −1,66 m (hinten) von der Schiffsmitte.
Schließlich das Moment zur Änderung der Trimmung, MCT = 18.460 Tonne m/m TPM = 2233.

Berechnen Sie die Tiefgänge an den Loten, wenn dieses Schiff in Süßwasser schwimmt.

Lösung

- **Süßwasser**-Verdrängung bei den Salzwasser-Tiefgängen (d. h. unter Verwendung des Salzwasser-Verdrängungsvolumens) ist

$$17.500 \times \frac{1000}{1025} = 17.073{,}2\,\text{t}.$$

- Also beträgt das Verdrängungsdefizit = 17.500 − 17.073,2 = 426,8 t.
- Dementsprechend erhält man unter Verwendung des **Süßwasser**-Wertes: TPM = 2233 $\frac{1000}{1025}$ = 2178,5 t/m.
- Gleichzeitig beträgt das **parallele Tiefertauchen** in Süßwasser daher

$$\delta T = \frac{426,8}{2178,5} = +0,196 \text{ m}.$$

- Wenn man das Verdrängungsdefizit (oder die zusätzliche Auftriebskraft) von LCF zu LCB (was auch LCG) überträgt, ist **das Trimmungsmoment** = 426,8(0,61 + 1,66) = 968,8 t m.
- Verwendet man dann **Süßwasser,** ist MCT = $\frac{18.460}{1,025}$ = 18.010 t m/m.
- Die Änderung der Trimmung beträgt damit $\delta t = \frac{968,8}{18.010}$ = 0,054 m (Neigung).

Die endgültigen Tiefgänge an den Loten werden auf ähnliche Weise wie im Beispiel 1 berechnet, nämlich

Endwert von $\quad T_F = 9,00 + 0,196 + 0,054 \frac{69,16}{135} = 9,224 \text{ m}.$

Endwert von $\quad T_A = 9,00 + 0,196 - 0,054 \frac{65,84}{135} = 9,170 \text{ m}.$

6 Ein Schiff mit Hecktrimmung in ein Dock schwimmen lassen

Wenn der Wasserstand im Dock unter das Niveau fällt, bei dem das Heckende des Kiels erstmals einen Kielblock berührt, wird das Schiff um das Heckende drehen, bis der Kiel alle Blöcke entlang des Kiels berührt. Die Last auf dem Kiel nimmt zu, wenn das Niveau fällt und erreicht ein Maximum kurz bevor der Kiel ganz aufsetzt. Die lokale Rumpfstruktur muss stark genug sein, um die maximale Last zu tragen, und das Schiff muss stabil bleiben, bis das Schiff auf den Blöcken aufliegt, da **Stützbalken** erst platziert werden können, wenn es aufgehört hat, sich zu bewegen.

Das Problem besteht darin, die Kielbelastung P für einen gegebenen Wasserstandsabfall zu bewerten. Da der Berührungspunkt am Kiel räumlich fixiert bleibt, wird davon ausgegangen, dass die Tiefgangsänderung am Berührungspunkt gleich der Wasserspiegelsenkung am Punkt der ersten Berührung ist (siehe Abb. 6).

6.1 Beispiel 4

Das Frachtschiff der vorherigen Beispiele, LBP=135m, kommt in ein Trockendock mit einem mittleren Tiefgang von 5,0 m und einer Hecktrimmung von 4,0 m. Bei dem gegebenen Tiefgang gelten die folgenden Daten:

6 Ein Schiff mit Hecktrimmung in ein Dock schwimmen lassen

Abb. 6 Schiff wird ins Trockendock gebracht

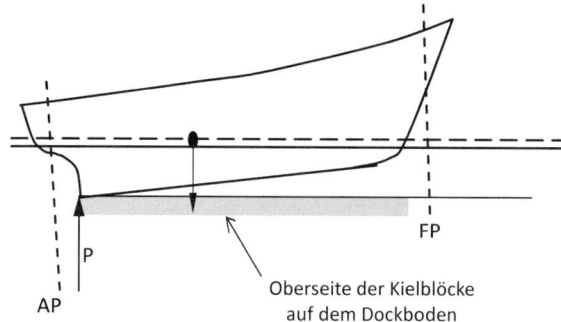

$TPM = 2027, MCT = 14.190$ t m/m, $LCF = 0{,}65$ m vor der Schiffsmitte.

Unter Vernachlässigung von Änderungen in den obigen Daten und unter der Voraussetzung, dass der hinterste Kielblock 8,0 m vor dem AP liegt, berechnen Sie die Kielbelastung, den mittleren Tiefgang und den Trimm,

a) nachdem der Wasserstand um 1,0 m gefallen ist und
b) wenn der Kiel kurz davor ist, überall aufzusetzen.

Lösung

Der Anfangstiefgang am LCF und der Heckkielblock sind für (a) und (b) erforderlich. Diese werden mit Beziehungen für geeignete ähnliche Dreiecke ermittelt (d. h. ähnlich zu Gl. (4)).

Anfangstiefgang am Heckkielblock = $5{,}00 + \frac{4{,}0\,(67{,}5-8{,}0)}{135} = 6{,}763$ m. Dies entspricht der Wassertiefe über dem Kielblock bei erstem Kontakt.

Anfangstiefgang am LCF = $5{,}00 - \frac{4{,}0 \times 0{,}65}{135} = 4{,}980$ m.

1. 1,0-m-Fall des Wasserstands: **Paralleler** Anstieg aufgrund der Wirkung der Kielblocklast P:

$$\delta T = \frac{P}{2027}\ \text{m}$$

Trimmmoment aufgrund der Kielblocklastübertragung vom LCF zum Berührungspunkt (d. h. auf den hinteren Kielblock):
Trimmmoment $= P(67{,}5 + 0{,}65 - 8{,}0) = 60{,}15P$ t m. Daraus ergibt sich die Änderung des Trimms δt:

$$\delta t = \frac{60{,}15P}{14190}\quad \text{Neigung.}$$

Die Änderung des Tiefgangs am Berührungspunkt (d. h. am hinteren Kielblock) beträgt

$$\delta T_c = -\frac{P}{2027} - \delta t\, \frac{60{,}15}{135} = -P\left\{\frac{1}{2027} + \frac{60{,}15^2}{14.190 \times 135}\right\}$$

$$\delta T_c = -\,0{,}002382 P.$$

$\delta T_c = -1\,\text{m}$ wenn der Wasserstand um 1 m abfällt. Daher ist die Kielbelastung

$$P = \frac{1{,}0}{0{,}002382} = 419{,}8\,\text{t}.$$

Beachten Sie, dass die Kielbelastung in Masseneinheiten und nicht in Kraft ermittelt wurde, daher:

$$P = 9{,}81 \times 419{,}8 = 4118\,\text{kN} = 4{,}118\,\text{MN}.$$

Jetzt, da der Wert der Kielbelastung (in Tonnen) bekannt ist, können paralleler Anstieg (oder Emergenz) und Änderung des Trimms ermittelt werden, wenn der Wasserstand um 1 m fällt.

Paralleler Anstieg:

$$\delta T = \frac{419{,}8}{2027} = 0{,}207\,\text{m}.$$

Änderung des Trimms:

$$\delta t = \frac{60{,}15 \times 419{,}8}{14.190} = 1{,}780\,\text{m} \quad (\text{Neigung})$$

Tiefgänge, nachdem der Wasserstand um 1 m gesunken ist, ergeben sich in ähnlicher Weise wie in den Beispielen 1 und 3 zu:

$$T_F = 3{,}00 - 0{,}207 + \frac{1{,}780\,(67{,}5 - 0{,}65)}{135} = 3{,}67\,\text{m}.$$

$$T_A = 7{,}00 - 0{,}207 - \frac{1{,}780\,(67{,}5 + 0{,}65)}{135} = 5{,}89\,\text{m}.$$

2. Wie nivelliert man das Schiff, sodass der Kiel alle Blöcke berührt? Da das Schiff am Anfang eine Trimmung am Heck (mit dem Heck nach unten) aufweist, ist eine Änderung der Trimmung, sodass der Bug $t = 4$ m nach unten geht erforderlich, um den Kiel auszurichten. Daher gilt für das Trimmungsmoment zur Änderung des Trimms:

$\delta t = 4{,}0\,\text{m}$

$MCT = 4{,}0 \times 14.190 = 56.760\,\text{t m} = 60{,}15P$,

da dieses Trimmungsmoment gleich dem Moment ist, das durch die Last vom Kiel entsteht, die vom LCF zum hinteren Kielblock übertragen wird. Daher beträgt die Kielbelastung *kurz vor dem Aufsetzen* auf ganzer Länge:

$$P = \frac{56.760}{60{,}15} = 943{,}6\,\text{t} \quad \text{oder} \quad 9{,}257\,\text{MN}$$

Um den entsprechenden nivellierten Tiefgang am Kiel zu finden, muss nur der parallele Anstieg in Verbindung mit dem Anfangstiefgang am LCF verwendet werden. Daher ist der parallele Anstieg

$$\delta T = \frac{943{,}6}{2027} = 0{,}466 \,\text{m}$$

und der endgültige nivellierte Kieltiefgang am LCF (und natürlich überall sonst) ist $T = 4{,}980 - 0{,}466 = 4{,}514$ m.

Folglich muss der Wasserstand $6{,}763 - 4{,}514 = 2{,}248$ m fallen, wobei der Anfangstiefgang am Kielblock verwendet wurde.

7 Veränderung der hydrostatischen Eigenschaften mit dem Tiefgang

Beachten Sie, dass die Werte von Δ, LCB, LCF, TPM und MCT sich ändern, wenn der Tiefgang sich ändert, typische Informationen zum ebenen Kiel sind in Tab. 1 dargestellt, wobei positiv von der Schiffsmitte nach vorne gewählt ist:

Bei großen Änderungen des Tiefgangs und der Trimmung kann es notwendig sein, die Berechnung zweimal durchzuführen: erstens mit einem angenommenen mittleren Tiefgang (und entsprechenden Eigenschaften) und zweitens mit Eigenschaften für einen Tiefgang nahe dem endgültigen Wert.

8 Das Krängungsexperiment

Es ist üblich, ein Krängungsexperiment an einem neuen Schiff durchzuführen, wenn das Schiff so gut wie fertiggestellt ist. Ein solches Experiment wird nach jeder größeren Überholung während der Lebensdauer des Schiffs wiederholt.

8.1 Zweck

Der Zweck des Experiments besteht darin, die Leermasse des Schiffs zusammen mit den Längs- und Vertikalpositionen des Schwerpunkts des Schiffs im leeren Zustand zu bestimmen, dabei hat das Schiff keinen Treibstoff, Fracht, Ballastwasser, Vorräte, Passagiere oder Besatzung an Bord.

Tab. 1 Veränderung der Hydrostatik mit der Wasserlinie

T (m)	Δ (t)	LCB (m)	LCF (m)	TPM	MCT (t m/m)
7,0	13.181	+1,167	−0,517	2132	16.208
5,0	9020	+1,676	+0,646	2027	14.190
3,0	5079	+2,134	+1,596	1908	12.344

Die Masse und der Schwerpunkt des Schiffs in jedem späteren Beladungszustand können gefunden werden, indem die Masse und die Momente der Masse jedes Ladungsgegenstandes zu den Werten des ursprünglichen leeren Schiffs hinzugefügt werden. Die Kenntnis der vertikalen Position des Schwerpunkts ist natürlich entscheidend für die Beurteilung der Stabilität.

In der Entwurfsphase werden die Masse des leeren Schiffs und der Schwerpunkt durch Vergleich mit Daten von zuvor fertiggestellten ähnlichen Schiffen geschätzt. Später werden direkte Berechnungen auf der Grundlage von Herstellergewichtsdaten für Ausrüstungen und aus Aufzeichnungen über während des Baus hinzugefügtes oder entferntes Gewicht verwendet, um diese Schätzungen zu verbessern. Das Krängungsexperiment liefert die endgültigen, definitiven Werte für Masse und Schwerpunkt und wird hoffentlich die Genauigkeit der früheren Schätzungen bestätigen.

8.2 Methode

Hydrostatische Daten, die mit Daten aus dem Linienriss des Schiffs berechnet wurden, werden als genau angesehen – abgesehen von zufälligen Fehlern sollten die Daten innerhalb von etwa 0,25 % der korrekten Werte liegen. Die Schiffsmasse und der LCG, auch geneigt, werden aus Messungen von Tiefgang und Trimm zusammen mit einer Messung der Wasserdichte zum Zeitpunkt des Experiments unter Verwendung hydrostatischer Daten ermittelt. Der VCG, auch geneigt, wird aus der berechneten Höhe des transversalen Metazentrums mithilfe eines im Experiment bestimmten Wertes von GM_T ermittelt.

Ballastgewichte, die groß genug sind, um das Schiff 2°–3° zu beiden Seiten zu krängen, werden in Gruppen über eine voreingestellte Distanz über das Deck von der Mittellinie nach Backbord und Steuerbord bewegt (siehe Abb. 7). Der Ballast wird mehrmals bewegt, und nach jeder Bewegung wird der Krängungswinkel mit einem langen Pendel gemessen. Jedes Schwingen des Pendels sollte durch Eintauchen des Pendelgewichts in Öl oder Wasser gedämpft werden. Da die Krängungswinkel klein sind, ist es ausreichend genau zu schreiben:

$$W \times D = \Delta \times GM_T \times \tan\phi = \Delta \times GM_T \frac{d}{l}$$

Dabei wird Gewicht W über eine Distanz D über das Deck bewegt, ausgehend von einem Zustand, in dem das Schiff aufrecht ist.

8.3 Zu beachtende Vorsichtsmaßnahmen

Um sicherzustellen, dass die Schätzungen der Masse des leeren Schiffs, des LCG und des VCG genau sind, sollten während eines Krängungsexperiments die folgenden Vorsichtsmaßnahmen beachtet werden:

Abb. 7 Geneigter Schnitt

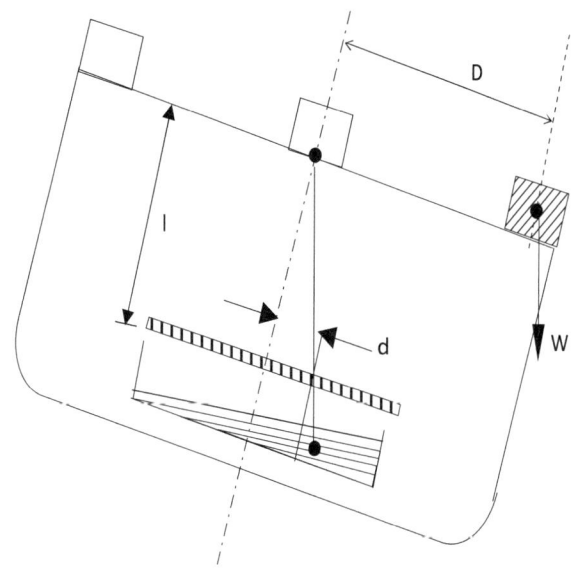

- Das Schiff sollte so weit wie möglich fertiggestellt sein.
- Das Experiment sollte in ruhigem Wasser, d. h. bei Hoch- oder Niedrigwasser, und bei ruhigem Wetter durchgeführt werden.
- Alle beweglichen Gegenstände, einschließlich Personen, die an Land gebracht werden können, sollten vom Schiff entfernt werden.
- Das Schiff sollte inspiziert, und es sollten sorgfältig Aufzeichnungen gemacht werden über (i) Gegenständen, die noch nicht an Bord sind und (ii) Ausrüstung und nicht mehr benötigte Materialien des Herstellers, die vor der Fertigstellung noch entfernt werden sollen.
- Der Schiffsbauch sollte trockengepumpt werden. Der Zustand aller Tanks, die Flüssigkeiten enthalten, sollte inspiziert werden, damit angemessene Freiflächenkorrekturen vorgenommen werden können. Idealerweise sollten alle Tanks (Treiböl, Schmieröl, Motorensümpfe, Kessel, Frischwassertanks, Schlammbecken, Ballasttanks usw.) entweder trocken gepumpt oder ganz gefüllt werden.
- Die Halteleinen sollten locker sein, und das Schiff sollte frei von der Dockwand schwimmen und vorzugsweise gegen den Wind gerichtet sein. Es sollten keine schwimmenden Arbeitsbühnen längsseits festgemacht sein.
- Die tatsächlichen Gewichte des beweglichen Ballasts, der zum Krängen des Schiffs verwendet wird, sollten überprüft werden, ebenso wie die Länge des Pendels und seine Aufhängungsmethode.

8.4 Messungen des Tiefgangs

Messungen des Tiefgangs von Tiefgangsmarken an der Schiffseite oder, im Falle von kleinen Yachten, von Messungen des Freibords sollten an mehreren Punkten rund um das Schiff (beide Seiten, backbord und steuerbord) durchgeführt werden. Ein transparentes Sichtrohr sollte verwendet werden, um ein stabiles Wasserlevel (im Rohr) unabhängig von kleinen Wellen auf der Wasseroberfläche zu erhalten (siehe Abb. 8). Auch die Wasserproben sollten an mehreren Punkten rund um das Schiff genommen werden, um die Wasserdichte zu bestimmen.

8.5 Korrekturen am leeren Schiff

Sobald das Neigungsexperiment abgeschlossen ist, müssen die Werte für die Schiffsmasse, LCG und VCG des geneigten Schiffs korrigiert werden, um äquivalente Werte für das leere Schiff zu bekommen. Dies geschieht durch eine Einzelbewertung der Dinge, die zum Schiff hinzugefügt oder davon entfernt werden müssen, um den Zustand eines leeren Schiffs zu erreichen. Zu den entfernenden Gegenständen gehören die Gewichte, die verwendet wurden, um das Schiff zu neigen. Eine Beispielberechnung ist in Tab. 2 dargestellt.

$$\text{leeres Schiff: } VCG = \frac{37.112}{4053} = 9{,}16\,\text{m}, LCG = \frac{-29.001}{4053} = -7{,}16\,\text{m}.$$

Zusammenfassung

1. TPM, TPC zur Bewertung kleiner Änderungen im Tiefgang und MCT zur Bewertung kleiner Änderungen in der Trimmung wurden definiert.
2. Verschiedene Beispiele wurden zur Veranschaulichung von Änderungen im Tiefgang und in der Trimmung bereitgestellt.

Abb. 8 Tiefgangsmessungen

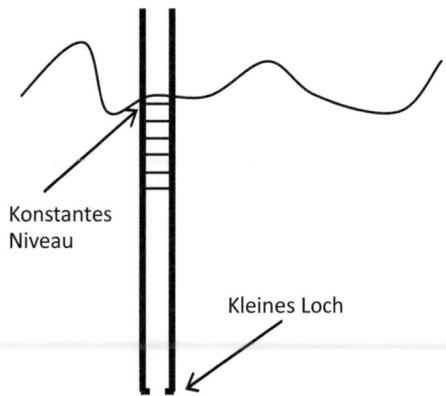

Tab. 2 Korrekturen zur Verdrängung des leeren Schiffs

Artikel	Masse	VCG	Vert. Moment	LCG	Long. Moment
Schiff wie es geneigt ist	4155	9,3	38.642	−8,2	−34.071
Gewichte zur Entfernung der Neigung	−102	15,7	−1601	+2,5	−255
Ausrüstung des Herstellers entfernen	−53	12,1	−641	−71,0	+3763
Radar hinzufügen	+2	30,5	61	−57,4	−115
Rettungsboote hinzufügen	+15	23,0	345	−67,0	−1005
Anker und Kabel hinzufügen	36	8,5	306	74,5	2682
Gesamtsummen (leeres Schiff)	4053		37.112		−29.001

3. Ein paralleles Tiefertauchen (oder Auftauchen) ist auf hinzugefügte (oder entfernte) Masse oder auf einen Defizit (oder Überschuss) an Verdrängung zurückzuführen, der am LCF angewendet wird.
4. Eine Änderung der Trimmung (Bug oder Heck nach unten) ist auf die Verschiebung der Masse (hinzugefügt oder entfernt) oder des Verdrängungsdefizits oder -überschusses vom LCF zu seiner entsprechenden Position entlang des Schiffs zurückzuführen.
5. Das Neigungsexperiment wurde skizziert.
6. Die Ziele des Neigungsexperiments wurden definiert, nämlich die Ermittlung der Masse des leeren Schiffs und seines LCG und VCG.
7. Die verschiedenen Messungen, die während eines Neigungsexperiments durchgeführt werden, wurden skizziert.
8. Die vor dem Neigungsexperiment erforderlichen Vorsichtsmaßnahmen wurden zusammengefasst.
9. Ein Beispiel für nachfolgende Korrekturen an der Leichtschiffsmasse LCG und VCG wurde gegeben.

Themen zur Anfangs-Querstabilität 8

1 Aufrichtende und Krängungsmomente bei kleinen Winkeln

Im Folgenden wird zuerst die Querstabilität (d. h. die Stabilität bei Krängung/Rollbewegung) für Winkel behandelt, die so klein sind, dass die Wirkungslinie der Auftriebskraft durch das Quermetazentrum verläuft, ohne dass sich dieser verschiebt. Krängungswinkel können durch den Einfluss des Windes oder durch das Bewegen von Masse innerhalb des Schiffs, aber auch durch ähnliche Ursachen hervorgerufen werden. Diese führen zu einem Krängungsmoment auf dem Schiff, das im Gleichgewichtskrängungswinkel durch ein Moment ausgeglichen wird, das aus den Gewichts- und Auftriebskräften gebildet wird.

Für kleine Krängungswinkel (bis zu etwa 7°) ist das **rückstellende** Gewichts- (oder Auftriebs-) **Rollmoment** (siehe Abb. 1)

$$M_1(\varphi) = \Delta GZ = \Delta GM_T \sin(\varphi), \tag{1}$$

wobei G der **Schwerpunkt** und M_T der **Quermetazentrum** ist.

Die Verschiebung einer Masse mit dem Gewicht w quer zum Schiff und senkrecht zur Mittellinienebene über eine Strecke d (von A nach B, wie in Abb. 2 gezeigt) führt zu einem **Krängungsmoment** aufgrund der Verschiebung der Wirkungslinien von w. Das Krängungsmoment in der Endposition des Schiffs ist

$$M_2(\varphi) = wd \cos(\varphi). \tag{2}$$

Das Gleichgewicht erfordert, dass das rückstellende Roll- oder Aufrichtmoment dem Krängungsmoment entspricht, d. h.:

$$M_1(\varphi) = M_2(\varphi)$$

Dies führt zu

$$wd \cos(\varphi) = \Delta GM_T \sin(\varphi)$$

Abb. 1 Rückstellendes Rollmoment

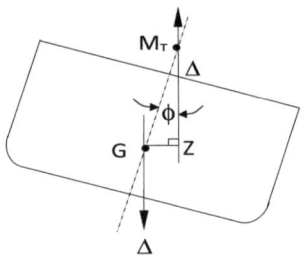

Abb. 2 Moment der die Neigung verursachenden Massen

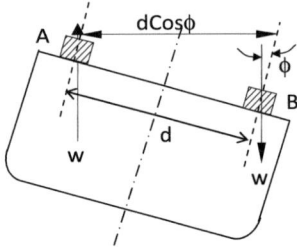

oder

$$\tan \phi = \frac{wd}{\Delta\, GM_T}. \tag{3}$$

Obwohl nicht ausdrücklich angegeben, geht die obige Analyse davon aus, dass der Schwerpunkt G an derselben Stelle bleibt, wo er mit der Masse in ihrer ursprünglichen Position (A) war, und dass das Verdrängungsgewicht Δ einschließlich w berechnet war. Offensichtlich bewegt die Verschiebung der Masse den Schwerpunkt in eine neue Position, und das Schiff krängt, bis der neue Schwerpunkt vertikal mit dem neuen Auftriebszentrum und daher mit dem transversalen Metazentrum M_T ausgerichtet ist. Überprüfen Sie selbst, dass die Berechnung nach dieser zweiten Methode zum gleichen Ergebnis führt wie oben angegeben. Die Berechnung von GM_T geschieht wie folgt (siehe Abb. 3):

$$GM_T = KM_T - KG = KB + BM_T - KG \tag{4}$$

wobei KG die Höhe des Schwerpunkts über dem Kiel ist, KB die Höhe des Auftriebszentrums über dem Kiel und

$$BM_T = \frac{J_T}{\nabla}$$

die Höhe des transversalen Metazentrums über dem Auftriebszentrum.

Offensichtlich ändern sich, wenn Masse zum Schiff hinzugefügt wird (z. B. durch das Laden von Fracht), der Tiefgang, das Verdrängungsgewicht

Abb. 3 Position von B, G und M_T

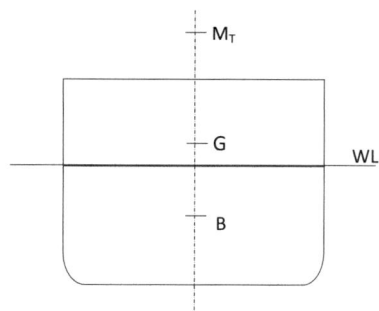

und -volumen (was zu Änderungen von KB und BM_T führt) und auch der Gesamtschwerpunkt, einschließlich der zusätzlichen Masse, ändert sich. Diese Effekte kombinieren sich am Ende zu einem neuen Wert für GM_T. Der einfachste Weg, die Wirkung einer Massenzunahme zu betrachten, besteht darin, sie in zwei Stufen zu betrachten:

1. Beladen Sie das Schiff über G, um sein Krängen zu vermeiden (siehe Kap. 7). Berechnen Sie neue Werte für Δ, KB, BM_T, KG und daher GM_T.
2. Verschieben Sie die Ladung zur endgültigen Position und berechnen Sie mithilfe von Gl. (3) den erzeugten Krängungswinkel.

Der einfachste Weg, die Bewegung der Masse innerhalb des Schiffs zu betrachten, besteht darin, sie in zwei Stufen zu verfolgen:

1. Bewegen Sie die Masse auf ihre endgültige Höhe über dem Kiel durch eine vertikale Bewegung, die kein Krängen verursacht. Berechnen Sie ein neues KG und daher ein neues GM_T.
2. Bewegen Sie die Masse quer durch das Schiff zu ihrer endgültigen Position und berechnen Sie den dadurch verursachten Krängungswinkel, indem Sie die Gl. (3) verwenden.

2 Metazentrische Höhendiagramm für eine rechteckige Box

Für einen festen, gleichförmigen, rechteckigen Block (siehe Abb. 4) gilt:

$$KB = \frac{T}{2} \text{(d.h. halber Tiefgang)}$$

$$J_T = \frac{Lb^3}{12} \quad \text{(L = Länge des Blocks)}$$

Abb. 4 Berechnung von M_T für eine rechteckige Box

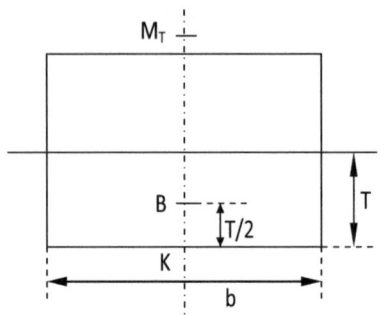

und somit:

$$BM_T = \frac{J_T}{\nabla} = \frac{\frac{1}{12} L b^3}{L b T} = \frac{b^2}{12\,T}$$

Daher ist:

$$KM_T = \frac{T}{2} + \frac{b^2}{12\,T} \qquad (5)$$

$$\frac{d\,(KM_T)}{dT} = \frac{1}{2} - \frac{b^2}{12\,T^2}$$

KM_T nimmt einen minimalen Wert an, wenn

$$\frac{d(KM_T)}{dT} = 0,$$

das heißt, wenn

$$\frac{b}{T} = \sqrt{6} = 2{,}45.$$

Gl. (5) kann in folgender Form geschrieben werden:

$$\frac{KM_T}{b} = 0{,}5\,\frac{T}{b} + \frac{b}{12\,T}$$

Das metazentrische Diagramm für den Block ist in Abb. 5 gezeigt.

Abb. 5 Variation der Boxparameter mit KM_T

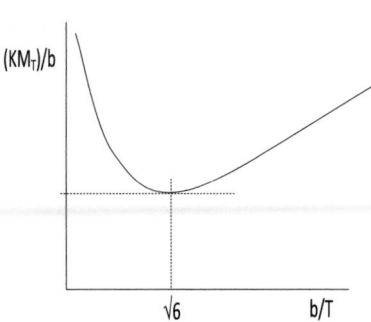

Die meisten Schiffstypen zeigen eine ähnliche Kurve mit einem Minimum bei

$$\frac{b}{T} \approx 2{,}5.$$

3 Stabilität eines homogenen quadratischen Holzstamms

3.1 Schwimmender Holzstamm mit einer horizontal ausgerichteten Vorderfläche

Ein ganz massiver, homogener Baumstamm schwimmt normalerweise nicht mit einer Fläche stabil horizontal, wie in Abb. 6 skizziert. In einem Bereich von Tiefgängen, in denen M_T unter G liegt, ist der Baumstamm instabil. Diese Tiefgänge, die schematisch in Abb. 6 dargestellt sind, können mithilfe von Gl. (4) und indem man $GM_T = 0$ setzt, ermittelt werden. KM_T ist bereits aus dem vorherigen Abschnitt bekannt (Gl. 5) und $KG = d/2$, wobei d die Seitenlänge des quadratischen Baumstamms ist. Dementsprechend können die Grenztiefgänge aus

$$6T^2 - 6dT + d^2 = 0$$

zu $0{,}2113d$ und $0{,}7887d$ ermittelt werden. Stabile und instabile Tiefgangsbereiche können dann bestimmt werden, indem man mit Gl. 4 und 5 herausfindet, welche Tiefgänge positive und welche negative Werte von GM_T ergeben. Es wird empfohlen, die obige Gleichung zu berechnen und Bereiche der Stabilität und Instabilität zu identifizieren.

3.2 Schwimmender Baumstamm mit einer horizontalen Diagonalen

In diesem Fall müssen für die Identifizierung von stabilen und instabilen Tiefgängen für zwei Fälle unterschieden werden, nämlich wenn der homogene, feste Baumstamm mit einem Tiefgang schwimmt, der

1. unterhalb der Diagonalen endet, wie in Abb. 7 gezeigt, oder der
2. bis über die Diagonale reicht, wie in Abb. 8 gezeigt.

Abb. 6 Stabilitätsbereich für einen quadratischen Baumstamm

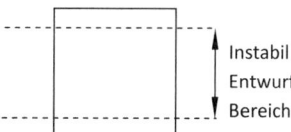

Abb. 7 Quadratischer Baumstamm schwimmt mit flacher Wasserlinie auf der Diagonalen

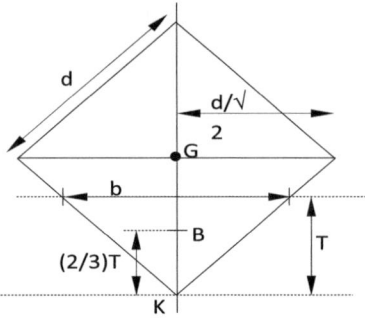

Abb. 8 Quadratischer Baumstamm schwimmt mit tiefer Wasserlinie auf Diagonalen

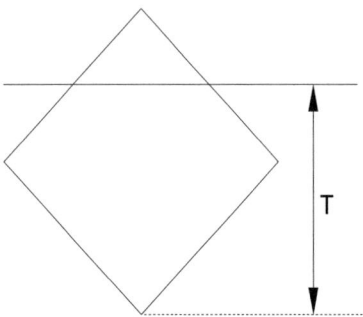

Betrachten Sie den ersten Fall für einen Stamm der Seitenlänge d, der mit einem Tiefgang T schwimmt. Es gilt:

$$T < \frac{d}{\sqrt{2}}$$

Sei b = die Wasserlinienbreite bei Tiefgang T, wie in Abb. 7 gezeigt. Dann gilt:

$$\nabla = \frac{LbT}{2}$$

$$J_T = \frac{Lb^3}{12}, \quad BM_T = \frac{J_T}{\nabla} = \frac{b^2}{6T}$$

und aufgrund der dreieckigen Form:

$$b = 2T$$

dann folgt:

$$BM_T = \frac{2}{3}T$$

Aus geometrischer Betrachtung erkennt man:

$$KB = \frac{2}{3}T$$

3 Stabilität eines homogenen quadratischen Holzstamms

und somit:

$$KM_T = \frac{4}{3}T$$

Da nun

$$KG = \frac{d}{\sqrt{2}},$$

folgt

$$GM_T = \frac{4}{3}T - \frac{d}{\sqrt{2}} > 0 \quad \text{wenn der Stamm stabil ist.}$$

Also ist der Stamm in diesem Fall stabil, wenn

$$T > \frac{3}{4\sqrt{2}}d.$$

Nun gilt per Definition

$$\text{spezifisches Gewicht} = \frac{\text{Materialdichte}}{\text{Frischwasserdichte}}.$$

Daher gilt für einen im Gleichgewicht schwimmenden Stamm:

$$\text{spezifisches Gewicht} = s = \frac{\nabla}{\text{Blockvolumen}}$$

oder

$$s = \frac{\frac{LbT}{2}}{L\,d^2} = \left(\frac{T}{d}\right)^2.$$

Die minimale spezifische Dichte für den stabilen Fall (1) ist daher

$$s = \left(\frac{3}{4\sqrt{2}}\right)^2 = \frac{9}{32} = 0{,}28125.$$

Man kann auch den Fall (2) betrachten, bei dem gilt:

$$T > \frac{d}{\sqrt{2}}$$

(siehe Abb. 8). Dieser Fall ist ein komplizierterer, wenn es darum geht, KB und BM_T zu ermitteln.

In diesem Fall findet man, dass der Stamm stabil ist, wenn

$$T < \frac{5}{4\sqrt{2}}d.$$

Abb. 9 Stabilitätsbereich eines quadratischen Stammes, der auf einer diagonal ausgerichteten Wasserlinie schwimmt

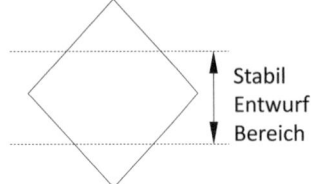

Dies entspricht einer maximalen spezifischen Dichte $s = 1 - 0{,}28125 = 0{,}71875$, für die der Fall (2) stabil ist. Die Bereiche der Stabilität und Instabilität sind in der Skizze von Abb. 9 dargestellt.

4 Morrishs-Formel für *KB*

Bereits in einer frühen Phase des Schiffsdesignprozesses muss sichergestellt werden, dass das Schiff unter allen vernünftigen Belastungsbedingungen eine ausreichende GM_T hat. Dies erfordert die Schätzung von KB und BM_T. Die folgende Methode, die auf Morrish zurückgeht (S.W.F. Morrish TRINA, 1892), liefert eine recht genaue schnelle Schätzung von *KB*.

Die Grundlage ist die Darstellung der **vertikalen Verteilung der Schwimmfläche** durch ein einfaches Viereck, wie in Abb. 10 gezeigt, wobei

$$OK = T = \text{Ladungs-Tiefgang}$$

$$OA = A = \text{Ladungs-Schwimmfläche} = C_W \, L \, B$$

$$OC = \frac{\nabla}{T} = \text{mittlere Schwimmfläche} = KD$$

$$CE = \frac{\nabla}{A} = \text{mittlerer Tiefgang}$$

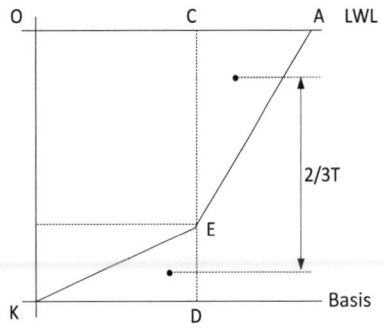

Abb. 10 Näherung der Schwimmfläche durch lineare Variation, die bei der Morrish-Methode verwendet wird

4 Morrishs-Formel für KB

Das Dreieck AEK ist eine einfache Näherung für die Änderung der Schwimmfläche mit der Entfernung von der Basislinie, die die Anforderung erfüllt, dass

$$\nabla = \int_0^T A(z)dz$$

da

$$\text{Fläche } OCDK = \frac{\nabla}{T} T = \nabla$$

$$\text{Fläche } KED = \frac{1}{2}\frac{\nabla}{T}\left(T - \frac{\nabla}{A}\right) = \frac{1}{2}\nabla\left(1 - \frac{\nabla}{AT}\right)$$

$$\text{Fläche } AEC = \frac{1}{2}\frac{\nabla}{A}\left(A - \frac{\nabla}{T}\right) = \frac{1}{2}\nabla\left(1 - \frac{\nabla}{AT}\right) = \text{Fläche } KED$$

Daher:
Fläche $OAEK$ = Fläche $OCDK$ + Fläche AEC − Fläche KED = ∇ (wie gefordert).

Die Höhe des Schwerpunkts von $OAEK$ entspricht KB und wird mithilfe von Flächenmomenten über der Basis ermittelt, wie folgt:

$$\nabla KB = \nabla\frac{T}{2} - \frac{1}{2}\nabla\left(1 - \frac{\nabla}{AT}\right)\frac{ED}{3} + \frac{1}{2}\nabla\left(1 - \frac{\nabla}{AT}\right)\left(T - \frac{EC}{3}\right)$$

$$= \nabla\frac{T}{2} + \frac{\nabla}{2}\left(1 - \frac{\nabla}{AT}\right)\frac{2T}{3}$$

Daher gilt:

$$\frac{KB}{T} = \frac{1}{2} + \frac{1}{3}\left(1 - \frac{\nabla}{AT}\right) = \frac{1}{3}\left[2,5 - \frac{\nabla}{AT}\right]$$

Aber:

$$\frac{\nabla}{AT} = \frac{LBTC_B}{LBC_WT} = \frac{C_B}{C_W}$$

und somit:

$$\frac{KB}{T} = \frac{1}{3}\left[2,5 - \frac{C_B}{C_W}\right]. \qquad (6)$$

Daher ist Gl. 6 die sogenannte **Morrish-Formel** zur Schätzung von KB.

Beachten Sie, dass die Morrish-Formel ursprünglich in Bezug auf die Entfernung von B unterhalb der Wasserlinie konzipiert wurde, für die gilt:

$$\frac{OB}{T} = 1 - \frac{KB}{T} = \frac{1}{3}\left[0,5 + \frac{C_B}{C_W}\right].$$

Diese Formeln liegen normalerweise innerhalb von 1 oder 2 % des korrekten Ergebnisses für normale Rumpfformen.

5 Schätzung von BM_T nach Munro-Smith

Wie bereits früher in Kap. 5 betrachtet, beträgt für eine einfache Wasserlinienebenenkurve der Form

$$y = \frac{B}{2}\left(1 - \left(\frac{2x}{L}\right)^n\right)$$

die Schwimmfläche

$$A = L\,B\left(1 - \frac{1}{n+1}\right) = L\,B\,C_W.$$

Daher gilt:

$$n + 1 = \frac{1}{1 - C_W}$$

Das transversale zweite Flächenmoment ist

$$J_T = \frac{L\,B^3}{12}\left[1 - \frac{3}{n+1} + \frac{3}{2n+1} - \frac{1}{3n+1}\right].$$

Nun gelten

$$2n + 1 = 2(n+1) - 1 = \frac{2}{1 - C_W} - 1 = \frac{1 + C_W}{1 - C_W}$$

und

$$3n + 1 = 3(n+1) - 2 = \frac{1 + 2C_W}{1 - C_W}.$$

Daher folgt:

$$J_T = \frac{L\,B^3}{12}\left[1 - 3(1 - C_W) + \frac{3(1 - C_W)}{1 + C_W} - \frac{(1 - C_W)}{1 + 2C_W}\right]$$

$$J_T = \frac{L\,B^3}{12}\left[3C_W - 2 + (1 - C_W)\frac{(2 + 5C_W)}{(1 + C_W)(1 + 2C_W)}\right]$$

$$J_T = \frac{L\,B^3}{12}\frac{(3C_W - 2)(1 + 3C_W + 2C_W^2) + (2 + 3C_W - 5C_W^2)}{(1 + C_W)(1 + 2C_W)}$$

$$J_T = \frac{L\,B^3}{12}\frac{6C_W^3}{(1 + C_W)(1 + 2C_W)}$$

$$BM_T = \frac{J_T}{\nabla} = \frac{J_T}{L\,B\,T\,C_B} = \frac{B^2}{T}\,\frac{C_W^3}{2\,C_B\,(1+C_W)\,(1+2\,C_W)} \qquad (7)$$

Gl. 7 ist die sogenannte **Munro-Smith**-Formel zur Schätzung von BM_T.

Der Vorteil dieser Formel und der Formel von Morrish ist, dass recht gute Schätzungen von BM_T und KB gemacht werden können, sogar bevor ein vollständiger Linienplan gezeichnet ist, solange geeignete Werte des Blockkoeffizienten (C_B) und des Schwimmflächenkoeffizienten (C_W) verfügbar sind. In einer späteren Phase des Designs werden genauere Werte durch numerische Integration (z. B. Simpson'sche Regeln) aus dem Linienplan ermittelt, wie in Kap. 6 illustriert.

6 Anfangsschätzung der Konstruktionsbreite des Schiffs

Die Höhe des transversalen Metazentrums über dem Kiel hängt eng mit der Wahl der Schiffsbreite zusammen. In der Anfangsphase des Schiffsdesigns basiert die Wahl der Breite auf einer Wahl von GM_T, von dem angenommen wird, dass er eine ausreichende transversale Stabilität bietet.

Als Beispiel betrachten Sie eine Autofähre, für die Überlegungen zu wahrscheinlichen Werten von KG und GM_T nahelegen, dass $KM_T = 11{,}5\,\text{m}$ ein geeigneter Wert ist, unter der Annahme der folgenden Einzelheiten:

$$\nabla = 12.360\,\text{m}^3, LBP = 150\,\text{m}, C_B = 0{,}576, C_W = 0{,}737$$

Breite und Tiefgang müssen geschätzt werden.

$$B\,T = \frac{\nabla}{L\,C_B} = \frac{12.360}{150 \times 0{,}576} = 143{,}1\,\text{m}^2.$$

Unter Verwendung der Morrish-Formel, d.h. Gl. (6) erhält man:

$$\frac{KB}{T} = \frac{1}{3}\left(2{,}5 - \frac{0{,}576}{0{,}737}\right) = 0{,}573$$

Unter Verwendung der Munro-Smith-Formel, d. h. Gl. (7) ergibt sich:

$$BM_T = \frac{B^2}{T}\,\frac{0{,}737^3}{2 \times 0{,}576\,(1+0{,}737)(1+2\,\,0{,}737)}$$

$$BM_T = 0{,}08086\,\frac{B^2}{T}$$

Die folgende Tab. 1 kann erstellt werden, indem geeignete Testwerte für die Breite B ausgewählt werden. Der Begriff geeignet bezieht sich auf die Auswahl von Werten für B, die relativ nahe an der endgültigen Antwort liegen. Andernfalls könnte die Tabelle unnötig lang werden (Tab. 1).

Tab. 1 Schätzung der Konstruktionsbreite durch Versuch und Irrtum

Test B (m)	entsprechendes T (m)	KB (m)	BM_T (m)	KM_T (m)
22,0	6,51	3,73	6,20	9,93
24,0	5,96	3,42	8,05	11,47
26,0	5,50	3,15	10,24	13,39

Offensichtlich sind B = 24,0 m und T = 5,96 m geeignete Werte, da das entsprechende KM_T sehr nahe am erforderlichen Wert liegt. In anderen Fällen kann eine weitere Iteration zwischen zwei Versuchswerten notwendig sein. Bitte beachten Sie, dass es einen weiteren Satz von Balken- und Tiefgangswerten gibt, die ebenfalls die oben genannten Anforderungen erfüllen. Der entsprechende Tiefgang ist jedoch recht groß und daher möglicherweise unpraktisch.

Können Sie diesen anderen Satz von Werten finden?

7 Verluste der Querstabilität – *Virtuelle*Schwerpunktprobleme

Es gibt eine Reihe von Umständen, die die Querstabilität eines schwimmenden Körpers verringern. Alle können durch die Berechnung einer virtuellen Änderung des Körper-*KG* und dem daraus folgendem virtuellen Verlust von GM_T analysiert werden. Der Körper wird instabil, wenn dieser virtuelle Verlust den anfänglichen GM_T-Wert übersteigt. Drei typische Probleme sind:

1. die Auswirkung von frei schwingenden Gewichten,
2. die Auswirkung von freien Flüssigkeitsoberflächen in Tankräumen,
3. der Verlust der Stabilität durch Docken oder Grundberührung.

7.1 Aufgehängte Gewichte

Wenn ein aufgehängtes Gewicht w frei an einem Draht schwingen kann (siehe Abb. 11), dann wird das Gewicht bei allen Neigungswinkeln entlang einer Linie vom Aufhängepunkt G_2 ausgehenden Drahts wirken. G_2 wird zum **virtuellen Schwerpunkt** des Gewichts. Das Anheben seines Schwerpunkts von seiner ursprünglichen, wahren Position bei G_1 zu seiner virtuellen Position G_2 wird effektiv den gesamten Schiffs-*KG* erhöhen und daher GM_T reduzieren.

Offensichtlich ist

$$\delta KG = \frac{w \; G_1 G_2}{\Delta}$$

der effektive Verlust an GM_T.

Bei einem Gewicht, das an einem Ladebaum aufgehängt ist, befindet sich der Aufhängepunkt bei A, wenn der Ladebaum durch geeignete **Abspannseile**

7 Verluste der Querstabilität – *Virtuelle*Schwerpunktprobleme

Abb. 11 Gewichte, die an einem Kran aufgehängt sind

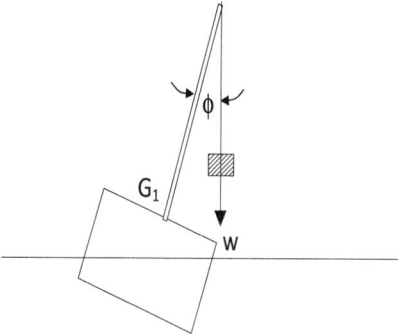

Abb. 12 Ein Ladebaum unter Kontrolle von Balkensperren oder Niederholern

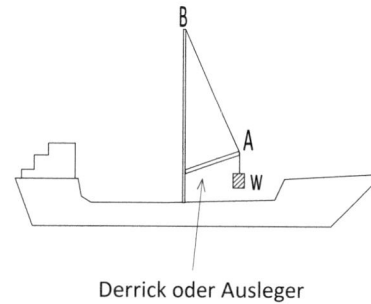

Derrick oder Ausleger

(engl. *guys*) oder Niederholer (engl. *vangs*) am Schwingen gehindert wird, und bei B, wenn die gesamte Baugruppe frei schwingen kann (siehe Abb. 12).

Beachten Sie, dass der vollständige Stabilitätsverlust in dem Moment eintritt, in dem das Gewicht von seiner Lagerung gehoben wird und frei schwingen kann. Wenn ein Frachtstück mit einem Ladebaum, dessen Bewegung vollständig kontrolliert ist, über die Seite geschwenkt wird, wird der erzeugte Neigungswinkel wie folgt ermittelt (siehe Abb. 13)

Abb. 13 Ladebaum unter vollständiger Kontrolle

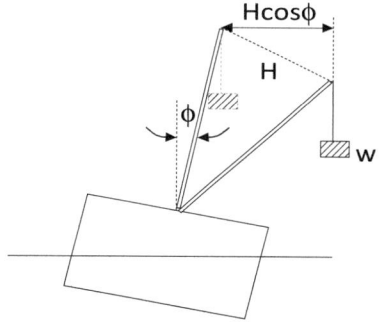

$$tan\varphi = \frac{wH}{\Delta\, GM'_T}$$

wobei GM'_T die effektive Quer-GM_T mit dem virtuellen CG der Fracht ist, die zum Aufhängepunkt gehoben wird, vorausgesetzt, das Schiff ist aufrecht, bevor die Fracht bewegt wird.

7.2 Freie Flüssigkeitsoberflächen

Wenn eine Flüssigkeit in einem Tank eine freie Oberfläche hat und frei fließen kann, sobald sich das Gefäß neigt, dann wird sich der Schwerpunkt der Flüssigkeit bewegen, wenn die Flüssigkeit fließt, sagen wir von G_o (aufrecht) zu G_1 (geneigt), wie in Abb. 14 gezeigt. Die Wirkungslinien des Flüssigkeitsgewichts aufrecht durch G_0 und geneigt durch G_1 werden sich in G_2 schneiden. Somit wird der Schwerpunkt der Flüssigkeit effektiv von seiner wahren Anfangsposition G_o zu einer virtuellen Position G_2 erhöht. Dies wird effektiv den gesamten Schiff-KG erhöhen und daher das effektive GM_T reduzieren. Es gibt eine deutliche Analogie zwischen der Übertragung von Auftriebskeilen, der Querbewegung des Auftriebszentrums und BM_T, diskutiert in Abschn. 5.8, und der oben genannten Verschiebung von Flüssigkeit beim Neigen, was zu einer Analogie zwischen BM_T und G_oG_2 führt.

Daher gilt:

$$G_o\, G_2 = \frac{j_T}{\nabla_1}$$

wobei j_T das transversale zweite Flächenmoment der flüssigkeitsfreien Oberfläche und ∇_1 das Volumen der Flüssigkeit im Tank ist. Die effektive Zunahme des Massenmoments über der Basis ist

$$\Delta\; \delta KG = \rho_L\; \nabla_1\; G_o\, G_2 = \rho_L\, j_T$$

$$\delta KG = \frac{\rho_L\, j_T}{\Delta} = \frac{\rho_L\, j_T}{\rho_s\, \nabla} \qquad (8)$$

wobei ρ_L = Dichte der Flüssigkeit im Tank und ρ_s = Dichte des Wassers, in dem das Schiff schwimmt (normalerweise Salzwasser), ist.

Abb. 14 Effekte der freien Oberfläche

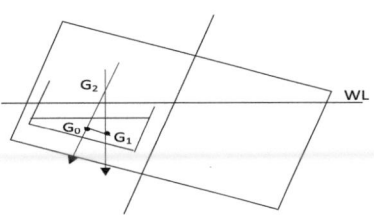

Abb. 15 Reduzierung der freien Oberfläche in einem vertikalen Trichter

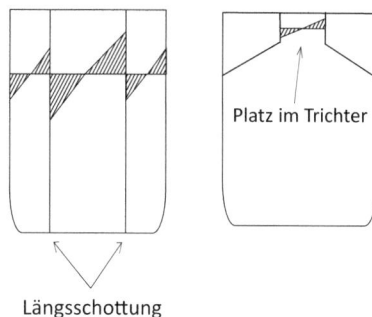

Abb. 16 Längsunterteilung in Frachttanks

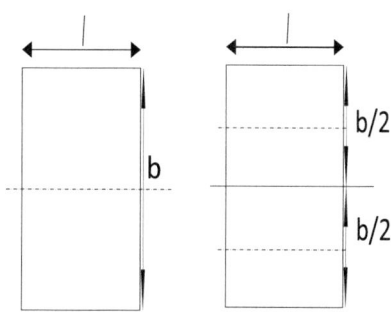

Beachten Sie, dass j_T um eine Längs- und Querachse durch den Schwerpunkt der flüssigkeitsfreien Oberfläche gemessen wird. Die tatsächliche Position des Tanks im Schiff ist nicht wichtig. Es können mehrere Tanks im Schiff vorhanden sein, die potenziell freie Oberflächen haben. Die Effekte sind natürlich kumulativ. Große Tanks werden häufig längs durch flüssigkeitsdichte Schotten geteilt, um die Verluste durch freie Oberflächen zu reduzieren (siehe Abb. 15). Frachttanks in Schiffen, die chemische Produkte transportieren, können mit Trichterräumen ausgestattet sein, um das gleiche Ergebnis zu erzielen (siehe Abb. 15). Die Reduzierung der Zunahme von KG (oder Abnahme von GM_T) wird durch die Verringerung von j_T erreicht. Zum Beispiel gilt in einem ungeteilten Tank, mit rechteckiger freier Oberfläche (siehe Abb. 16):

$$j_T = \frac{lb^3}{12}$$

während im gleichen Tank mit einer zentralen Teilung

$$j_T = \frac{1}{12} l \left(\frac{b}{2}\right)^3$$

pro Tank gilt, was zu einem Gesamtwert

$$2 \frac{1}{12} l \left(\frac{b}{2}\right)^3 = \frac{1}{4} \frac{l\,b^3}{12}$$

für j_T führt.

Daher wird bei einer rechteckigen freien Oberfläche ein einzelnes zentrales Schott den Verlust durch freie Oberflächen auf 25 % des Verlustes für einen ungeteilten Tank reduzieren. Eine Dreiteilung des Tankraums reduziert den Verlust weiter.

Um Verluste durch freie Oberflächen in U-Boot-Treibstofftanks zu reduzieren, werden die Tanks mit Meerwasser aufgefüllt, während der Treibstoff verbraucht wird. Der Ölkraftstoff (OF) schwimmt auf dem Meerwasser (SW). Der Treibstoff für die Motoren wird natürlich von oben aus dem Tank entnommen. Die Grenzfläche zwischen Treibstoff und Wasser bleibt eben, wenn das Schiff krängt. Die Bewegung von Treibstoff und Wasser ist so, dass der virtuelle CG des Treibstoffs auf G_{OF} abgesenkt und der des Meerwassers auf G_{SW} angehoben wird (siehe Abb. 17). Die Nettoauswirkung ist ein virtueller Anstieg des U-Boot-KG, gegeben durch

$$\delta KG = \left(\frac{\rho_w}{\rho_s} - \frac{\rho_{of}}{\rho_s}\right) \frac{j_T}{\nabla}$$

wobei ρ_{of} = Treibstoffdichte, ρ_w = Wasserdichte im Tank und ρ_s = Wasserdichte außerhalb des U-Boots.

Beachten Sie jedoch, dass das Salzwasser (SW), das über einen Zeitraum an Bord genommen wird, möglicherweise nicht die gleiche Dichte wie das Wasser hat, das sich zu einem bestimmten Zeitpunkt außerhalb des U-Boots befindet.

Folgendes sollte beachtet werden:

1. Bei der Berechnung des Verlusts an freier Oberfläche wird normalerweise davon ausgegangen, dass die freie Oberfläche die volle Breite des Tanks einnimmt. Wenn der Tank fast leer (wie in Abb. 18a gezeigt) oder fast voll (wie in Abb. 18b gezeigt) ist, kann der volle Verlust nur für kleine Krängungswinkel gelten.

Abb. 17 Änderung von G, wenn Ölkraftstoff in den Treibstofftanks durch Meerwasser ersetzt wird

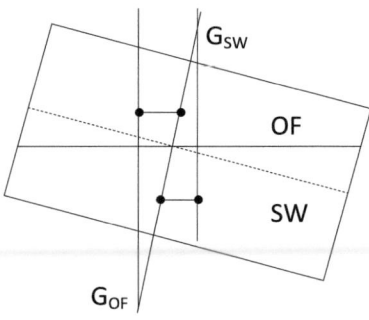

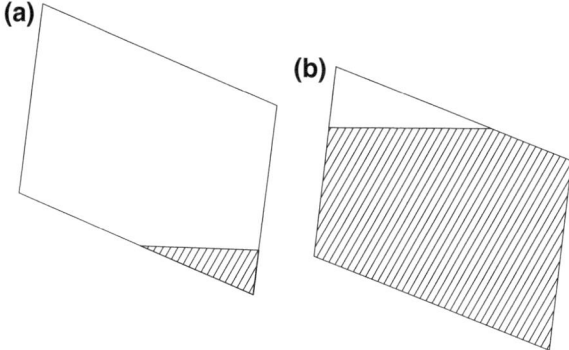

Abb. 18 Freie Oberflächenverluste in teilweise gefüllten Tanks

2. Die Auswirkungen von Wellen, die im Tank durch Schiffsbewegungen bei rauem Wetter erzeugt werden, führen zu dynamischen Effekten, die normalerweise dazu dienen, die Rollbewegung zu reduzieren. Dies ist für das Schiff vorteilhaft, sodass das Vorhandensein einer freien Oberfläche nicht schädlich ist, es sei denn, es reduziert das effektive GM_T unter ein Mindestsicherheitsniveau.

7.3 Stabilitätsverluste durch Grundberührung oder Docken

Wenn ein Schiff in einem Trockendock anlegt, wird es auf den Dockblöcken aufsetzen, sobald der Wasserspiegel im Dock genügend fällt. Der Unterschied zwischen der verfügbaren Auftriebskraft auf dem aktuellen Wasserstand und dem Schiffsgewicht manifestiert sich als Reaktionslast zwischen dem Schiff und den Kielblöcken. Ein unbeabsichtigtes Auflaufen auf einen Felsen hat das gleiche Ergebnis. Dies wird in Abb. 19 veranschaulicht, wobei

Δ_0 = anfängliche freie Schwimmverdrängung vor der Grundberührung,
Δ_1 = Verdrängung bei aktuellem Tiefgang/Trimm,
M = Quermetazentrum bei aktuellem Tiefgang und Trimm,
$P = \Delta_0 - \Delta_1$ = Grundlast am Kiel.

Abb. 19 Stabilitätsverlust durch Grundberührung oder Docken

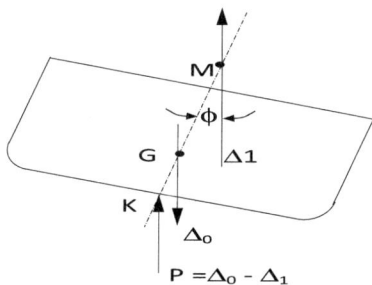

Wenn man die Momente um G nimmt, ist das aufrichtende Moment bei einem kleinen Kippwinkel φ gegeben durch

$$\Delta_1 GM \sin(\varphi) - PKG \sin(\varphi).$$

Dieses Moment kann in Bezug auf eine effektive GM_T ausgedrückt werden, die entweder auf der aktuellen Verdrängung Δ_1 basiert, wie

$$\Delta_1 GM_1 \sin(\varphi)$$

wobei

$$GM_1 = GM - \frac{PKG}{\Delta_1}$$

oder alternativ, basierend auf der ursprünglichen Verdrängung Δ_o, wie

$$\Delta_0 GM_0 \sin(\varphi).$$

Dies wird erreicht, indem das aufrichtende Moment umgeschrieben wird als

$$(\Delta_0 - P)GM \sin(\varphi) - PKG \sin(\varphi) = \Delta_0 GM \sin(\varphi) - PKM \sin(\varphi),$$

das führt zu:

$$GM_0 = GM - \frac{PKM}{\Delta_o}$$

Auf jeden Fall reduziert die Kielbelastung das effektive GM des Schiffs, das instabil wird, wenn GM_1 oder GM_o unter null fällt.

Dockstützen müssen vorhanden sein, um das Schiff zu stützen, solange das Schiff stabil bleibt (siehe Abb. 20). Dies kann wichtig sein, wenn ein Schiff mit starkem Hecktrimm in das Dock einfährt, da die endgültigen Stützen erst platziert werden können, wenn der Kiel entlang der Blöcke aufsetzt.

Abb. 20 Stützen, die im Trockendock verwendet werden

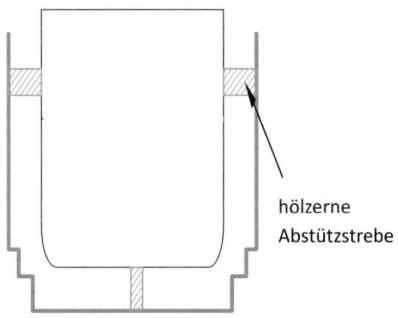

hölzerne Abstützstrebe

8 Zusammenfassung

1. Krängungs- und Aufrichtmomente (für kleine Winkel) wurden definiert; das aufrichtende Rollmoment GZ (für kleine Krängungswinkel) wurde definiert.
2. Die Berechnung von $GM_T = KB + BM_T - KG$, die vertikale Entfernung des transversalen Metazentrums über dem Schwerpunkt, wurde gezeigt.
3. Die Stabilität eines homogenen, soliden quadratischen Balkens wurde diskutiert.
4. Die Formeln von Morrish und Munro-Smith zur Schätzung von KB und BM_T wurden abgeleitet und ihre Verwendung im vorläufigen Design veranschaulicht.
5. Verschiedene Faktoren, die GM_T negativ beeinflussen, wurden diskutiert:
   a) Hängende Gewichte reduzieren GM_T.
   b) Eine freie Flüssigkeitsoberfläche in Tanks reduziert GM_T und ist einer der wichtigsten Faktoren, die zum Verlust von GM_T beitragen.
   c) Grundberührung und Docken reduzieren GM_T

Wandseitenformel und ihre Anwendungen   9

Zusammenfassung

Bisher wurde die Querstabilität nur für Kippwinkel bis zu, sagen wir 5°–7° in Betracht gezogen, für die vernünftigerweise angenommen werden kann, dass die Auftriebslinie durch den Quermetazentrum M_T wirkt. In diesem Abschnitt werden einfache Formeln betrachtet, die für jeden Krängungswinkel gelten, in dem die Abschnitte nahe der Wasserlinie fast senkrecht bleiben.

Bisher wurde die Querstabilität nur für Krängungswinkel bis zu etwa 5°–7° in Betracht gezogen, für die vernünftigerweise angenommen werden kann, dass die Auftriebslinie durch das Quermetazentrum M_T wirkt.

Bevor wir zur allgemeinen Behandlung der Stabilität bei großen Winkeln übergehen, lohnt es sich, eine einfache Formel zu betrachten, die für jeden Krängungswinkelbereich gültig ist, in dem die Abschnitte nahe der Wasserlinie senkrecht oder fast senkrecht bleiben. In vielen Fällen ist eine solche Formel bis zum Punkt, an dem die Deckkante eintaucht, vernünftig genau. Die **Wandseitenformel** berücksichtigt die Bewegung des Auftriebsschwerpunkts parallel zur Mittellinie sowie parallel zur Wasserlinie im aufrechten Fall.

1   Wandseitenformel

Betrachten Sie einen **Schnitt** des Schiffs zwischen x und $x + \delta x$, dessen Abschnitt in Abb. 1 skizziert ist,
   wo
   $W_o L_o$ = aufrechte Wasserlinie,
   $W_1 L_1$ = gekrängte Wasserlinie,
   φ = Krängungswinkel,

Abb. 1 Gekrängter Schiffsschnitt für die Wandseitenberechnung

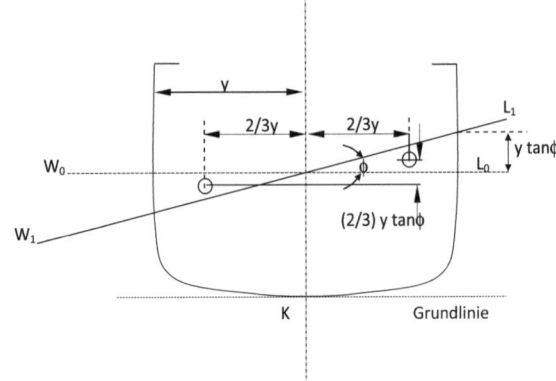

$\oplus$ = Schwerpunkte der eintauchenden und auftauchenden Keile,
y = Wasserlinienhalbbreite.

Wenn das Schiff krängt, beträgt das Volumen der eintauchenden und auftauchenden Keile $= \delta\nabla = 0{,}5y^2 \tan\varphi\, \delta x$.

Aufgrund der Volumenübertragung von der auf- zur untertauchenden Seite gibt es eine elementare Änderung des Volumenmoments um die Mittellinie gegeben durch:

$$\delta M_H = \frac{4}{3} y\, \delta\nabla = \frac{2}{3} y^3\, \delta x\, \tan\varphi.$$

Analog führt die Bewegung von $\delta\nabla$ weg von der Basislinie zu einer Änderung des Volumenmoments über dem Kiel, gegeben durch,

$$\delta M_V = \frac{2}{3} y\, \tan\varphi\, \delta\nabla = \frac{1}{2}\frac{2}{3} y^3\, \delta x\, \tan^2\varphi.$$

Diese elementaren Änderungen des Moments können entlang der Schiffslänge integriert werden, sodass sich die gesamten Momentenänderungen für das ganze Schiff ergeben:

$$M_H = \frac{2}{3} \int_{x_A}^{x_F} y^3\, dx\, \tan\varphi$$

und

$$M_V = \frac{1}{2}\frac{2}{3} \int_{x_A}^{x_F} y^3\, dx\, \tan^2\varphi$$

oder, da

$$J_T = \frac{2}{3} \int_{x_A}^{x_F} y^3\, dx$$

und

$$BM_T = \frac{J_T}{\nabla}$$

1 Wandseitenformel

folgt daraus, dass

$$M_H = \nabla\, BM_T \tan\varphi \quad \text{und} \quad M_V = \frac{1}{2} \nabla\, BM_T \tan^2\varphi. \tag{1}$$

So bewegt sich der Auftriebsschwerpunkt des Schiffs parallel zur Basislinie von B_o zu B_1 und weg von der Basislinie von B_1 zu B_2, wobei B_o der aufrechte Auftriebsschwerpunkt und B_2 der geneigte ist, wie in Abb. 2 gezeigt. Dementsprechend gilt:

$$M_H = \nabla B_0 B_1 \quad \text{und} \quad M_V = \nabla B_1 B_2 \tag{2}$$

oder beim Vergleich der Gl. (1) und (2)

$$B_0 B_1 = BM_T \tan\varphi \quad \text{und} \quad B_1 B_2 = 0{,}5 BM_T \tan^2\varphi.$$

Diese beiden Bewegungen können nun in einen aufrichtenden Hebelarm GZ zwischen den geneigten Wirkungslinien von Auftrieb und Gewicht übersetzt werden. Geometrisch sieht man aus Abb. 3:

$$B_0 D = B_0 B_1 \cos\varphi$$

$$AB_2 = B_1 B_2 \sin\varphi$$

$$B_0 C = B_0 G \sin\varphi$$

Es gilt:

$$GZ = B_0 D - B_0 C + AB_2$$

sodass:

$$GZ = B_0 B_1 \cos\varphi - B_0 G \sin\varphi + B_1 B_2 \sin\varphi$$

$$GZ = BM_T \sin\varphi - B_0 G \sin\varphi + 0{,}5 BM_T \tan^2\varphi \sin\varphi$$

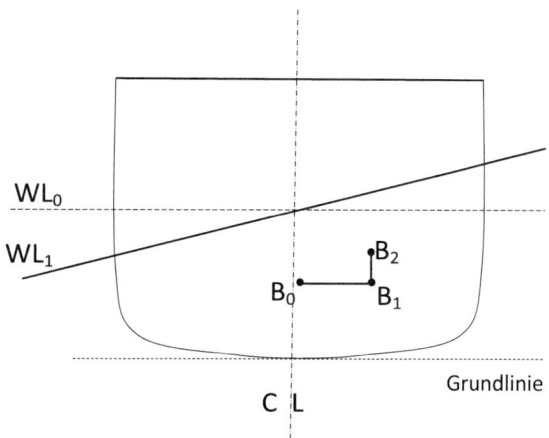

Abb. 2 Berechnung des Auftriebsschwerpunkts für geneigte Schiffsschnitte

Abb. 3 Erklärung der Berechnung der Position von B

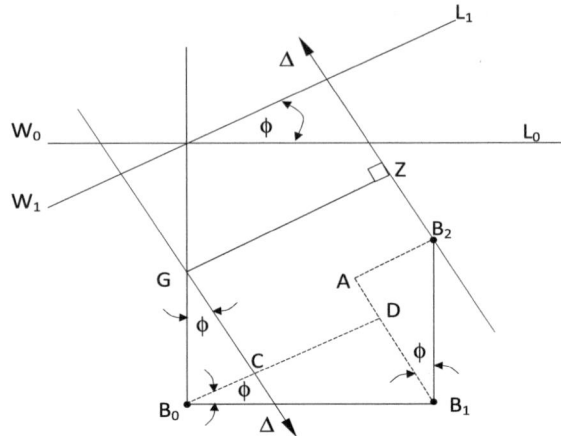

(da $\cos \varphi \tan \varphi = \sin \varphi$).
Da

$$BM_T - B_0 G = GM_T,$$

folgt darüber hinaus

$$GZ = \sin \varphi (GM_T + 0{,}5 BM_T \tan^2 \varphi). \tag{3}$$

Die in Gl. (3) gegebene Formel ist die sogenannte **Wandseitenformel**.

Beachten Sie: Wenn $\tan^2 \varphi$ klein genug ist, reduziert sich die Wandseitenformel auf $GZ = \sin \varphi\, GM_T$, das ist das Ergebnis, das oben für kleine Neigungswinkel erzielt wurde. Dies zeigt tatsächlich den Neigungswinkel, bis zu dem die übliche Anfangsstabilitätsschätzung als gültig betrachtet werden kann. Eine mögliche Grenze wäre beispielsweise so, dass gilt:

$$0{,}5\, BM_T \tan^2 \varphi = 0{,}02\, GM_T$$

für welche die einfachere Formel um 2 % fehlerhaft wäre.

2 Anwendung auf die Querverschiebung von Gewichten

Wenn ein Gewicht w parallel zur Basislinie quer über eine Strecke d (von A nach B) von einer anfänglichen Position, in der das Schiff aufrecht ist, bewegt wird, wird im geneigten Zustand gemäß Gl. (8.2) (siehe Abb. 4) das Gewichtsmoment

$$wd \cos \varphi$$

übertragen, während für das aufrichtende Moment gemäß Gl. (3) gilt:

$$\Delta \sin \varphi (GM_T + 0{,}5 BM_T \tan^2 \varphi)$$

Abb. 4 Bewegung der Masse über den Schiffsschnitt

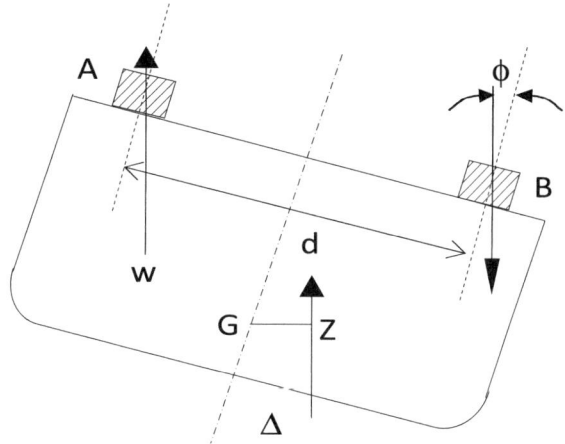

wobei Δ = Gesamtauftrieb einschließlich w und GM_T = effektive GM_T mit w auf der Ebene, auf der der Transfer stattfindet (siehe Abschnitt über virtuelles Schwerpunktzentrum). Daher gilt im Gleichgewichtszustand

$$f(\varphi) = \frac{1}{2} BM_T \tan^3 \varphi + GM_T \tan \varphi = \frac{w\,d}{\Delta}.$$

Dies ist eine kubische Gleichung für $\tan \varphi$, die nur durch Ausprobieren oder durch grafische Darstellung gelöst werden kann.

Beispiel:

$w = 1{,}5\,\text{MN}, \quad \Delta = 120\,\text{MN}, \quad GM_T = 0{,}75\,\text{m}, \quad BM_T = 4{,}0\,\text{m} \quad \text{und} \quad d = 15\,\text{m}.$

Dies führt zu

$$f(\varphi) = 2 \tan^3 \varphi + 0{,}75 \tan \varphi = 0{,}1875. \qquad (4)$$

Ignoriert man den Term mit $\tan^3 \varphi$, dann gibt eine erste Schätzung $\tan \varphi = 0{,}1875/0{,}75 = 0{,}2500$.

Dies kann als geeigneter Startwert für Iterationen verwendet werden, wie in der Tab. 1 gezeigt.

Daher ist $\varphi = \tan^{-1} 0{,}2215 = 12{,}49°$.

3 Lollwinkel

Ein Schiff, bei dem $GM_T > 0$ ist, ist am Anfang instabil und wird nicht aufrecht schwimmt. Es besteht jedoch immer noch die Möglichkeit, dass das Schiff einen kleinen Neigungswinkel annimmt, entweder nach Backbord oder Steuerbord, für den $GZ = 0$. Aus der Wandseitenformel Gl. (3) folgt:

$$GZ = \sin \varphi \left(-|GM|_T + \frac{1}{2} BM_T \tan^2 \varphi \right)$$

Tab. 1 Schätzung des Neigungswinkels mit Gl. (4)

$\tan \varphi$	0,2500	0,2000	0,2200	0,2215
$f(\varphi)$	0,2188	0,1660	0,1863	0,1879
Kommentar	Zu groß	Zu klein		Nahe genug

und es ist $GZ = 0$, wenn

1. $\sin \varphi = 0$, i.e. $\varphi = 0$

oder

2. $-|GM_T| + \frac{1}{2} BM_T \tan^2 \varphi = 0$

und

$$\tan \phi = \pm \sqrt{\frac{2|GM_T|}{BM_T}}.$$

Die Kurve der Aufrichtungshebel GZ gegen den Neigungswinkel φ hat tatsächlich die in Abb. 5 gezeigte Form für einen kleinen Bereich von Neigungswinkeln.

Die Winkel φ_L für die $GZ = 0$ werden **Lollwinkel** (engl. *angles of loll*) genannt. Wenn $\varphi_L = 7°$, ist zum Beispiel $GM_T \geq -0{,}5 \, BM_T \tan^2 7° = -0{,}0075 \, BM_T$.

Offensichtlich können nur kleine Beträge von negativem GM_T toleriert werden. Es war einst nicht ungewöhnlich, dass Schiffe mit einer Ladung Holz an Deck in einem solchen Zustand auf See gingen.

Abb. 5 Lollwinkel

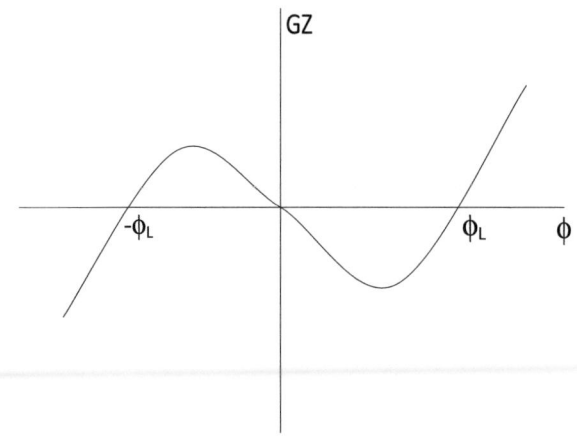

4 Zusammenfassung

1. Die Wandseitenformel kann verwendet werden, um den Aufrichtungshebel GZ bei jedem Neigungswinkel zu berechnen, bei dem angenommen werden kann, dass nur die Wandseite eintaucht, d. h. ein- und auftauchende Teile sind dreieckige Keile gleichen Volumens für alle Abschnitte entlang des Schiffs.
2. Die Wandseitenformel wurde abgeleitet und erklärt.
3. Lollwinkel wurden definiert.

Großwinkelstabilität 10

> **Zusammenfassung**
>
> Die hydrostatische Stabilität eines Schiffs bei großen Kippwinkeln, möglicherweise bis zu einer vollständigen Umkehrung bei $\varphi = 180$, wird normalerweise durch eine Kurve der aufrichtenden Hebel (*GZ*) als Funktion des Kippwinkels φ beschrieben. In diesem Kapitel werden Einflüsse verschiedener Parameter auf GZ diskutiert, eine Berechnungsmethode der Veränderung von GZ mit dem Kippwinkel erklärt, die dynamische Stabilität eingeführt und verschiedene Kriterien für die GZ-Kurve aufgelistet.

1 Die Aufrichtehebel-GZ-Kurve

Die hydrostatische Stabilität eines Schiffs bei großen Krängungswinkeln, möglicherweise bis zu einer vollständigen Umkehrung bei $\varphi = 180$, wird normalerweise durch eine Kurve der Aufrichtehebel (*GZ*) als Funktion des Krängungswinkels φ beschrieben.

Das Aufrichtemoment bei jedem Krängungswinkel ist (siehe Abb. 1)

$$M = \Delta\, GZ.$$

Dies muss alle Momente ausgleichen, die auf das Schiff wirken, um es zu krängen, etwa bei Gewichtsverlagerung, Windbelastung, Eiswirkung, Geschützfeuer usw.

Eine typische *GZ*-Kurve hat die folgenden Eigenschaften, wie in Abb. 2 gezeigt: Die Kurve ist natürlich **anti-symmetrisch** in dem Sinne, dass $GZ(-\varphi) = -GZ(\varphi)$. Allerdings wird normalerweise nur eine Hälfte der vollständigen Kurve gezeichnet.

Abb. 1 Aufrichtemomente auf geneigtem Schiff

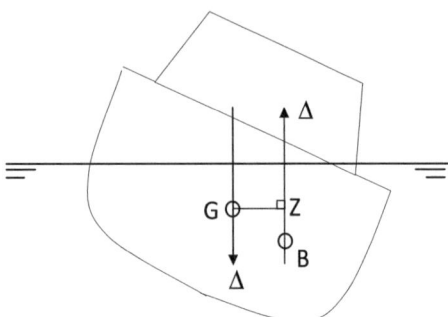

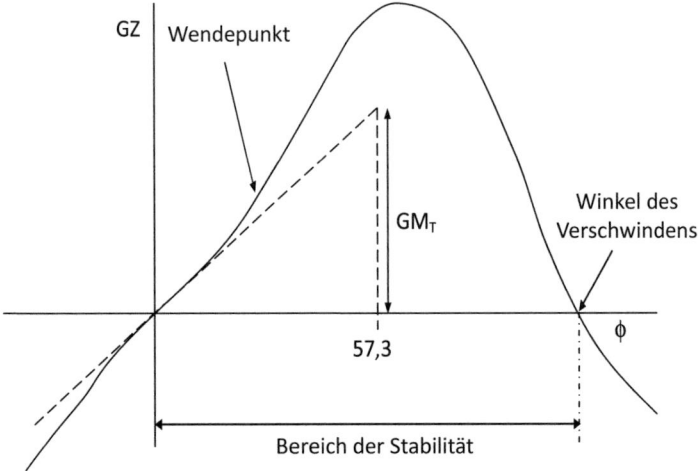

Abb. 2 Aufrichtemomentkurve

1. Die Steigung der GZ-Kurve bei $\varphi = 0$ steht in Beziehung zu GM_T, da $GZ = GM_T \sin\varphi = GM_T\,\varphi\;(rad)$; d. h. die Tangente bei $\varphi = 0$ erreicht GM_T bei 1 Radiant $(57,3°)$.
2. Die GZ-Kurve krümmt sich aufgrund des Terms

$$\frac{1}{2} BM_T \tan^2\varphi\ \sin\varphi$$

   in der Wandseitenformel, nach oben.
3. Die Kurve hat einen Wendepunkt ungefähr bei dem Winkel, bei dem die Deckkante eintaucht.
4. Der Stabilitätsbereich kann bei einer flachen Barke so niedrig wie 20° sein, ist typischerweise 50°–80° für die meisten mechanisch angetriebenen Schiffe und 130°–160° für Segelschiffe (außer Katamarane). Wenn das Schiff vollständig selbstaufrichtend ist, muss der Bereich bis zu 180° reichen.

2 Faktoren, die die GZ-Kurve beeinflussen

2.1 Höhe des Schwerpunkts

Wenn die Höhe des Schwerpunkts von G_1 auf G_2 erhöht wird (siehe Abb. 3), reduziert dies GZ um genau diesen Betrag:

$$\delta GZ = G_1 G_2 \sin \varphi \tag{1}$$

Da diese Änderung so einfach zu berechnen ist, ist es üblich, GZ für einen Standard-Schwerpunkt zu berechnen und dann Korrekturen für Änderungen des Schwerpunkts vorzunehmen, die unter verschiedenen Beladungszuständen des Schiffs auftreten, unter Verwendung der obigen Formel. Beachten Sie, dass der Verlust des Aufrichtemoments durch Anheben des Schwerpunkts, wie in Abb. 4 gezeigt, am größten bei $\varphi = 90°$ ist und alle Kippwinkel bis zu $180°$ betrifft. Offensichtlich reduziert die Verringerung von GM_T die anfängliche Steigung der Kurve. Wenn die Verschiebung nach oben groß genug ist, wird das Schiff instabil, und es entsteht ein Lollwinkel (siehe Abb. 4).

2.2 Erhöhung der Deckbreite

Die Erhöhung der Deckbreite erhöht J_T, da J_T proportional zu B^3 (Breite an der Wasserlinie) und daher auch GM_T erhöht. Daher vergrößert die Erhöhung der Deckbreite GZ, sowohl in Bezug auf die anfängliche Steigung als auch auf den maximalen Wert. Die Erhöhung des Stabilitätsbereichs ist möglicherweise nicht zu dramatisch, da die Freibordhöhe und die Konfiguration der Aufbauten den größten Einfluss darauf haben (siehe Abb. 5).

Abb. 3 Auswirkungen der Erhöhung von G auf GZ

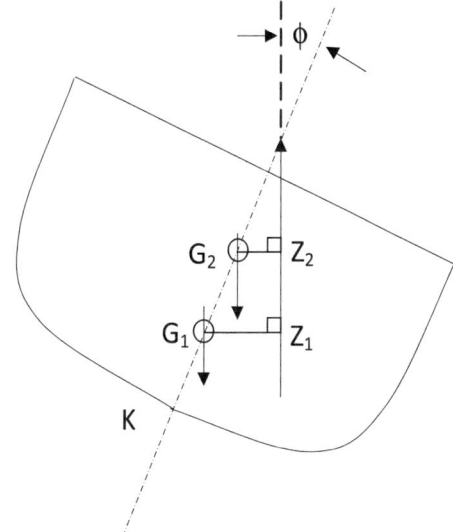

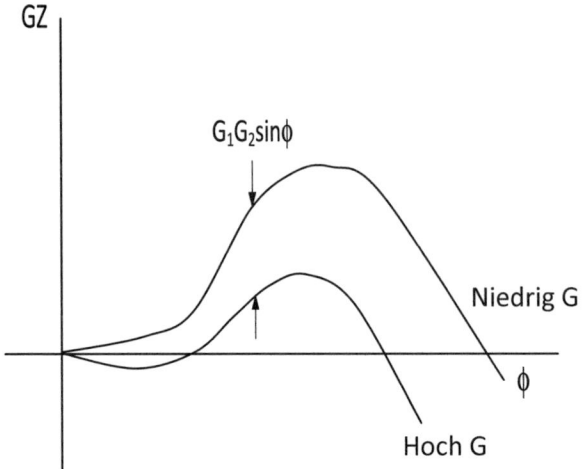

Abb. 4 Auswirkung der Position von G auf die GZ-Kurve

Abb. 5 Erhöhung der Deckbreite und ihre Auswirkung auf GZ

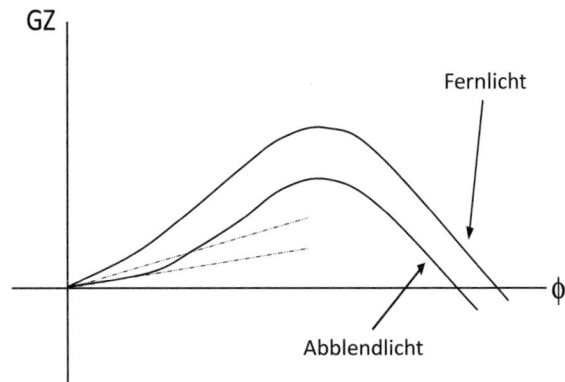

2.3 Erhöhung des Freibords

Die Erhöhung des Freibords (siehe Abb. 6) hat keinen Einfluss auf GZ bis zu dem Punkt, an dem die Deckkante der tiefsten Freibordstelle eintaucht (siehe Abb. 7). Jenseits dieses Punktes ist zusätzliches Freibord sowohl zur Erhöhung des maximalen GZ als auch zur Erweiterung des Stabilitätsbereichs sehr vorteilhaft.

2.4 Wasserdichter Aufbau

Ein wasserdichter und **geschlossener** Aufbau, der weniger als die volle Deckbreite einnimmt, bietet den gleichen Vorteil wie zusätzlicher Freibord, sobald der Überbau einzutauchen beginnt (siehe Abb. 8). Dies kann erst nach dem maximalen GZ

2 Faktoren, die die GZ-Kurve beeinflussen

Abb. 6 Erhöhung des Freibords

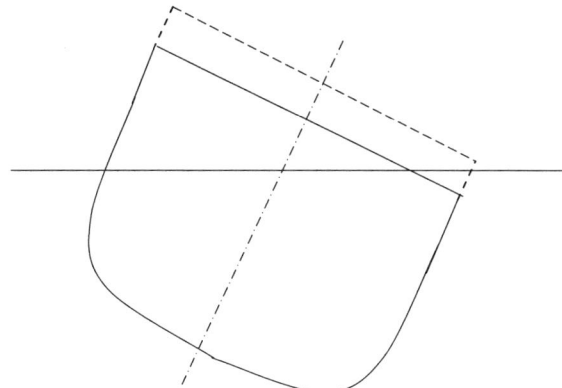

Abb. 7 Auswirkung der Erhöhung des Freibords auf *GZ*

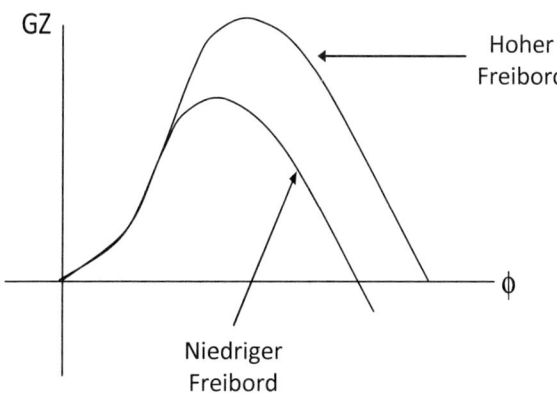

Abb. 8 Gekrängter Schiffsschnitt

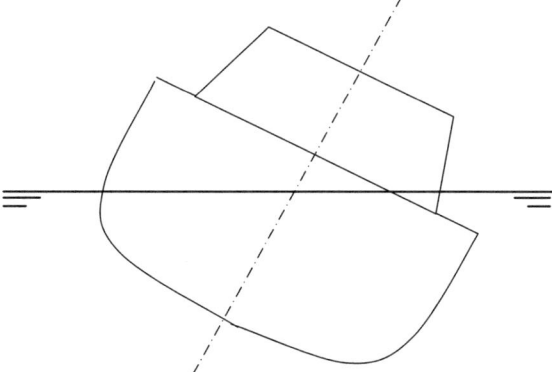

Abb. 9 Stabilitätskurve mit/ ohne integriertem Überbau

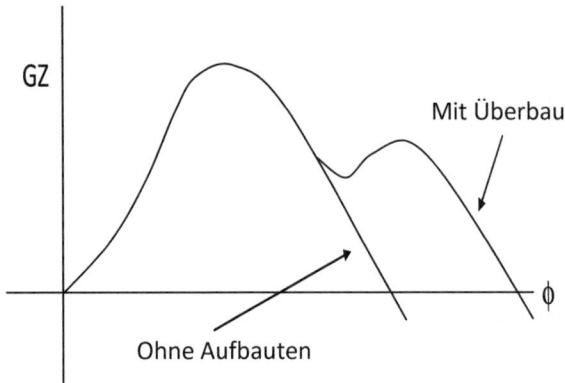

für den Rumpf allein auftreten. Die Hinzufügung eines geeigneten Überbaus kann einen sehr vorteilhaften Effekt auf den Stabilitätsbereich haben, ohne dass der maximale Wert von GZ zu groß wird. Dies kann nützlich sein, weil es die Selbstaufrichtungsfähigkeit verbessert, ohne übermäßige maximale Aufrichtmomente, die dazu führen, dass sich das Schiff zu schnell selbst aufrichtet, was zur Gefahr für Personen und Ausrüstung an Bord werden könnte (siehe Abb. 9).

3 Berechnung von Aufrichthebelkurven

In der Vergangenheit wurden verschiedene mechanische Integratoren verwendet, um Stabilitätsberechnungen zu unterstützen. Ein Planimeter ist ein einfacher Integrator zur Messung von Flächen geschlossener Figuren. Der Amsler-Integrator misst gleichzeitig Flächen und erste Momente der Fläche durch einen ähnlichen Mechanismus. Ohne solche Hilfsmittel wäre eine manuelle Berechnung unvorstellbar langwierig. Moderne Computer haben diese Geräte überflüssig gemacht. Zum Beispiel basieren die Programme, die an der Universität von Southampton verfügbar sind und vom **Wolfson Unit for Marine Technology and Industrial Aerodynamics** (WUMTIA) entwickelt wurden, auf der folgenden Methode:

3.1 Speicherung der Daten von Schnitten

Die Daten von Schnitten werden als (y, z)-Koordinaten gespeichert, die zufällig um jeden Abschnitt auf einem Rumpfplan digitalisiert werden (siehe Abb. 10). Mit einem geeigneten numerischen Integrationsverfahren werden integrierte Werte für jeden Eingabedatenpunkt berechnet:

1. **Halb**-Schittflächen oder BONJEAN-Werte:

$$a(z) = \int_{o}^{z} y \, dz$$

Abb. 10 Digitalisierung des Schiffsschnitts

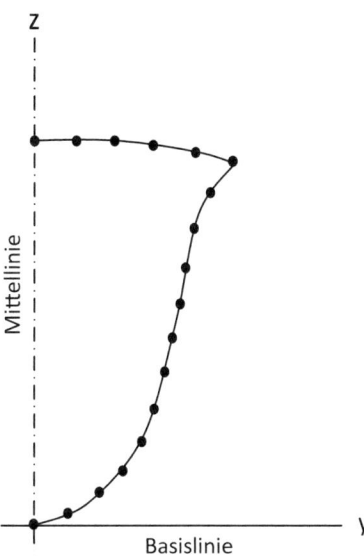

2. 1. Moment des **Halb**-Schnitts über die Mittellinie:

$$M_H(z) = \frac{1}{2}\int_o^z y^2 dz$$

3. 1. Moment der **Halb**-Schnitts über die Basislinie:

$$M_V(z) = \int_o^z y\, z\, dz$$

Diese Werte werden bei der Rumpfdefinition berechnet und gespeichert. M_H wird als **Horizontalmoment** und M_V als **Vertikalmoment** bezeichnet. Die Integration ist eine Anpassung der ersten Regel von Simpson, die für ungleiche Datenabstände geeignet ist.

3.2 Eigenschaften eines vollen Schnitts bei einer Schräglage

Um das Volumen und den Auftriebsschwerpunkt zu berechnen, werden die Koordinaten für die Eigenschaften des geneigten Schiffabschnitts benötigt, die für den eingetauchten Teil jedes Abschnitts benötigt werden.

Mit den gespeicherten Daten für jeden Abschnitt werden die Höhen z_1 und z_2 ermittelt, an denen die angegebene geneigte Wasserlinie den Abschnitt schneidet. Diese werden durch Interpolation gefunden. Sobald die Schnittpunkte festgelegt sind, werden auch die Eigenschaften der halben Abschnitte $[y_1, a_1, m_{H_1}, m_{v_1}]$ bei

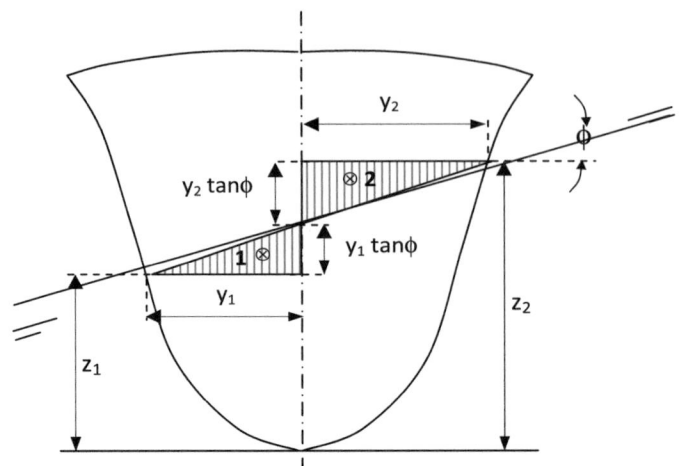

Abb. 11 Berechnung der geneigten Abschnittsdaten aus aufrechten Bonjean-Kurven

z_1 und $[y_2, a_2, m_{H_2}, m_{v_2}]$ bei z_2 interpoliert. In der Abschnittsskizze (dargestellt in Abb. 11) lässt der linke Halbabschnitt bis z_1 Region 1 aus und diese muss hinzugefügt werden. Andererseits beinhaltet der rechte Halbabschnitt Region 2 und diese muss abgezogen werden, um die eingetauchten Abschnittseigenschaften zu ermitteln.

Wenn man die Momente m_H des Abschnitts rechts der Mittellinie als positiv und links als negativ behandelt, sind die gesamten eingetauchten Abschnittseigenschaften:

FLÄCHE $\qquad A = a_2 + a_1 - \dfrac{1}{2} y_2^2 \tan\varphi + \dfrac{1}{2} y_1^2 \tan\varphi$

HORIZ. MOM $\qquad M_H = m_{H2} - m_{H1} - \dfrac{1}{6} y_2^3 \tan\varphi - \dfrac{1}{6} y_1^3 \tan\varphi$

VERTIKAL MOM $\quad M_V = m_{V2} + m_{V1} - \dfrac{1}{2} y_2^2 \tan\varphi \left(z_2 - \dfrac{1}{3} y_2 \tan\varphi\right)$
$\qquad\qquad\qquad\qquad + \dfrac{1}{2} y_1^2 \tan\varphi \left(z_1 + \dfrac{1}{3} y_1 \tan\varphi\right)$

In den Momentausdrücken $(1/3)y_1$ und $(1/3)y_2$ sind die horizontalen Abstände der Schwerpunkte für Keile 1 und 2 jeweils von der Mittellinie. Darüber hinaus sind $(1/3)y_1 \tan\varphi$ und $(1/3)y_2 \tan\varphi$ die vertikalen Abstände der Schwerpunkte für Keile 1 und 2 über dem Niveau z_1 und unter dem Niveau z_2, jeweils. Diese Eigenschaften sind für jeden Abschnitt auf dem Körperplan erforderlich.

3.3 Integrierte Eigenschaften des eingetauchten Volumens

Die Eigenschaften des eingetauchten Abschnitts müssen nun entlang der Schiffslänge integriert werden, unter Verwendung der ersten Regel von Simpson, um das Verdrängungsvolumen ∇, die Entfernung des Auftriebsschwerpunkts $\bar{x}$ (vor und achtern von der Schiffsmitte), $\bar{y}$ (quer zur Mittellinie) und $\bar{z}$ (vertikal über der Basislinie) zu ergeben, und zwar wie folgt:

$$\nabla = \int_{x_A}^{x_F} A\, dx$$

$$\bar{x} = \frac{1}{\nabla} \int_{x_A}^{x_F} A\, x\, dx, \quad \bar{y} = \frac{1}{\nabla} \int_{x_A}^{x_F} M_H\, dx, \quad \bar{z} = \frac{1}{\nabla} \int_{x_A}^{x_F} M_V\, dx.$$

3.4 Die Berechnung von GZ

Wie bei der Wandseitenformel kann GZ nun geometrisch gefunden werden (siehe Abb. 12), wie folgt:

$$GZ = ab + cd$$

$$GZ = Kb + cd - Ka$$

oder:

$$GZ = \bar{y} \cos\varphi + \bar{z} \sin\varphi - KG \sin\varphi,$$

also ist

$$GZ = \bar{y} \cos\varphi + (\bar{z} - KG) \sin\varphi.$$

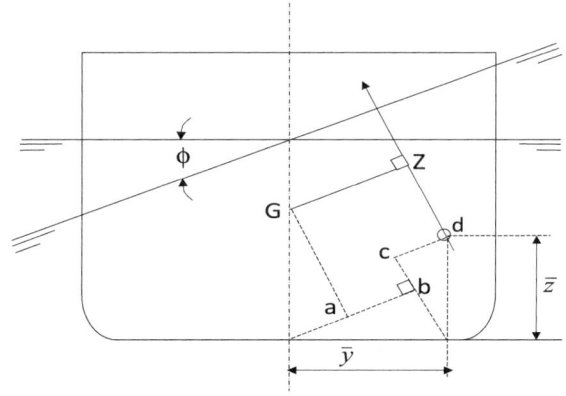

Abb. 12 Detail zur Berechnung des *CG* für geneigte Schiffe

3.5 Schwankender Tiefgang und Trimm

Der Punkt, an dem die geneigte Wasserlinie jeden Abschnitt entlang des Rumpfes schneidet, ist eine Funktion sowohl des mittleren Tiefgangs als auch des Trimmwinkels. Um einen vollständigen Satz von Bedingungen abzudecken, müssen die Berechnungen für eine Reihe von Tiefgängen, eine Reihe von Trimmwinkeln und eine Reihe von Kippwinkeln wiederholt werden. Mehrere hundert Berechnungen können erforderlich sein – deshalb macht man es nicht per Hand!

3.6 Berechnungsmodus für Kreuzkurven

Für Handelsschiffe, die eine breite Palette von Beladungen haben, wird dann ein Satz (oder mehrere Sätze) von **Kreuzkurven der Stabilität** (engl. *crosscurves of stability*) ermittelt. Wenn man zum Beispiel mit dem Stabilitätsprogramm der Wolfson Unit arbeitet, ist es der schnellste Weg, es im **Fixed-Trimm**-Modus über eine Reihe von Tiefgängen und Trimmungen auszuführen und die erhaltene Information zu verwenden, um einen Satz (oder mehrere Sätze) von **Kreuzkurven der Stabilität** zu erstellen.

Ein Satz von Tiefgängen wird für jede Trimmbedingung ausgewählt, zusammen mit einem **ROLLZENTRUM**. Das Schiff wird dann um das Rollzentrum zu einer Reihe von Kippwinkeln (sagen wir jeweils 10°) geneigt, wie in Abb. 13 gezeigt. Direkte Berechnungen von Δ und GZ werden für jede der durch dieses Schema definierten Wasserlinienebenen mit dem bereits beschriebenen Algorithmus durchgeführt.

Ein Satz von Kreuzkurven von GZ gegenüber Δ kann nun in der in Abb. 14 gezeigten Form gezeichnet werden. Die Punkte auf den Kurven entsprechen den ausgewählten Wasserlinienebenen. Die Verdrängung bei jeder Wasserlinienebene hängt vom Rollzentrum ab. Sobald die Kreuzkurven für eine Wahl von KG gezeichnet wurden, können die Werte von GZ bei jedem Kippwinkel für dieses KG und jede gewählte Verdrängung (z. B. Δ_1) von den Kurven abgelesen werden. Die

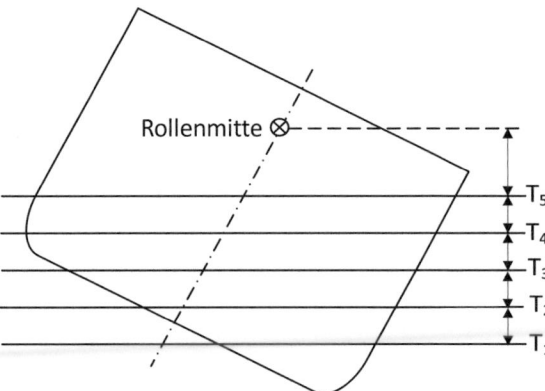

Abb. 13 Auswirkung des gekippten Schiffs in Bezug auf verschiedene Wasserlinien

Abb. 14 Kreuzkurven der Stabilität

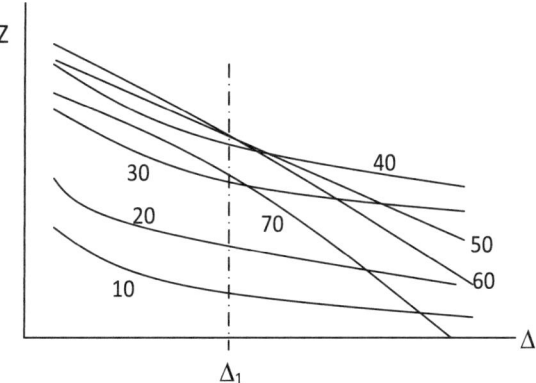

GZ-Werte können auf den entsprechenden Wert von KG (etwa KG_1) für den zu untersuchenden Beladungszustand korrigiert werden, wie durch Gl. (1) gegeben. Jeder Beladungszustand würde verschiedenen Anordnungen von Ladung in den Laderäumen, verschiedenen Mengen an Treibstoff, Vorräten und Ballastwasser usw. entsprechen.

Das Programm kann auch in einem *Frei-zu-trimmen*-Modus ausgeführt werden, in dem Δ, LCG und KG für einen bestimmten Schiffsbeladungszustand angegeben werden. Für jeden angegebenen Kippwinkel wird die Wasserlinienebene iterativ angepasst, unter Verwendung von TPM- und MCT-Berechnungen, bis die richtige Verdrängung und LCB erreicht sind. Dies bedeutet normalerweise, dass bei jedem Kippwinkel etwa fünf vollständige Berechnungen durchgeführt werden müssen, um die richtige Wasserlinienebene zu erreichen. Dieser Berechnungsmodus ist offensichtlich langsamer als der feste Trimmmodus, wenn mehrere Beladungszustände untersucht werden müssen. GZ-Kurven, die aus einem Satz von Kreuzkurven bei einem festen Trimm abgeleitet sind, unterscheiden sich nicht wesentlich von freien Trimmberechnungen, außer für Schiffe mit großen unbeschädigten Deckhäusern oder Aufbauten, die bei großen Kippwinkeln große Trimmänderungen verursachen.

Bei großen Aufbauten kann es zwei Gleichgewichtszustände mit dem umgekehrten Schiff geben, wie in Abb. 15 gezeigt.

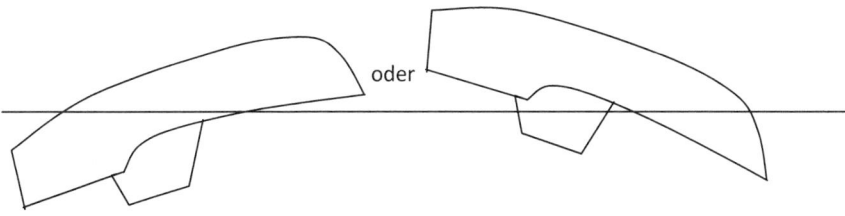

Abb. 15 Umkehrung des Schiffs mit großem unbeschädigtem Aufbau

4 Dynamische Stabilität

Wenn ein Schiff aufgrund eines von außen aufgebrachten Kippmoments (beispielsweise aufgrund der Belastung durch eine Windböe) kippt, wird dieses Kippmoment Arbeit am Schiff verrichten. Da das Schiff gegen die hydrostatisch erzeugten Aufrichtmomente rollt, wird es die verrichtete Arbeit, oder einen Teil davon, als gespeicherte oder potenzielle Energie aufnehmen, die wieder freigesetzt wird, sobald der Rumpf wieder in eine aufrechte Position rollen kann. Da Kipp- und Aufrichtmomente unterschiedlich mit dem Kippwinkel variieren, wobei die Arbeit der Kippmomente die gespeicherte Energie in den frühen Stadien des Kippens übersteigt, ist mit der Rollbewegung auch eine kinetische Energie verknüpft, die mit der Geschwindigkeit zusammenhängt, mit der sich das Schiff beim Kippen dreht.

4.1 Grundkonzepte

Betrachten Sie einen Zylinder, der durch ein Seil gedreht wird, das eine Kraft F tangential zum Zylinder ausübt, wie in Abb. 16 dargestellt.

Wenn der Zylinder um einen Winkel φ Radiant gedreht wird, verlängert sich das Seil um eine Strecke $s = R\varphi$. Die Arbeit, die von demjenigen geleistet wird, der das Seil zieht, ist

$$W = Fs = FR\varphi.$$

Aber das Moment, das über die Zylinderachse ausgeübt wird, beträgt

$$M = FR;$$

Daher kann die Arbeit ausgedrückt werden als

$$W = M\varphi.$$

Dies gibt die Arbeit an, die durch ein Moment auf einen rotierenden Körper ausgeübt wird.

Ein Element δm eines rotierenden Körpers (siehe Abb. 17) mit der Winkelgeschwindigkeit $\dot{\varphi}$ rad/s im Radius r bewegt sich mit einer Geschwindigkeit $q = r\dot{\varphi}$ in Umfangsrichtung.

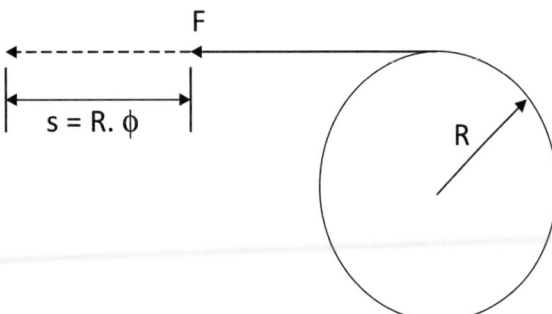

Abb. 16 Zylinder gedreht durch Kraft F

4 Dynamische Stabilität

Abb. 17 Kinetische Energie von rotierenden Teilchen

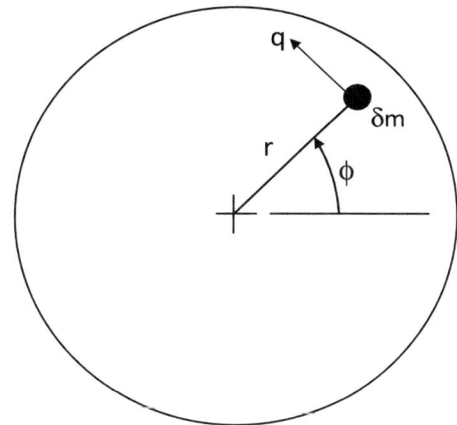

Dieses Element hat eine kinetische Energie, die gegeben ist durch

$$\delta KE = \frac{1}{2} \delta m \; q^2 = \frac{1}{2} r^2 \, \delta m \; (\dot{\varphi})^2 \; .$$

Die Summe aller Elemente des Körpers ergibt eine Gesamtrotationsenergie von

$$KE = \frac{1}{2} \left\{ \sum r^2 \, \delta m \right\} (\dot{\varphi})^2 = \frac{1}{2} I \, (\dot{\varphi})^2,$$

wobei $I = \sum r^2 \, m$ das **Trägheitsmoment** des Körpers genannt wird.

4.2 Anwendung auf Schiffe

Bei Schiffen ist die Arbeit, die von einem externen Krängungsmoment $M(\varphi)$ (nicht notwendigerweise konstant) ausgeführt wird, gegeben durch

$$W = \int_{\varphi_1}^{\varphi_2} M(\varphi) \, d\varphi,$$

wobei $\varphi_1 =$ Anfangskrängungswinkel und $\varphi_2 =$ Endkrängungswinkel.

Die potenzielle Energie, die gegen das Aufrichtmoment $\Delta GZ(\varphi)$ gespeichert wird, ist gegeben durch

$$PE = \Delta \int_{\varphi_1}^{\varphi_2} GZ(\varphi) \, d\varphi,$$

wobei

$$\int_{\varphi_1}^{\varphi_2} GZ(\varphi) \, d\varphi$$

Abb. 18 Definition der dynamischen Stabilität

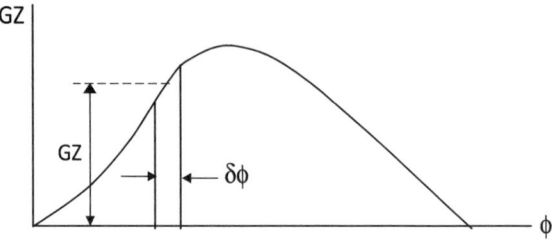

die Fläche unter der *GZ*-Kurve zwischen φ_1 und φ_2 (gemessen in m rad) ist.
Per Definition wird

$$\int_0^{\varphi_1} GZ(\varphi)\, d\varphi$$

als die **DYNAMISCHE STABILITÄT** des Schiffs im Winkel φ_1 bezeichnet (siehe Abb. 18).
Sie ist ein Maß für die Fähigkeit des Schiffs, Energie zu absorbieren.

Wenn zu irgendeinem Zeitpunkt im Krängungsprozess die Arbeit, die von einem externen Krängungsmoment aufgebracht wird, die aufgrund der dynamischen Stabilität gespeicherten Energie übersteigt, erscheint der Überschuss als kinetische Energie der Rollbewegung, es sei denn, er wird durch einen Dämpfungsmechanismus, z. B. Bilgenkiele oder Stabilisatoren, zusätzlich zur Dämpfung, die vom umgebenden Wasser ausgeht, abgebaut. Beachten Sie, dass die Arbeit, die von einem Krängungsmoment aufgebracht wird, auch ausgedrückt werden kann, indem das Krängungsmoment durch die Verdrängung geteilt wird, um einen **Krängungshebel** zu erhalten, analog zum Aufrichthebel *GZ*.

Daher gilt

$$\mathrm{HL}(\phi) = \frac{\mathrm{M}(\phi)}{\Delta} \quad \text{and} \quad W = \Delta \int_{\phi_1}^{\phi_2} \mathrm{HL}(\phi)\, d\phi.$$

4.3 Reaktion auf plötzlich angewandte Momente

Die Reaktion des Schiffs auf ein extern angewandtes Krängungsmoment kann auf einer Energiebasis analysiert werden, indem ein **Krängungshebel** *(HL)*, der zu dem angewandten Moment in Beziehung steht, mit der **Aufrichtungshebel**-*(GZ-)* Kurve verglichen wird, wie in Abb. 19 dargestellt.

Das schlimmste Szenario tritt ein, wenn das Moment plötzlich angewendet wird, während das Schiff sich in einem anfänglichen Krängungswinkel φ_1 befindet und die Bewegung ungedämpft oder ungehemmt ist. In Bezug auf Abb. 19 sind die Punkte *A* und *B* mögliche Gleichgewichtskrängungswinkel, bei denen

Abb. 19 Windkrängungsmoment und *GZ*-Variation mit dem Krängungswinkel des Schiffs

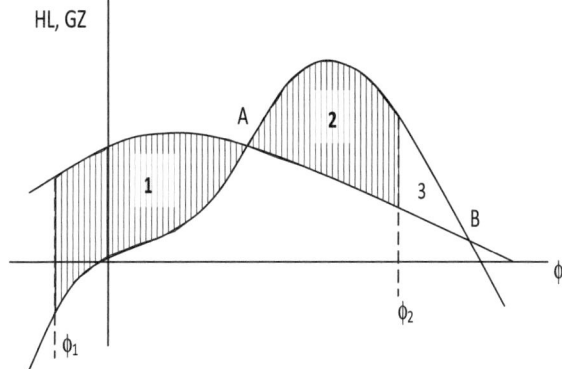

Krängungs- und Aufrichtungsmomente ausgeglichen sind. Punkt A ist eine stabile Position, die bei einer langsam angewandten Belastung erreicht wird oder sobald die kinetische Energie der Rollbewegung gedämpft wurde. Wenn das Schiff über B hinaus krängt, wird es kentern. Der schraffierte Bereich (1) repräsentiert die überschüssige Arbeit über die gespeicherte Energie und stellt im ungehemmten Fall die während der Krängung erworbene kinetische Rollenergie dar. Die Rollgeschwindigkeit ist maximal beim Durchlaufen des Punktes A, wenn die Rollbewegung ungehemmt ist. Der schraffierte Bereich (2) stellt einen Überschuss an gespeicherter Energie über die während der zweiten Phase der Rollbewegung geleistete Arbeit dar. Wenn die Krängung über A hinaus zunimmt, wird die kinetische Rollenergie allmählich in gespeicherte Energie umgewandelt, bis am Punkt 2 alle Energie gespeichert ist und das Schiff in seiner maximalen Krängungsposition zur Ruhe kommt. Anschließend rollt das Schiff zurück in Richtung A, wenn $GZ > HL$ bei φ_2. Es ist unerlässlich, dass die Rollbewegung stoppt, bevor Punkt B erreicht wird. Beachten Sie, dass im Fall der ungehemmten Rollbewegung die schraffierten Bereiche (1) und (2) gleich sind und beide auf die kinetische Rollenergie am Punkt A bezogen sind. Bereich (3), zwischen Punkt B und φ_2, stellt eine Sicherheitsmarge gegen das Kentern dar, da zusätzliche Energiespeicherung verfügbar ist, bevor B erreicht wird.

4.4 Stabilitätskriterien

1. Die grundlegende *GZ*-Kurve (siehe Abb. 2):
   - akzeptables min GM_T,
   - niedrigster akzeptabler maximaler GZ und entsprechender Krängungswinkel,
   - niedrigster akzeptabler Stabilitätsbereich,
   - mindestzulässige dynamische Stabilität bis zu einem bestimmten Krängungswinkel von z. B. 40°

2. Energiebilanzkriterien:
   – Diese berücksichtigen verschiedene, plötzlich angewandte Momente, zum Beispiel wie im vorherigen Abschnitt, und gehen von einer ungehemmten Rollbewegung aus. Die Momente können durch Windböenbelastung, plötzliche Verlagerung von Ladungen, plötzliche Anwendung von Zugseillasten usw. entstehen.
   – Die Anforderung besteht in Bezug auf die Energieabsorptionsmarge im Bereich (3), die beispielsweise 50 % von (1) für eine ausreichende Sicherheit bei bestimmten Worst-Case-Belastungsannahmen betragen kann.
   – Der Überflutungswinkel ist der kleinste Krängungswinkel, bei dem eine potenziell nicht wasserdichte Öffnung unter Wasser gerät. Energiebilanzbezogene Margen können auf den Überflutungswinkel statt auf den Kenterpunkt angewendet werden.

5   Zusammenfassung

1. Die Variation des aufrichtenden Hebels GZ mit dem Kippwinkel wurde erklärt.
2. Einflüsse verschiedener Parameter auf GZ wurden diskutiert. Kurz gefasst:
   a) Eine hohe vertikale Position von C von G hat nachteilige Auswirkungen auf GZ.
   b) Die Erhöhung der Breite und des Freibords sowie die Herstellung von wasserdichten Aufbauten haben positive Auswirkungen auf GZ.
3. Eine typische Methode zur Berechnung der Veränderung von GZ mit dem Kippwinkel, durch die Verwendung von Kreuzkurven der Stabilität, wurde erklärt.
4. Die dynamische Stabilität wird eingeführt, indem die Energiebilanz zwischen der Arbeit und der Energie der Kipp- und Aufrichtmomente verwendet wurde.
5. Verschiedene Kriterien für die GZ-Kurve wurden aufgelistet.

Schottenberechnungen 11

Zusammenfassung

Es ist wichtig, dass ein Schiff in der Lage ist, mindestens mäßige Beschädigungen zu überstehen, ohne zu sinken oder zu kentern. Schiffe sind normalerweise in ihrem Inneren in wasserdichte Abteilungen unterteilt, um das Ausmaß der Überschwemmung zu begrenzen, die nach strukturellen Schäden durch Kollision, Grundberührung oder Wetterbelastung entstehen. Während der Konstruktion des Schiffs werden Berechnungen durchgeführt, die dem Schiffsbauingenieur erlauben, die Hauptspanten so anzuordnen, dass die passenden Sicherheitsstandards ausreichend eingehalten werden und die Auswirkungen einer Überschwemmung einzelner Räume oder der Kombinationen von Räumen innerhalb eines Schiffs zu untersuchen. Bei bestimmten Schiffsklassen, hauptsächlich solchen, die Passagiere befördern, gibt es gesetzliche Anforderungen für gewisse Unterteilungsstandards. Für andere Schiffe besteht keine gesetzliche Notwendigkeit, solche Anforderungen zu erfüllen, aber die Schiffe dürfen bis zu einem größeren Tiefgang beladen werden, wenn sie es tun. Kriegsschiffe müssen offensichtlich sehr hohe Unterteilungsstandards erfüllen, um ihre militärische Rolle zu erfüllen. Freizeitboote sind ein Sonderfall, da häufig mit Schaum gefüllte Auftriebsräume verwendet werden, um sicherzustellen, dass das Boot Schäden übersteht. Dennoch sind Berechnungen immer noch erforderlich, um eine passende Anordnung solcher *Auftriebsräume* zu erhalten.

Es ist wichtig, dass ein Schiff in der Lage ist, mindestens mäßige Beschädigungen zu überstehen, ohne zu sinken oder zu kentern. Schiffe sind normalerweise in ihrem Inneren in wasserdichte Abteilungen unterteilt, um das Ausmaß der Überschwemmung zu begrenzen, die nach strukturellen Schäden durch Kollision, Grundberührung oder Wetterbelastung entstehen. Während der Konstruktion des Schiffs werden Berechnungen durchgeführt, die dem Schiffsbauingenieur erlauben, die Hauptspanten so anzuordnen, dass die passenden Sicherheitsstandards ausreichend eingehalten werden und die Auswirkungen einer Überschwemmung einzelner Räume oder der Kombinationen von Räumen innerhalb eines Schiffs zu untersuchen. Bei bestimmten Schiffsklassen, hauptsächlich solchen, die Passagiere befördern, gibt es gesetzliche Anforderungen für gewisse Unterteilungsstandards. Für andere Schiffe besteht keine gesetzliche Notwendigkeit, solche Anforderungen zu erfüllen, aber die Schiffe dürfen bis zu einem größeren Tiefgang beladen werden, wenn sie es tun. Kriegsschiffe müssen offensichtlich sehr hohe Unterteilungsstandards erfüllen, um ihre militärische Rolle zu erfüllen. Freizeitboote sind ein Sonderfall, da häufig mit Schaum gefüllte Auftriebsräume verwendet werden, um sicherzustellen, dass das Boot Schäden übersteht. Dennoch sind Berechnungen immer noch erforderlich, um eine passende Anordnung solcher *Auftriebsräume* zu erhalten.

1 Definitionen, die bei der Unterteilung verwendet werden

1.1 Schottendeck

Das Schiff ist bis zu einem als SCHOTTENDECK bezeichneten Deck in wasserdichte Abteilungen unterteilt. Über dieser Ebene wird das Schiff als frei überflutbar behandelt – als *Worst-case-Szenario* für das Problem. Öffnungen in wasserdichten Schotten müssen durch Türen geschlossen werden, die in der Lage sind, Wasserlasten auf einer Seite standzuhalten. Aus Sicherheitsgründen müssen diese Türen auf See normalerweise geschlossen sein. Daher ist der Zugang zwischen den Abteilungen unter dem Schottendeck sehr eingeschränkt. Verschiedene Decks können in verschiedenen Teilen des Schiffs als Schottendeck bezeichnet werden.

1.2 Sicherheitsrand

Der Sicherheitsrand ist eine durchgezogene Kurve, die 75 mm unter dem Schottendeck an der Seite des Schiffs gezogen wird. Wo es eine Änderung der Ebene des Schottendecks gibt, wird die Linie in einer Form wie in Abb. 1 gezeigt gezogen.

1.3 Durchlässigkeit der Abteilung (μ)

Keine Abteilung ist jemals vollständig leer. Nur ein bestimmter Bruchteil steht für Überschwemmungen zur Verfügung:

$$\mu = \frac{\text{Volumen, das für Überflutung zur Verfügung steht}}{\text{Gesamtvolumen der Abteilung}}. \tag{1}$$

2 Berechnungsmethoden: hinzugefügte Gewichte, wegfallende Verdrängung   133

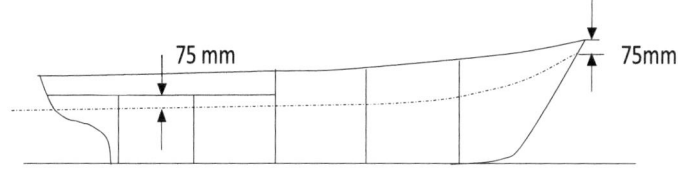

Abb. 1 Beladungswasserlinie

Abb. 2 Flutbare Länge

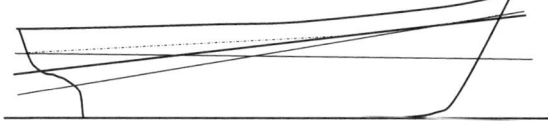

Während größere undurchlässige Gegenstände in einer Abteilung individuell identifiziert werden können, werden die Berechnungen vereinfacht, indem der Rest des Raums als *gleichmäßig durchlässig* betrachtet wird (d. h. jeder Teil des Raums hat die gleiche Durchlässigkeit).

Typische Werte von μ sind:

- Ladungsräume $\mu = 0{,}63$,
- Maschinenräume $\mu = 0{,}85$,
- Passagierräume $\mu = 0{,}98$.

1.4   Flutbare Länge

An jedem Punkt entlang der Länge des Schiffs kann man eine maximale Länge der Abteilung definieren, die, wenn sie bis zur entsprechenden Durchlässigkeit überflutet wird, dazu führt, dass das Schiff auf einer Wasserlinie schwimmt, die die Randlinie berührt, aber nicht eintaucht. Diese maximale Abteilungslänge wird FLUTBARE LÄNGE genannt (siehe Abb. 2).

Die Beziehung zwischen **erlaubten** Abteilungslängen und **flutbaren** Längen wird behandelt, wenn gesetzliche Anforderungen diskutiert werden.

2   Berechnungsmethoden: hinzugefügte Gewichte, wegfallende Verdrängung

Es gibt zwei grundlegende Berechnungsmethoden für Überflutungsprobleme, abhängig davon, wie das **Überflutungswasser** in den Berechnungen behandelt wird. Jede Methode muss auf eine logisch konsistente Weise angewendet werden:

2.1 Methode der hinzugefügten Gewichte (engl. *added weight method*)

1. Das Schiff wird zum Zweck der Berechnung des Auftriebs, des Auftriebsschwerpunkts und der Position des transversalen Metazentrums als *intakt* behandelt.
2. Das Überflutungswasser wird als *zusätzliches Gewicht* an Bord behandelt, das das Verdrängungsgewicht (oder die Masse) und die Position des Schwerpunkts, sowohl längs als auch vertikal, verändert.

2.2 Methode der wegfallenden Verdrängung (engl. *lost buoyancy method*)

1. Das Schiff wird so behandelt, als ob der überflutete Raum *nicht mehr Teil* des Schiffs ist, der Auftrieb, der innerhalb des überfluteten Raums bis zur ursprünglichen unbeschädigten Wasserlinie bereitgestellt wurde, wird als für das Schiff *verloren* betrachtet.
2. Vom Gewicht und dem Schwerpunkt des Schiffs wird angenommen, dass sie dem *unbeschädigten* Zustand entsprechen und nach der Überflutung *unverändert* bleiben.
3. Die hydrostatischen Angaben für das Schiff werden angepasst, um den **Restwerten** des Schiffs zu entsprechen. Zur Berechnung des Tiefertauchens und der Trimmung sind *modifizierte* Werte von ∇, LCB, LCF, TPM, MCT usw. erforderlich. Das Schiff wird Tiefgang und Trimmung so ändern, dass das **Restschiff** die gleichen ∇, LCB wie das intakte Schiff hat.

Das **Restschiff** ist natürlich das intakte Schiff **minus dem durchlässigen** Teil des überfluteten Raums. Wo $\mu < 1{,}0$ wird der überflutete Raum einen teilweisen Beitrag sowohl zum Volumen als auch zu den Eigenschaften der Wasserlinienebene leisten.

Die Methode der **hinzugefügten Gewichte** ist der direkteste Weg für Berechnungen von Überflutungen bis zu einer vorgegebenen Wasserlinie (z. B. einer Linie, die die Randlinie berührt). Sie wird daher bei Berechnungen der *überflutbaren Länge* verwendet.

Die Methode de **wegfallenden Verdrängung** ist der direkteste Weg, um Tiefgänge und Trimmungen herauszufinden, die Folge der Überflutung spezifischer Räume innerhalb des Schiffs sind.

3 Überflutung bis zu einer bestimmten Wasserlinie

Verfahren Sie mithilfe der Methode der hinzugefügten Gewichte wie folgt:

3 Überflutung bis zu einer bestimmten Wasserlinie

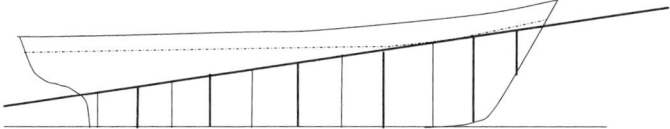

Abb. 3 Eingetauchte Bereiche

- Berechnen Sie den lokalen Tiefgang an jeder Sektion entlang des Rumpfes, der zur gewählten Wasserlinie passt. Finden Sie die entsprechende eingetauchte Fläche jeder Sektion (siehe Abb. 3).
- Berechnen Sie das geflutete Verdrängungsvolumen ∇_1 und das Längszentrum der Auftriebskraft LCB_1 für das gesamte Schiff bis zur gewählten Wasserlinie, dargestellt in Abb. 3 (durch Integration der Abschnittsflächen und Momente, z. B. um die Schiffsmitte).
- Finden Sie das durch Wasser geflutete Volumen und den Schwerpunkt durch Vergleich mit den entsprechenden Werten des intakten Schiffs (∇_0 und LCB_0): Durch Wasser geflutetes Volumen:

$$V_F = \nabla_1 - \nabla_0 \tag{2}$$

Abteilvolumen bis zur gefluteten WL:

$$V_c = \frac{\nabla_1 - \nabla_0}{\mu} \tag{3}$$

Längszentroid des Flutwassers:

$$\lg = \frac{\nabla_1 \, LCB_1 - \nabla_0 \, LCB_0}{V_F}. \tag{4}$$

Das verbleibende Problem besteht darin, die Endschotte des Abteils so zu positionieren, dass sie das erforderliche Flutwasservolumen einschließen und den richtigen Schwerpunkt haben. Der Abstand zwischen diesen Schottenpositionen definiert die flutbare Länge für diesen Teil des Schiffs (vorausgesetzt, die gewählte Wasserlinie berührt die Tauchgrenze).

Probepositionen für das erforderliche Achter-Schott (A) und das vordere Schott (F) eines Abteils der Länge l und zentriert bei x von der Schiffsmitte aus gesehen können auf eine Kurve der eingetauchten Abschnittsflächen $a(x)$ bis zur gewählten Flutwasserlinie überlagert werden. Diese Probepositionen werden auf halber Länge zu beiden Seiten des Abteilzentrums genommen. Als erste Näherung wählen Sie das Flutwasserzentroid als Abteilmitte und nehmen sie die Abteillänge l der Sektionsfläche an diesem Punkt als Grundlage, d. h. $l = \frac{V_c}{a(x=lg)}$. Ordinaten von Flächen bei gleichmäßiger Verteilung entlang der Abteillänge können von der Kurve abgemessen und integriert werden, um das Abteilvolumen bis zur Flutwasserlinie zu bestimmen, zusammen mit dem entsprechenden Zentroiden des Volumens. Das so erhaltene Volumen und der Zentroid werden verglichen mit V_c und $\lg$. Die Werte von x und l werden geändert, und die Berechnung wird wiederholt, bis die beiden Zahlenreihen ausreichend genau übereinstimmen (Abb. 4).

Abb. 4 Flächenkurve

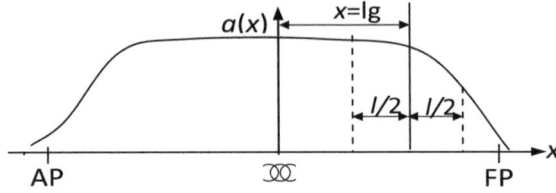

Abb. 5 Kurve der flutbaren Länge

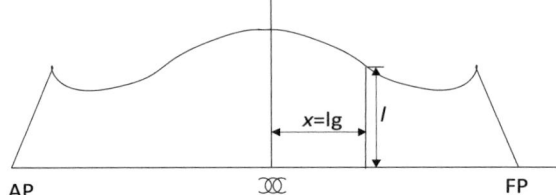

3.1 Konstruktion einer Kurve der flutbaren Länge

Durch die Durchführung der oben genannten Berechnungen für eine große Anzahl verschiedener gefluteter Wasserlinien, die jeweils den Sicherheitsrand berühren, kann eine große Anzahl von Wertepaaren von (lg, l) ermittelt werden. Für jede geflutete Wasserfläche gibt es ein bestimmtes Abteilzentrum ($x = lg$) und eine Abteillänge (l), die ein mögliches Abteil definiert, welches, wenn es geflutet würde, das Schiff bis zu dieser Wasserfläche absenken würde. Die Werte sind natürlich spezifisch für eine bestimmte Wahl der Durchlässigkeit. Eine Kurve von l gegen lg wird als **Kurve der flutbaren Länge** (engl. *floodable length curve*) bezeichnet, dargestellt in Abb. 5. Kurven der flutbaren Länge für einen geeigneten Bereich von Durchlässigkeiten werden im Prozess der Entscheidung, wo wasserdichte Schotte im Schiff positioniert werden sollten, verwendet.

4 Fluten eines bestimmten Abteils

Um den endgültigen gefluteten Tiefgang und die resultierende Trimmung durch das Fluten eines Abteils zwischen bestimmten Schotten zu ermitteln, ist es am besten, die Methode der **wegfallenden Verdrängung** zur Berechnung zu verwenden. Es wird normalerweise angenommen, dass das Fluten symmetrisch zur Mittellinie erfolgt, sodass keine Krängung entsteht, und nur das Endstadium des Flutens betrachtet wird, bei dem die Wasserstände innerhalb und außerhalb des Schiffs gleich sind. Das Problem wird als ein Problem ersten Grades von Sinken und Trimm behandelt.

W_0L_0 ist die intakte Wasserlinie und W_1L_1 ist die geflutete Wasserlinie. Die Methode der wegfallenden Verdrängung behandelt den flutbaren Teil des Abteils als außerhalb des Schiffs. Betrachten Sie zunächst das Defizit des Verdrängungsvolumens und des Volumenmoments auf der intakten Wasserlinienebene W_0L_0 (siehe Abb. 6):

4 Fluten eines bestimmten Abteils

Abb. 6 Geflutetes Abteil

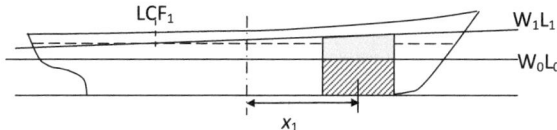

Abteilvolumen unterhalb $W_0 L_0 = V_1$
Flutwasser im Abteil unterhalb $W_0 L_0 = \mu \times V_1$
= Defizit des Verdrängungsvolumens
= $\delta \nabla$

Dieses Defizit wird seinen Schwerpunkt z. B. bei x_1 von der Schiffsmitte aus haben.

Um das verlorene Volumen und das verlorene Volumenmoment um die Schiffsmitte wiederzugewinnen, wird das Schiff eine **parallele Sinkbewegung** zusammen mit einer **Trimmänderung** durchführen. Es wird ein gewisses Maß an Verdrängungsvolumen in dem gefluteten Abteil gewonnen, wie folgt:

Abteilungsvolumen zwischen $W_0 L_0$ und $W_1 L_1$ $= V_2$
Hochwasser zwischen $W_0 L_0$ und $W_1 L_1$ $= \mu \times V_2$
Zunahme des Verdrängungsvolumens zwischen $W_0 L_0$ und $W_1 L_1$ $= (1 - \mu) V_2$

Diese Volumenzunahme kann korrekt berücksichtigt werden, indem man die Eigenschaften der Restwasserflächen zur Berechnung von *TPM, LCF, MCT* usw. für das beschädigte Schiff verwendet. Die erforderlichen Eigenschaften der Restwasserflächen sind:

Größe der Restwasserflächen $A_1 = A_0 - \mu \times a$
Verbleibendes 1. Moment des
WP-Bereichs um die Schiffsmitte $A_1 \times LCF_1 = A_0 \times LCF_0 - \mu \times m$
Verbleibendes 2. Moment des
WP-Bereichs um die Schiffsmitte $J_{L1} = J_{L0} - \mu j_L$

wobei, $a =$ Wasserflächenbereich des Abteilung,
$m =$ 1. Moment des Bereichs der Abteilung um die Schiffsmitte,
$j_L =$ 2. Moment des Bereichs der Abteilung um die Schiffsmitte.

$A_0, LCF_0, J_{L0} =$ Eigenschaften der intakten Wasserlinienebene des Schiffs,
$A_1, LCF_1, J_{L1} =$ Resteigenschaften der Wasserlinienebene des Schiffs.

Um ein Rest-*MCT* zu berechnen, muss J_{L1} mithilfe des Satzes von den parallelen Achsen korrigiert werden, um ein Rest-2. Moment über J_{L1} zu finden.

Wie üblich bei Absenkungs- und Trimmproblemen wird das verlorene Volumen $\delta \nabla$ durch eine parallele Absenkung wiederhergestellt:

$$\delta T = \frac{\delta \nabla}{A_1} = \mu \frac{V_1}{A_1} \qquad (5)$$

Abb. 7 Änderung der Verdrängung am LCF

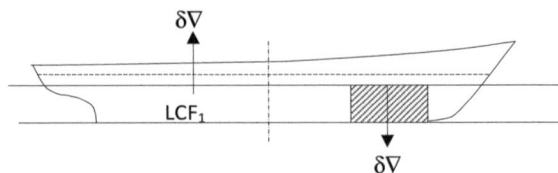

Das zusätzliche $\delta\nabla$ wird bei LCF_1 hinzugefügt, wodurch ein Trimmmoment eingeführt wird, das durch eine Änderung des Trimmwinkels um LCF_1 entfernt wird (siehe Abb. 7). Sobald die Absenkung und der Trimm gefunden wurden, folgen die endgültigen Tiefgänge vorne und hinten auf die übliche Weise.

5 Korrekturen für Tiefertauchen und Trimmen

Wenn das Tiefertauchen und Trimmen durch Überflutung zu groß ist, um Methoden erster Ordnung auf der Grundlage der Eigenschaften der Wasserlinie W_0L_0 zu verwenden, wird es notwendig, ein iteratives Verfahren anzuwenden, um die endgültigen Tiefgänge bei Überflutung eines bestimmten Abteils zu finden.

1. Verwenden Sie Berechnungen erster Ordnung der wegfallenden Verdrängung wie oben, um ungefähre überflutete Tiefgänge zu bestimmen.
2. Verwenden Sie Berechnungen der hinzugefügten Gewichte, um ∇, LCB zu finden, um die überflutete WL aus Stufe 1 zu approximieren.
3. Durch Vergleich von ∇, LCB mit Werten einschließlich Überflutungswasser im Abteil schätzen Sie den Fehler in ∇ zur angesetzten Wasserlinie WL.
4. Korrigieren Sie die geschätzten überfluteten Tiefgänge mithilfe der Rest-WP-Eigenschaften für die angesetzte WL und wiederholen Sie ab Stufe 2 nach Bedarf.

Dieses Verfahren eignet sich nur für computerbasierte Berechnungen.

6 Beispiel: Berechnung des hinzugefügten Gewichts

Ein rechteckiges, kastenförmiges Schiff hatte die Abmessungen $LBP = 140\,\text{m}, B = 20\,\text{m}$ und schwimmt bei einem ebenen Kiel-Tiefgang $T = 8{,}0\,\text{m}$, wenn es intakt ist.

Finden Sie die erforderlichen Endschott-Positionen eines Abteils mit einheitlicher Durchlässigkeit $\mu = 0{,}70$, das bei Überflutung bugwärts zu einem Tiefgang von 13,0 m und achtern zu einem Tiefgang von 6,0 m führt.

Für das intakte Schiff gilt:

$$\nabla_0 = 140 \times 20 \times 8 = 22.400\,\text{m}^3 \tag{6}$$

6 Beispiel: Berechnung des hinzugefügten Gewichts

Für das geflutete Schiff beträgt der mittlere Tiefgang

$$\frac{13{,}0 + 6{,}0}{2} = 9{,}5 \, \text{m}. \tag{7}$$

LCF befindet sich in der Mitte des Schiffs, und die Verdrängung beträgt

$$\nabla_1 = 140 \times 20 \times 9{,}5 = 26.600 \, \text{m}^3. \tag{8}$$

Daher beträgt das Volumen des Flutwassers

$$V_F = \nabla_1 - \nabla_0 = 4200 \, \text{m}^3. \tag{9}$$

Daher ist das erforderliche Abteilvolumen bis zur gefluteten Wasserlinie

$$V_c = \frac{V_F}{\mu} = \frac{4200}{0{,}70} = 6000 \, \text{m}^3. \tag{10}$$

Für ein kastenförmiges Schiff sind

$$J_L = \frac{L^3 B}{12}, \quad BM_L = \frac{J_L}{\nabla} = \frac{L^2}{12T}. \tag{11}$$

Für das geflutete Schiff ist

$$BM_L = \frac{140^2}{12 \times 9{,}5} = 171{,}93 \, \text{m}. \tag{12}$$

Bei einer Trimmung von $13{,}0 - 6{,}0 = 7{,}0$ m am Bug kann die Änderung des LCB (das auch die Entfernung des LCB von der Schiffsmitte ist, da es sich um eine Box handelt) berechnet werden als

$$LCB = BM_L \times \frac{\text{Trim}}{L_{BP}} = 171{,}93 \frac{7{,}0}{140} = 8{,}596 \, \text{m bugwärts.} \tag{13}$$

Bitte beachten Sie, dass die geflutete Verdrängung für diese rechteckige Box in trapezförmiger Form vorliegt, LCB kann auch aus dem Schwerpunkt des Trapezes berechnet werden.

Das Trimm-Moment des Volumens beträgt $26600 \times 8{,}596 = 228.670 \, \text{m}^4 =$ Moment aufgrund von Flutwasser.

Daher ist der LCG des Flutwassers

$$\frac{228.670}{4200} = 54{,}44 \, \text{m bugwärts.} \tag{14}$$

Das entspricht $lg =$ Schwerpunkt des Abteilvolumens unterhalb der gefluteten Wasserlinie.

Beim Flutwasser-LCG beträgt der lokale Tiefgang

$$9{,}5 + \frac{7{,}0}{140} \times 54{,}44 = 12{,}22 \, \text{m}; \tag{15}$$

Abb. 8 Trapez

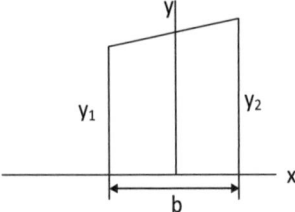

Daher ist der eingetauchte Querschnittsbereich $20 \times 12{,}22 = 244{,}44\,\mathrm{m}^2$ beim Flutwasser-*LCG*. Wenn man diesen Bereich als ungefähren mittleren Bereich für den überfluteten Raum nimmt, ergibt sich eine erste ungefähre Abteilungslänge zu

$$l = \frac{6000}{244{,}4} = 24{,}55\,\mathrm{m}. \qquad (16)$$

Wenn man den Flutwasser-*LCG* als ungefähr die Mitte der Länge des überfluteten Abteils nimmt, ergibt sich eine erste Schätzung der Endschotte bei

$$54{,}44 \pm \frac{24{,}55}{2} = 42{,}17\,\mathrm{m}\ \text{bugwärts und}\ 66{,}71\,\mathrm{m}\ \text{bugwärts}. \qquad (17)$$

Streng genommen ist der Flutwasser-*LCG* aufgrund der Trimmung des Schiffs tatsächlich leicht vor der Mitte der Abteilungslänge und beide Schotte sind etwas zu weit vorne. In diesem Beispiel beträgt der Fehler etwa 0,20 m:

Für ein Trapez liegt der Schwerpunkt bei (siehe Abb. 8)

$$\frac{b}{6}\left(\frac{y_2 - y_1}{y_2 + y_1}\right). \qquad (18)$$

So kann die Entfernung des Abteilschwerpunkts von der Mitte gefunden werden, indem man die Abteillänge und Tiefgänge an den Schotten einsetzt. Daher liegen die Schotte genauer bei 42,0 und 66,5 m.

7 Beispiel: Methode der wegfallenden Verdrängung

Ein rechteckiges kastenförmiges Schiff hat die Abmessungen $LBP = 140\,\mathrm{m}, B = 20\,\mathrm{m}$ und schwimmt bei einem ebenen Kiel-Tiefgang $T = 8{,}0\,\mathrm{m}$, wenn es intakt ist.

Finden Sie die Bug- und Achterntiefgänge im endgültigen überfluteten Zustand, wenn ein sich über die volle Breite erstreckendes Abteil mit Endschotten bei 40 und 65 m vor der Schiffsmitte über dem Doppelboden-Tankraum zum Meer hin offen ist. Der Doppelboden-Tank ist 1,5 m tief. Das Abteil hat eine Durchlässigkeit von 0,70.

Die überflutbare Abteiltiefe bis zur intakten Wasserlinie beträgt $8{,}0 - 1{,}5 = 6{,}5\,\mathrm{m}$.

7 Beispiel: Methode der wegfallenden Verdrängung

So beträgt das Volumen der wegfallenden Verdrängung
$\delta \nabla = 20 \times (65 - 40) \times 6{,}5 \times 0{,}70 = 2275 \text{ m}^3$.

Der Schwerpunkt des Volumens der wegfallenden Verdrängung liegt bei

$$\frac{65 + 40}{2} = 52{,}5 \text{ m bugwärts von der Schiffsmitte.} \tag{19}$$

Die erforderlichen Eigenschaften der Wasserlinienebene sind:

Intakte Wasserlinienebene

- Fläche: $A_0 = 20 \times 140 = 2800 \text{ m}^2$
- Schwerpunkt: $LCF_0 = 0$ m von der Schiffsmitte
- 2. Moment: $J_{L0} = \frac{1}{12} \times 140^3 \times 20 = 4{,}5733 \times 10^6 \text{ m}^4$

Wasserlinienebene der Abteilung

- Fläche: $a = 20 \times (65 - 40) = 500 \text{ m}^2$
- Schwerpunkt: $lcf = 52{,}5$ m vor der Schiffsmitte
- 2. Moment: $j_L = \frac{1}{12} \times 25^3 \times 20 + 500 \times 52{,}5^2 = 1{,}4042 \times 10^6 \text{ m}^4$ um die Schiffsmitte

Verbleibende Wasserlinienebene

- Fläche $A_1 = 2800 - 0{,}70 \times 500 = 2450 \text{ m}^2$
- 1. Moment um die Schiffsmitte,
  $A_1 \times LCF_1 = 0 - 0{,}70 \times 500 \times 52{,}5 = -18.375 \text{ m}^3$ (achtern)

Somit $LCF_1 = \frac{-18.375}{2450} = 7{,}5$ m achtern der Schiffsmitte.

- 2. Moment um die Schiffsmitte
  $J_{L1} = 4{,}5733 \times 10^6 - 0{,}70 \times 1{,}4042 \times 10^6 = 3{,}5904 \times 10^6 \text{ m}^4$
- 2. Moment um LCF_1 $J_{L1} = 3{,}5904 \times 10^6 - 2450 \times 7{,}5^2 = 3{,}4525 \times 10^6 \text{ m}^4$.

Angenommen $GM_L \approx BM_L$ dann:

$$MCT = \nabla \frac{BM_L}{L_{BP}} \text{ m}^4/\text{m (in Volumeneinheiten)} \tag{20}$$

Demnach:

$$MCT = \frac{J_L}{L_{BP}} = \frac{3{.}4525 \times 10^6}{140} \text{ m}^4/\text{m} = 24661 \text{ m}^4/\text{m}. \tag{21}$$

Wir sind nun bereit, das Tiefertauchen und Trimmen zu berechnen, die erforderlich sind, um die wegfallende Verdrängung wiederherzustellen: Paralleles Tiefertauchen: $\delta T = \frac{\delta \nabla}{\text{Fläche}} = \frac{2275}{2450} = 0{,}929 \text{ m}$.

Entfernung des Flutwasser-LCG von $LCF_1 = 52{,}5 + 7{,}5 = 60{,}0$ m.

Daher beträgt das Volumenmoment zur Änderung der Trimmung

$$= 2275 \times 60 = 136.500 \, \text{m}^4, \tag{22}$$

und die Trimmungsänderung nach unten ist

$$\frac{136.500}{24.661} = 5{,}535 \, \text{m}. \tag{23}$$

Daher sind die überfluteten Tiefgänge:

$$T_F = 8{,}0 + 0{,}929 + 5{,}535 \times \frac{(70 + 7{,}5)}{140} = 12{,}00 \, \text{m} \tag{24}$$

$$T_A = 8{,}0 + 0{,}929 - 5{,}535 \times \frac{(70 - 7{,}5)}{140} = 6{,}46 \, \text{m}. \tag{25}$$

8   Zusammenfassung

- Die grundlegenden Definitionen, die bei der Unterteilung verwendet werden, d. h. Schottendeck, Sicherheitsrand, Durchlässigkeit und flutbare Länge, wurden aufgelistet.
- Die Unterschiede zwischen den Berechnungsmethoden der hinzugefügten Gewichte und der Methode der wegfallenden Verdrängung bei Überflutungsproblemen wurden vorgestellt und mit Beispielen veranschaulicht.
- Die Methode der hinzugefügten Gewichte wurde verwendet, um die Menge des Überflutungswassers und ihren Schwerpunkt zu ermitteln, wenn die endgültige Wasserlinie bekannt ist, d. h. bei Überflutung bis zu einer bestimmten Wasserlinienebene. Diese Methode wird daher verwendet, um die Kurve der überflutbaren Längen zu ermitteln.
- Die Methode der wegfallenden Verdrängung wurde verwendet, um die endgültige Wasserlinie nach der Überflutung zu ermitteln, wenn die Menge und der Schwerpunkt des Überflutungswassers bekannt sind – d. h. bei Überflutung eines bestimmten Abteils. Der wichtigste Aspekt der Methode der wegfallenden Verdrängung sind das Restschiff und die Bewertung der Eigenschaften der verbleibenden Wasserlinienebene, die zur Definition von *TPM* oder *TPC* und *MCT* für das Restschiff verwendet werden.
- Es wurden Leitlinien für Berechnungen mit großen Änderungen des Tiefgangs und der Trimmung vorgestellt, wobei iterative Lösungen verwendet werden.

Stapellauf und Stapellaufberechnungen

12

Zusammenfassung

In diesem Kapitel werden die grundlegenden Aspekte des Stapellaufs zusammengefasst. Die Grundlagen der Ablaufbahngeometrien werden diskutiert. Und die Berechnungen zum Stapellauf werden beschrieben und grafisch veranschaulicht.

Um einen sicheren Stapellauf zu gewährleisten, werden Berechnungen durchgeführt, um zu bestätigen, dass:

1. das Schiff *nicht mit dem Bug nach oben über das hintere Ende der Ablaufbahn kippen* wird. Dies erfordert, dass, sobald G das Ende der Ablaufbahn passiert hat, das Moment der Auftriebskraft um das Ende der Ablaufbahn immer das Moment des Gewichts um das Ende der Ablaufbahn übersteigt (siehe Abb. 1 und 7).
2. die *maximalen Lasten auf dem vorderen Tragzapfen (engl. poppet)* (am Ablaufgerüst (engl. cradle)) sowohl aufgrund derer eigenen Struktur als auch aufgrund der Struktur des Rumpfes ertragen werden können. Falls notwendig, kann eine interne Abstützung/temporäre Struktur verwendet werden, um den Rumpf lokal zu verstärken. Die maximale Tragzapfenlast tritt am Punkt des *Hecklifts* auf, wo das Moment der Auftriebskraft um den vorderen Tragzapfen gestiegen ist, um das Gewichtsmoment um den vorderen Tragzapfen auszugleichen (siehe Abb. 6 und 7).
3. die *Last auf dem vorderen Tragzapfen auf null fällt, bevor der vordere Tragzapfen das Ende der Ablaufbahn passiert*. Dies soll sicherstellen, dass der Bug nicht gewaltsam von der Ablaufbahn fällt, was möglicherweise dazu führt, dass der Bug auf das Flussbett kippt und dadurch strukturelle Schäden verursacht werden (siehe Abb. 7). Die Last auf dem vorderen Tragzapfen beträgt $F = W - B$.

Abb. 1 Momente am Ende der Ablaufbahn

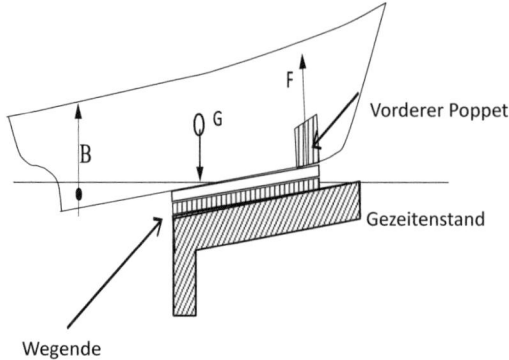

Abb. 2 Gleitende und feste Teile der Stapellaufbahn

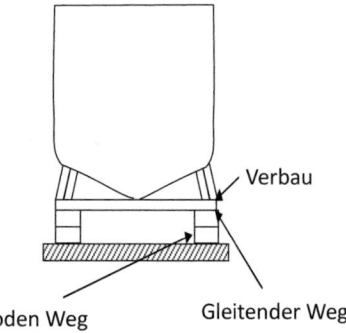

4. das Schiff statisch stabil bleibt, trotz der Last auf dem vorderen Tragzapfen, für die gesamte Strecke bis zu dem Punkt, an dem das Heck anhebt. Die instabilste Position ist am Punkt des Hecklifts.
5. die Drücke zwischen den gleitenden und festen Teilen der Rampe auf das Schmierfett vertretbar sein sollten (siehe Abb. 2). Dies impliziert Beschränkungen sowohl auf den durchschnittlichen Druck über die gesamte Kontaktfläche als auch auf den Spitzenwert (der an einem Ende der Kontaktfläche auftritt).
6. die während des Stapellaufs erreichte Geschwindigkeit kontrolliert werden kann und Zugketten ausgewählt werden, die das Schiff innerhalb der Grenzen der sicheren Fahrt stoppen, die normalerweise durch die Breite des Flusses definiert sind.

1 Geometrie der Stapellaufbahn

1.1 Gerade Ablaufbahn

α = Kielgefälle
β = Ablaufbahngefälle

Abb. 3 Gerade Ablaufbahn

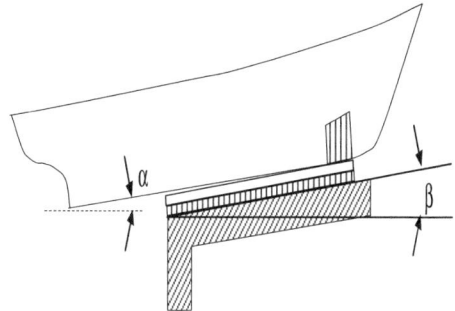

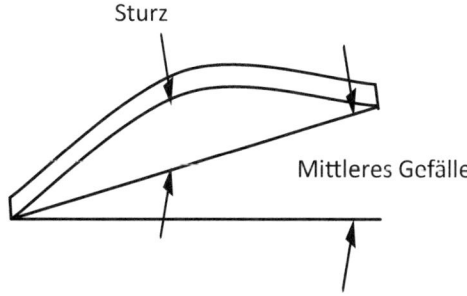

Abb. 4 Gekrümmte Ablaufbahn

Typischerweise ist $\alpha = 1{:}20$, und β ist ein festes Merkmal der Helling (siehe Abb. 3). α ist normalerweise kleiner als β und kann durch das Aufstellen des Stapelblocks vor Baubeginn gewählt werden. Das hat Auswirkungen beim Stapellauf und erfordert daher frühzeitige Überlegungen!

1.2 Gekrümmte Ablaufbahn

Die Krümmung sollte kreisförmig sein, damit Gleit- und feste Bahn über die gesamte Länge der Ablaufbahn ordnungsgemäß zusammenpassen (siehe Abb. 4). Das Schiff ändert seinen Trimm (α ändert sich), während es die Stapellaufbahn hinunterfährt. Da die Wölbung klein ist, reicht es aus, für die Zwecke der Stapellaufberechnungen eine parabolische Wölbung anzunehmen.

2 Berechnungen zum Stapellauf

Stapellaufkurven werden auf Basis der Bewegung entlang der Ablaufbahn für einen geeigneten Bereich von Gezeitenhöhen gezeichnet, die den erwarteten Zeitraum des Stapellaufs abdecken. An jedem Punkt auf den Kurven werden Tiefgänge an jedem Abschnitt des Rumpfplans festgelegt und zumindest **Bonjean**-Daten erhoben. Es kann auch wünschenswert sein, Versätze von der Wasserlinienebene und vertikale Momente zu ermitteln, um Stabilitätsinformationen zu berechnen. Die Berechnungen fallen in zwei Teile: (a) vor dem Hecklift; (b) nach dem Hecklift.

2.1 Bevor das Heck Auftrieb hat

Gesamtlast auf der Ablaufbahn $= W - B$. Angenommen wird eine lineare Druckverteilung entlang der Teile der Ablaufbahn, die mit dem Schiff in Kontakt stehen, derart, dass Auftrieb und Wegkraftlasten um um den Schwerpunkt ausgeglichen werden. Dies wird verwendet, um den mittleren Druck auf die Ablaufbahn zu berechnen und den maximalen Druck darauf zu ermitteln (entweder am vorderen oder hinteren Ende der Ablaufbahn, abhängig von der Bewegung), wie in Abb. 5 gezeigt.

2.2 Nachdem das Heck Auftrieb hat

Das Schiff trimmt um den vorderen Tragzapfen, bis das Auftriebsmoment um den Tragzapfen das Gewichtsmoment ausgleicht (siehe Abb. 6 und 7). Die Berechnungen gehen von einer Reihe von Trimmwerten aus und stellen dem Momentkurven entgegen, um den Ausgleichspunkt zu identifizieren.

2.3 Stapellaufkurven

Die Berechnungen gehen von einem statischen Gleichgewicht während des gesamten Stapellaufprozesses aus. Die relevanten Kurven sind in Abb. 7 skizziert.

Abb. 5 Gerade Ablaufbahn

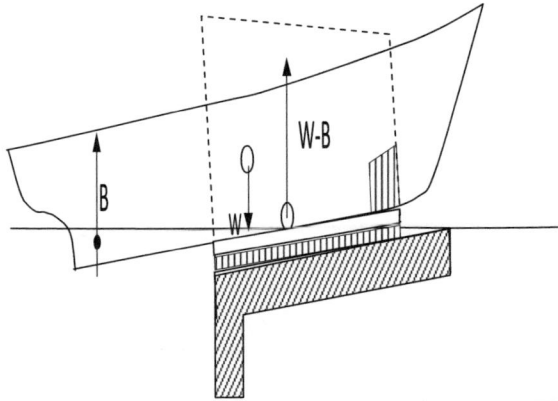

2 Berechnungen zum Stapellauf   147

Abb. 6 Bevor das Heck Auftrieb hat

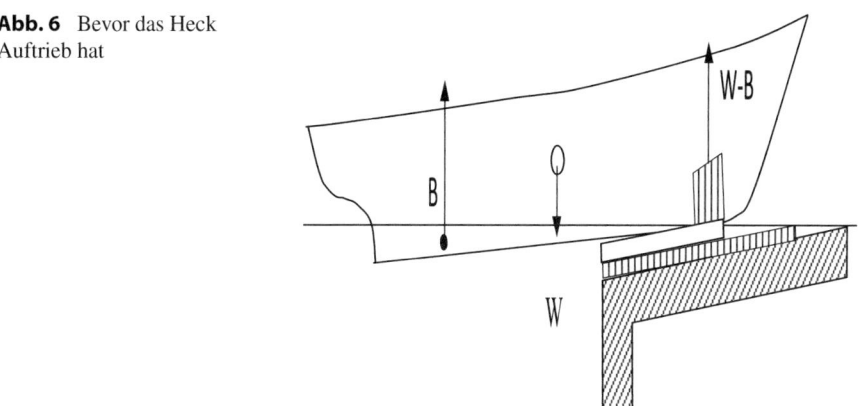

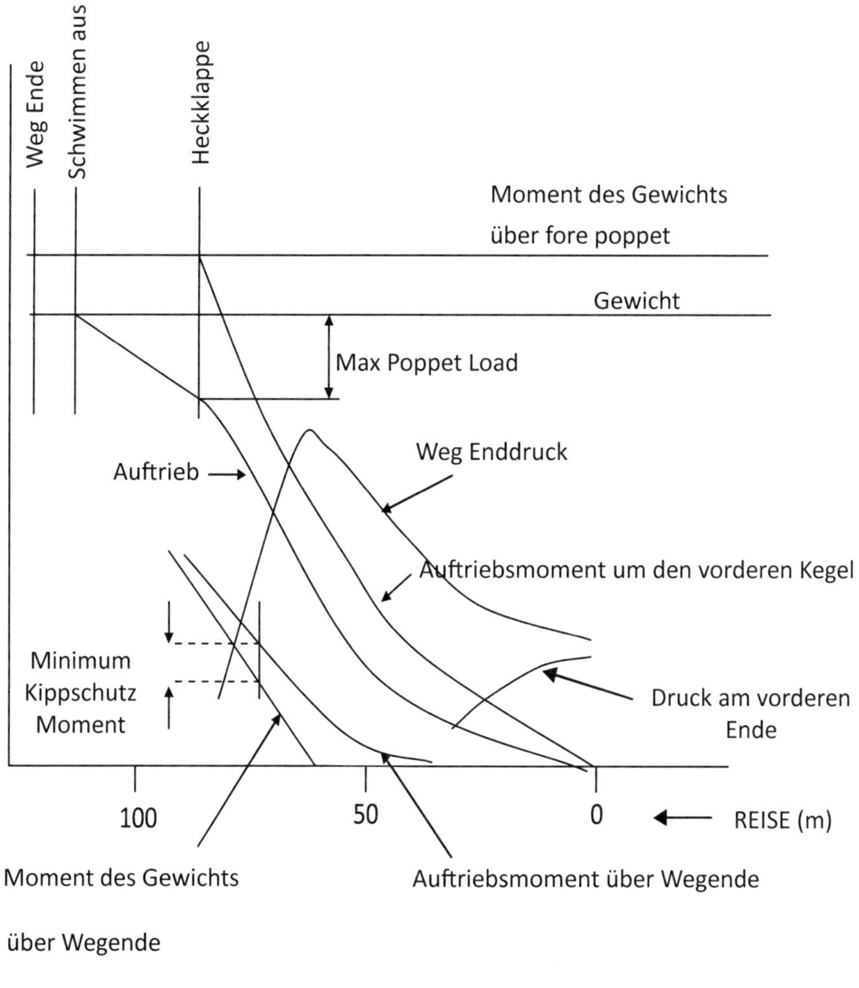

Abb. 7 Stapellaufkurven

3 Zusammenfassung

- Die grundlegenden Aspekte des Stapellaufs werden zusammengefasst.
- Die Grundlagen der Ablaufbahngeometrien wurden diskutiert.
- Die Berechnungen zum Stapellauf wurden beschrieben und grafisch veranschaulicht. Besonderes Augenmerk wurde auf folgende Punkte gelegt:
  - Sicherstellung, dass das Schiff nicht mit dem Bug nach oben über das hintere Ende der Ablaufbahn kippen wird
  - Maximale vordere Tragzapfenlast, die auftritt, wenn das Heck Auftrieb bekommt
  - Das Schiff schwimmt ab (d. h. die vordere Tragzapfenlast wird null), bevor der vordere Tragzapfen das Ende der Ablaufbahn passiert.

Methoden zur Stabilitätsbewertung (deterministisch und probabilistisch)

13

1 Hintergrund

1.1 IMO

Eine von allen geteilte Forderung war die Verbesserung der Sicherheit auf See durch die Entwicklung international verbindlicher Vorschriften, die von allen Nationen, die Schiffe betreiben, befolgt und eingehalten werden. Seit Mitte des neunzehnten Jahrhunderts wurde - meist nach einer großen Schiffskatastrophe - eine Reihe von Verträgen, zum Beispiel der Merchant Shipping Act von 1854, ausgehandelt und beschlossen. Dies führte nach dem Untergang der *Titanic* im Jahr 1912 auf ihrer Jungfernfahrt von Großbritannien in die USA zunächst zur Verfassung der SOLAS-Konvention (Safety Of Life At Sea). Nach dieser Katastrophe und weiteren Entwicklungen erreichten mehrere Länder nach der Gründung der Vereinten Nationen, dass auf einer internationalen Konferenz in Genf im Jahr 1948 die Inter-Governmental Maritime Consultative Organisation (IMCO) angenommen wurde, die schließlich 1982 ihren Namen in International Maritime Organisation (IMO) änderte. Die IMCO-Konvention trat 1958 in Kraft, und die Organisation trat erstmals 1959 zusammen. Der Hauptsitz der IMO befindet sich im Zentrum von London.

1.2 Entwicklungen in der Schiffsstabilität

Neuere Entwicklungen im Design von Passagierschiffen haben zu immer größeren Schiffen und einer damit verbundenen zunehmenden Kapazität für die Beförderung von Passagieren und Besatzungsmitgliedern geführt. Moderne Kreuzfahrtschiffe sind darauf ausgelegt, mehrere tausend Menschen zu befördern, und obwohl Unfälle mit solch großen Passagierschiffen selten sind, könnten die Folgen eines schweren Unfalls katastrophal sein. Die Sicherheit von großen Passagierschiffen ist daher ein zunehmend wichtiges Thema. Einige frühere Katastrophen mit einer großen Anzahl von Todesfällen auf Passagierschiffen sind die Kollision der *Titanic* im Jahr 1912 (mehr als 1500 Todesfälle), die Kollision zwischen *Andrea Doria* und *Stockholm* im Jahr 1956 (zusammen 51 Todesfälle), die Kollision der *Admiral Nakhimov (früher Berlin III)* mit *Pyotr Vasev* im Jahr 1986 (425 Todesfälle), das Kentern der *Herald of Free Enterprise* im Jahr 1987 (193 Todesfälle), die Kollision und das anschließende Feuer und Sinken der *Dona Paz* im Jahr 1987 (4386 Todesfälle), das Feuer auf der *Scandinavia Star* im Jahr 1990 (158 Todesfälle), das Sinken der *Estonia* im Jahr 1994 (852 Todesfälle), das Feuer und anschließende Sinken der *Dashun* im Jahr 1999 (282 Todesfälle) und zuletzt das Sinken der *Sewol* im Jahr 2014 (476 Todesfälle). Dies sind nur einige Beispiele für größere Unfälle mit Passagierschiffen, und obwohl alle Unfälle durch eine Reihe von sehr speziellen Umständen gekennzeichnet sind, die zur Katastrophe führen, dienen sie als gute Beispiele für die schwerwiegenden Folgen, die Unfälle mit Passagierschiffen haben können.

Die SOLAS-Konvention mit ihren aufeinanderfolgenden Fassungen wird allgemein als das wichtigste aller internationalen Abkommen zur Sicherheit von Handelsschiffen angesehen. Die erste Version wurde 1914 als Reaktion auf die *Titanic*-Katastrophe angenommen, die zweite 1929, die dritte 1948, die vierte 1960 und die fünfte 1974. Das Hauptziel der SOLAS-Konvention ist es, Mindeststandards für den Bau, die Ausrüstung und den Betrieb von Schiffen festzulegen, die mit ihrer Sicherheit vereinbar sind. Die Flaggenstaaten sind dafür verantwortlich, dass die unter ihrer Flagge fahrenden Schiffe den Anforderungen entsprechen, und in der Konvention sind eine Reihe von Zertifikaten vorgeschrieben, die belegen, dass dies erfüllt ist. Kontrollbestimmungen ermöglichen es auch den Vertragsregierungen, Schiffe anderer Vertragsstaaten zu inspizieren, wenn es klare Gründe dafür gibt, dass das Schiff und seine Ausrüstung in wesentlichen Punkten den Anforderungen der Konvention nicht entsprechen – dieses Verfahren wird als Port State Control bezeichnet. Die aktuelle SOLAS-Konvention enthält Artikel, die allgemeine Verpflichtungen, Änderungsverfahren usw. festlegen, und wird gefolgt von einem Anhang, der in die folgenden Kapitel unterteilt ist:

1. Kapitel I – Allgemeine Bestimmungen
2. Kapitel II
    a. Kapitel II-1 – Bau – Unterteilung und Stabilität, Maschinen- und Elektroinstallationen
    b. Kapitel II-2 – Brandschutz, Brandmelder und Brandbekämpfung
3. Kapitel III – Rettungsgeräte und -anordnungen
4. Kapitel IV – Funkkommunikation
5. Kapitel V – Sicherheit der Navigation
6. Kapitel VI – Beförderung von Ladungen
7. Kapitel VII – Beförderung gefährlicher Güter
8. Kapitel VIII – Schiffe mit Atomantrieb
9. Kapitel IX – Management für den sicheren Betrieb von Schiffen
10. Kapitel X – Sicherheitsmaßnahmen für Hochgeschwindigkeitsboote

1 Hintergrund

11. Kapitel XI
    a. Kapitel XI-1 – Besondere Maßnahmen zur Verbesserung der Gefahrenvermeidung auf See (engl. *safety*)
    b. Kapitel XI-2 – Besondere Maßnahmen zur Verbesserung der Sicherheit auf See (engl. *security*)
12. Kapitel XII – Zusätzliche Sicherheitsmaßnahmen für Massengutschiffe
13. Kapitel XIII – Überprüfung der Einhaltung
14. Kapitel XIV – Sicherheitsmaßnahmen für Schiffe, die in polaren Gewässern operieren

Die Konventionen SOLAS 1929 bis zur SOLAS 1960 legten eine Reihe von Anforderungen für die Anzahl und Anordnung von wasserdichten Schotten und für die Stabilität von Schiffen nach Schäden fest. Es wurde anerkannt, dass die semi-empirische Natur der deterministischen Ansätze erforderlich war und von den Eigenschaften bisher bekannter Katastrophen ausging. In SOLAS 1960 sprach Wendel über die grundlegende Idee einer wahrscheinlichkeitstheoretischen Methode zur Bewertung der wasserdichten Unterteilungen, die es ermöglicht, verschiedene Szenarien möglicher Schadenssituationen zu untersuchen. Dies wurde einige Jahre später in SOLAS 1974 in der Resolution *A265* angenommen.

Seit der Konvention SOLAS 1974 wurden eine Reihe von Konsolidierungsausgaben von der IMO genehmigt. Eine davon, die für dieses Kapitel von direktem Interesse ist, ist SOLAS 2009. Referenzen [1–4]. Um einen einfachen Verweis auf alle SOLAS-Anforderungen zu bieten, die ab dem 1. Juli 2009 gelten, präsentiert diese Ausgabe einen konsolidierten Text der SOLAS-Konvention, ihrer Protokolle von 1978 und 1988 und aller Änderungen, die ab diesem Datum in Kraft sind.

Die vollständig aktualisierte Ausgabe 2009 enthält eine Reihe neuer SOLAS-Verordnungen, die nach der letzten konsolidierten Ausgabe der Konvention verabschiedet wurden. Die SOLAS-Bestimmungen zum Korrosionsschutz wurden aktualisiert und erweitert, und die neuen Anforderungen sind in Kap. II-1 aufgenommen. Darüber hinaus wurde Kap. II-1 umfassend überarbeitet, und enthält nur probabilistische Anforderungen an die Unterteilung und Stabilität eines beschädigten Schiffs und hat nun auch einen neuen Teil F, der alternative Entwürfe und Anordnungen betrifft. Der Anhang zur Konvention bezüglich der SOLAS-Formulare für Zertifikate enthält die vollständig überarbeiteten Sicherheitszertifikate für Atomkraft-, Passagier- und Frachtschiffe, und die Liste der an Bord von Schiffen mitzuführenden Zertifikate und Dokumente, überarbeitet, ist ebenfalls hinzugefügt.

Diese Veröffentlichung, die vom Sekretariat zusammengestellt wurde, um einen einfachen Verweis auf die SOLAS-Anforderungen zu bieten, enthält einen konsolidierten Text der SOLAS-Konvention von 1974, des SOLAS-Protokolls von 1988 und aller nachfolgenden Änderungen, die ab dem 1. Juli 2009 in Kraft sind. SOLAS-Änderungen von 2006 beinhalten zusätzliche Änderungen in Form der Resolution MSC.201(81) und Anhang 3 der Resolution MSC.216(82) (S. 1–6 bzw. 88–101), die am 1. Juli 2010 in Kraft getreten sind. Da diese Änderungen nicht in SOLAS 2009 enthalten sind, wurden sie hier zur einfachen Referenz der Veröffentlichung hinzugefügt.

Es gibt neuere konsolidierte Ausgaben von SOLAS, die neueste ist SOLAS 2016, aber da wir uns in diesem Lehrbuch mit Stabilitätsproblemen befassen, wird oft SOLAS 2009 als das die relevanteste zitiert.

1.3 Geschichte der Entwicklung der probabilistischen Methodik

Zwei große Unfälle von RoRo-Passagierschiffen in Europa, nämlich die tragischen Verluste der *Herald of Free Enterprise* im Jahr 1987 und der *Estonia* im Jahr 1994, legten die Arbeit der IMO zur Harmonisierung der bestehenden Regeln für die Stabilität eines beschädigten Schiffs für einige Zeit auf Eis. Als dringende Angelegenheit nahmen sich die SLF- (Stabilität, Ladungslinien und Fischereifahrzeuge) und MSC- (Maritime Safety Committee) Ausschüsse der IMO zunächst einer Überarbeitung der bestehenden deterministischen Änderungen von 1990 und 1992 der SOLAS-Vorschriften zur Stabilität eines beschädigten Schiffs für Passagierschiffe an, um das Problem des Wassers auf dem Deck von RoRo-Passagierschiffen zu berücksichtigen. Nach der Annahme der besonderen verbesserten deterministischen Anforderungen in der SOLAS-Konvention von 1995 brachten die relevanten Ausschüsse der IMO die Harmonisierung der Regeln für die Stabilität eines beschädigten Schiffs wieder auf die regulatorische Agenda, und ein erster Vorschlag für eine Überarbeitung von SOLAS Kap. II-1 Teile A, B und B-1 wurde auf der Zwischensitzung der IMO-SLF42 im Jahr 1998 diskutiert.

Während dieser Forschungsperiode, in der die zukünftige Richtung festgelegt werden sollte, schlug ein Team von europäischen Industrieunternehmen, Klassifikationsgesellschaften, Universitäten und Forschungseinrichtungen, Verwaltungen und anderen der Europäischen Kommission das Forschungsprojekt, HARDER (2000 → 2003) vor und erhielt eine Finanzierung. Das Hauptziel dieses Projekts war es, Wissen im allgemeinen Bereich der Stabilität eines beschädigten Schiffs von Schiffen durch systematische grundlegende und angewandte Forschung zu generieren und eine Vielzahl von technischen Fragen von großer Bedeutung für die Harmonisierungsarbeit des beauftragten IMO-SLF-Unterausschusses zu klären. Während des HARDER-Projekts wurde das neue harmonisierte probabilistische Konzept zur Stabilität eines beschädigten Schiffs, bekannt als der SLF42-Vorschlag, der bei der IMO entwickelt wurde, systematisch bewertet, und ein verbesserter Vorschlag wurde zur Diskussion bei der IMO vorgelegt, bekannt als der HARDER-SLF46-Vorschlag. Beide Konzepte wurden ausführlich in IMO-SLF 46/INF.5 diskutiert. Im September 2003 wurde die Harmonisierungsarbeit tatsächlich abgeschlossen. Aber auch einige späte Bedenken wurden bei der IMO geäußert, insbesondere in Bezug auf die scheinbar schwerwiegenden Auswirkungen der vorgeschlagenen neuen harmonisierten Vorschriften zur Stabilität eines beschädigten Schiffs auf das Design (und die Wirtschaftlichkeit) von sehr großen Passagierschiffen, was die formelle Genehmigung der relevanten Vorschriften wieder auf Eis legte. Das IMO-MSC wies den SLF-Unterausschuss an, die Anliegen erneut zu prüfen, und als Ergebnis wurden eine Reihe neuer Studien durchgeführt, die sich insbesondere mit der Stabilität eines beschädigten Schiffs von großen Passagierschiffen befassten. Zugehörige Vorschläge für Änderungen wurden zur Berücksichtigung an IMO-SLF46 und MSC78 eingereicht.

Auf der Grundlage der Arbeit der Internationalen Korrespondenzgruppe von IMO-SLF46/47 wurde der HARDER-SLF46-Vorschlag überarbeitet und führte zum SLF47-Vorschlag, der im September 2004 im Wesentlichen als IMO-SLF47 kurz darauf bei IMO-MSC79 genehmigt wurde. Dieser Vorschlag wurde jedoch, in Bezug auf die Bewertungsmethode für große Schiffe, auf dem Weg von der MSC79- zur MSC80-Sitzung im Mai 2005 erneut überarbeitet, wo er schließlich angenommen wurde. Es ist zu beachten, dass das schließlich angenommene probabilistische Konzept MSC80 zur Beurteilung der Stabilität eines beschädigten Schiffs für alle neuen Trockenfracht- und Passagierschiffe gelten sollte, die nach dem 1. Januar 2009 gebaut wurden.

2 Berechnungen zur Stabilität eines beschädigten Schiffs

Berechnungen zur Stabilität von beschädigten Schiffen sind kompliziert und mühsam. Derzeit werden zwei verschiedene Analysekonzepte angewendet: das *deterministische* Konzept und das *probabilistische* Konzept. Für beide Konzepte werden die Berechnungen zur Stabilität eines beschädigten Schiffs normalerweise nach der Methode des wegfallenden Volumens oder der wegfallenden Verdrängung durchgeführt. Leider wird der Kollisionswiderstand bei der Beurteilung der Stabilität eines beschädigten Schiffs nicht berücksichtigt, und Schiffe mit verstärkten Seitenstrukturen werden genauso behandelt wie Einrumpfschiffe. Ein deterministischer Ansatz ist ein perfekt vorhersehbarer Ansatz. Das heißt, der Ansatz folgt einer vollständig bekannten Regel, z. B. einem festen Verfahren, sodass ein gegebener Input immer den gleichen Output liefert. Die Zustände eines Systems, das durch einen deterministischen Ansatz beschrieben wird, können Zahlen sein, die physikalische Eigenschaften des Systems spezifizieren, zum Beispiel Beobachtbares wie Länge oder Masse. Die aktuellen Vorschriften zur Stabilität eines beschädigten Schiffs sind in Tab. 1 zusammengefasst.

Für die deterministische Stabilität eines beschädigten Schiffen (DS) wird gesagt, dass diese Vorschriften einem deterministischen Ansatz folgen, weil

Tab. 1 Aktuelle Vorschriften zur Stabilität eines beschädigten Schiffs

A	Passagierschiffe vor 2009	Deterministisch
B	Das Stockholmer Abkommen	Probabilistisch
C	Vorschriften für die sichere Rückkehr in den Hafen	Deterministisch
D	Anforderungen an die Stabilität eines beschädigten Schiffs – Typ A/B Schiffe (vor 2009)	Deterministisch
E	SOLAS-Regeln für die Stabilität eines beschädigten Schiffs nach 2009	Probabilistisch

das Schiff einen vorbestimmten Schaden überstehen muss [5]. Bei der deterministischen Stabilität eines beschädigten Schiffs geht darum, sicherzustellen, dass ein Schiff *sicher genug* ist. Es war lange Zeit die dominierende Methode, und die DS-Vorschriften sind aus verschiedenen Gründen noch heute in Gebrauch. Erstens decken die probabilistischen Vorschriften für die Stabilität eines beschädigten Schiffs (PS) nicht alle Schiffstypen ab. Zweitens, trotz des bekannten Konservatismus der DS-Vorschriften, hat sie eine lange Erfolgsgeschichte, und die Gesellschaft neigt im Allgemeinen dazu, bewährten Methoden zu vertrauen. *A, C* und *D* in Tab. 2 wie in den vorherigen Kapiteln dieses Lehrbuchs folgen einem deterministischen Ansatz. Wie erwähnt gelten diese drei Vorschriften für verschiedene Arten von Passagierschiffen. Neben dem SOLAS-74-Standard, der normale Passagierschiffe regelt, gibt Tab. 2 einen Überblick über andere IMO-Instrumente, die DS-Bestimmungen enthalten [6].

Diese Methode basiert auf Schadensannahmen wie Schäden an der Länge, an der Querausdehnung und an der vertikalen Ausdehnung. Je nach Schiffstyp oder potentiellem Risiko für die Umwelt, das sich aus der Art der transportierten Fracht ergibt, muss die Einhaltung eines erforderlichen Abteilungsstatuses nachgewiesen werden. Das deterministische Konzept gilt für Chemie- und Flüssiggastanker, Massengutschiffe, Offshore-Versorgungsschiffe, Hochgeschwindigkeitsboote und Spezialschiffe.

2.1 Schadensausmaß

Das Schadensausmaß umfasst das Längs-, Quer- und Vertikalausmaß des Schadens. Das Längsausmaß des Schadens wird durch die Länge des Schiffs L bestimmt, wie durch Gl. 1 berechnet (Patterson und Ridley [7]):

$$\text{Längsausmass des Schadens} = \min(3 + 0{,}03 \times L, 11) \, [\text{m}] \qquad (1)$$

Die Definition der Schiffslänge geht zurück auf die Internationale Konvention über die Freibordmarken, 1966 (ICCL-66), die besagt: *Länge bedeutet 96 % der Gesamtlänge auf einer Wasserlinie bei 85 % der geringsten gemallten Höhe,*

Tab. 2 IMO-Instrumente, die die deterministische Stabilität eines beschädigten Schiffs enthalten

	Regulatorischer Rahmen	Anwendungsbereich
A	ICCL-66	Frachtschiffe und Tanker mit reduziertem Freibord
B	MARPOL-73/78	Tanker, die Ölfracht transportieren
C	IBC Code	Schiffe, die gefährliche Chemikalien in großen Mengen transportieren
D	IGC Code	Schiffe, die verflüssigte Gase in großen Mengen transportieren
E	HSC Code	Hochgeschwindigkeitsboote

gemessen vom oberen Ende des Kiels, oder die Länge von der Vorderseite des Stevens zur Achse des Ruderstocks auf dieser Wasserlinie, wenn diese größer ist. Wo die Stevenkontur oberhalb der Wasserlinie bei 85 % der geringsten Seitenhöhe konkav ist, sollen sowohl das vordere Ende der Gesamtlänge als auch die Vorderseite des Stevens jeweils an der vertikalen Projektion auf diese Wasserlinie des hintersten Punktes der Stevenkontur (oberhalb dieser Wasserlinie) genommen werden. Bei Schiffen mit Kielschrägung soll die Wasserlinie, auf der diese Länge gemessen wird, parallel zur geplanten Wasserlinie sein. (IMO 1966). Diese Definition wird noch heute verwendet und ist in Abb. 1 dargestellt (Djupvik et al. [8]).

Das Querausmaß des Schadens wird durch Gl. 2 bestimmt, wobei B die Breite des Schiffs ist. B wird am tiefen Schottentiefgang gemessen (Ladelinie), im rechten Winkel zur Schiffsseite bis zur Mittellinie (Hjort und Olufsen [6]; Patterson und Ridley [7]).

$$\text{Querausmaäss des Schadens} = \min\left(\frac{B}{5}, 11{,}5\right) \text{[m]} \qquad (2)$$

Das Vertikalausmaß des Schadens hat keine Begrenzungen und wird als die gesamte Tiefe des Schiffs angenommen. Darüber hinaus soll immer das schlimmste Beladungsszenario angenommen werden. Die Durchlässigkeit wird auf z. B. 95 % für Unterkünfte und 85 % für Maschinenräume festgelegt. Wenn ein geringerer Schaden einen schlechteren Zustand verursacht, dann soll der schlimmste Fall verwendet werden (Patterson und Ridley [7]).

Als Beispiel zeigt das Dreieck einen Schaden, der die Räume in Zone 2 dem Meer öffnet, und das Parallelogramm illustriert einen Schaden, bei dem die Räume in den Zonen 4, 5 und 6 gleichzeitig überflutet werden.

2.2 Anforderungen

Nachdem das Schiff in einem Schadensszenario, in dem ein oder mehrere Abteile überschwemmt wurden, eine Gleichgewichtsposition erreicht hat und die Methode der wegfallenden Verdrängung zur Berechnung der Trimmung und der Stabilität

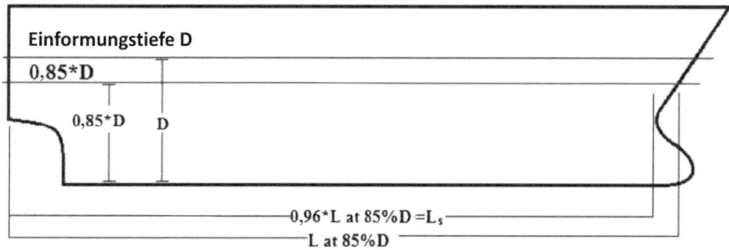

Abb. 1 Schiffslänge wie in ICCL-66 angegeben [8]

im beschädigten Zustand verwendet wurde, müssen die folgenden Anforderungen erfüllt sein [7], siehe Abb. 2:

- $GM > 0{,}05$ m
- Krängungswinkel $\leq 7°$ bei Überflutung eines Abteils, oder $12°$ bei Überflutung von zwei oder mehr angrenzenden Abteilen
- Spezifische Mindestanforderungen in Bezug auf den Bereich unter der GZ-Kurve (siehe Abb. 2)
- Stabilitätsbereich $\geq 15°$. Diese Anforderung kann von $15°$ auf $10°$ reduziert werden, wenn der Bereich unter der GZ-Kurve um ein bestimmtes Verhältnis zunimmt
- Spitzenwert $GZ = \max\left(\frac{\text{Krängungsmoment}}{\Delta} + 0{,}04 , 0{,}10\right)$, wobei das Krängungsmoment erzeugt wird durch:
  - Alle Passagiere drängen sich auf einer Seite des Schiffs, wo sich die Sammelstellen befinden, bei einem Passagiergewicht von 75 kg und einer Dichte von 4 Passagieren pro Quadratmeter.
  - Alle vollbeladenen Rettungsboote werden auf einer Seite des Schiffs zu Wasser gelassen.
  - Winddruck $= 120$ N/m^2 auf einer Seite des Schiffs.

Bei keiner Art von Passagierschiff darf der Sicherheitsrand in der endgültigen Gleichgewichtsposition unter Wasser liegen.

2.3 Probabilistischer Ansatz für die Stabilität eines beschädigten Schiffs

Was ist ein probabilistischer Ansatz? Zunächst einmal ein Grad an Unsicherheit. Daher sind *Zufallsvariablen* erforderlich, um Vorhersagemodelle zu entwickeln,

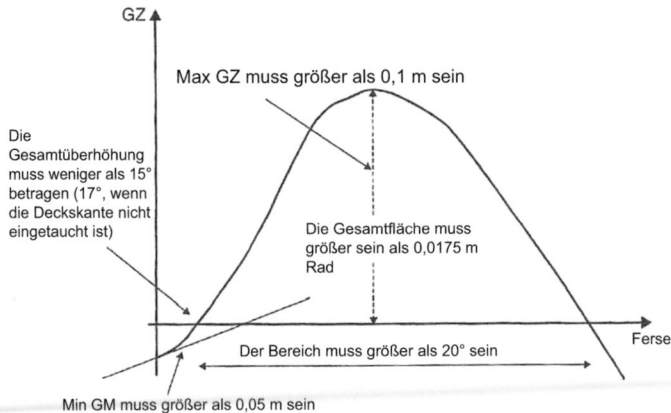

Abb. 2 Anforderungen an die Stabilität eines beschädigten Schiffs (vor 2009)

die beispielsweise zur Beschreibung des Verhaltens eines Systems verwendet werden können. Es gibt keine universelle Definition von *Zufälligkeit*, aber im Kontext der Stabilität eines beschädigten Schiffs wird darunter verstanden, dass Unfälle und das Ausmaß von Unfallschäden unvorhersehbar sind. Um das Unvorhersehbare abzubilden, ist das einzige verfügbare analytische Werkzeug die Wahrscheinlichkeitstheorie. Wissen aus vergangenen Erfahrungen, z. B. Schadensstatistiken, kann verwendet werden, um zufällige Faktoren vorherzusagen, die die endgültige Folge von Schäden an einem Schiffsrumpf beeinflussen. Solche zufälligen Faktoren können die Masse und die Geschwindigkeit des rammenden Schiffs sein. Der Einfluss dieser zufälligen Faktoren ist für Schiffe mit unterschiedlichen Eigenschaften unterschiedlich; beispielsweise aufgrund von Unterschieden im Bereich der Durchlässigkeit und des Tiefgangs im Betrieb (IMO [4]; Kirchsteiger [5]). Die "PS"-Regelungen, die am 1. Januar 2009 als Teil von SOLAS 2009 Kap. II-1, Teil $B-1$ Stabilität, in Kraft traten, gelten für Schiffe mit Trockenfracht und einer Länge von 80 m oder mehr und alle Passagierschiffe, die an oder nach diesem Datum auf Kiel gelegt wurden. Ein Passagierschiff wird gemäß der IMO-Definition als ein Schiff definiert, das mehr als 12 Passagiere befördert. Darüber hinaus sind aufgrund der Annahme des *Sicherheitscodes für Spezialschiffe, 2008* (SPS-Code) durch die IMO-Resolution MSC.266(84) im Jahr 2008 auch Spezialschiffe (SPS) abgedeckt. Außerdem müssen alle Schiffe, auf die die PS-Regelungen anwendbar sind, einen Doppelboden und automatische Querflutungseinrichtungen haben, die das Schiff innerhalb von 10 min stabilisieren. Ferner gibt es, wenn das Schiff mehr als 36 Passagiere befördert, zusätzliche deterministische Anforderungen. Diese werden hier nicht im Detail erläutert, da der Schwerpunkt dieses Abschnitts auf der Erläuterung des probabilistischen Ansatzes liegt (IMO [1, 3]).

Ob ein Schiff nach den PS-Regelungen *sicher genug* ist oder nicht, wird durch die Gl. 3 bestimmt. In SOLAS 2009 Kap. II-1, Teil $B-1$ Stabilität, Reg. 7, wird A als der *erreichte Unterteilungsindex* (engl. *attained subdivision index*) und R als der *erforderliche Unterteilungsindex* (engl. *required subdivision index*) definiert. Zwei verschiedene Schiffe gelten als gleich sicher, wenn sie den gleichen Wert von A haben. Die Berechnung von A basiert auf der Wahrscheinlichkeit von Schäden, d. h. der Überflutung von Abteilen, und der Überlebensfähigkeit des Schiffs nach der Überflutung. Dies und mehr wird im Laufe dieses Abschnitts ausführlich erklärt (IMO [1]; IMO [4]; Patterson und Ridley [7]).

$$A > R \qquad (3)$$

2.3.1 Einschränkungen

Die aktuellen PS-Regelungen basieren auf Schadensstatistiken – genauer gesagt auf Kollisionsstatistiken. Eine Kollision kann ein Schiff-zu-Schiff-Kontakt oder ein Kontakt zwischen einem Schiff und einem Hindernis sein, z. B. einem Eisberg. Für die Bewertung von Grundberührungen gibt es in den Vorschriften keinen probabilistischen Ansatz, wahrscheinlich weil Grundberührungen nicht ausreichend statistisch erfasst werden. Jedoch ist eine weitverbreitete Technik für probabilistische Ansätze, wenn relevante Statistiken unzureichend sind, die

Monte-Carlo-Simulation. Mit anderen Worten, man könnte möglicherweise die Schadensstatistiken aus dem GOALDS-Projekt in Kombination mit der Monte-Carlo-Simulation als Grundlage verwenden, um einen Ansatz zu entwickeln. Die Wahrscheinlichkeitsverteilungen von GOALDS finden sich in IMO-SLF 55/INF.7 (Hjort und Olufsen [6]).

Darüber hinaus bietet Tab. 3 einen vollständigen Überblick darüber, welche Schiffstypen dem PS-Ansatz und welche Schiffstypen dem DS-Ansatz folgen.

2.4 Probabilistisches Konzept

2.4.1 Hintergrund

Der R-Index für Passagierschiffe wurde auf Grundlage von Stichprobenberechnungen aus dem HARDER-Projekt (Hjort und Olufsen [6]) erstellt. Weitere Informationen zur Entwicklung des R-Index sind schwer zu erhalten.

Ein wichtiges Ziel bei der Entwicklung der PS-Regelungen war es, sicherzustellen, dass neue und bestehende Schiffe ungefähr das gleiche Sicherheitsniveau bezüglich der PS-Regelungen haben sollten. Vor diesem Hintergrund wurde eine erste Formel für den R-Index für Passagierschiffe auf wissenschaftliche Weise entwickelt, indem mehrere Testläufe mit bestehenden Schiffen durchgeführt wurden. Das Problem mit diesem Ansatz war, dass der Wert des R-Index mit zunehmender

Tab. 3 Übersicht über die Konventionen zur Stabilität eines beschädigten Schiffs für verschiedene Schiffstypen

Code oder Konvention	Schiffstyp	Methode
SOLAS-2009	• Alle Passagierschiffe • Reine Passagierschiffe • RoRo-Schiffe • Kreuzfahrtschiffe	Probabilistisch
SPS-Code/SOLAS-2009	• Spezialschiffe	
SOLAS-2009	Trockenfrachtschiffe >80 m Länge • RoRo-Frachtschiffe • Autotransporter • Allgemeine Frachtschiffe • Massengutschiffe mit reduziertem Freibord und Decksladung (IACS einheitliche Interpretation Nr. 65) • Kabelleger	Probabilistisch
1966er Freibordvertrag	Trockenfrachtschiffe mit reduziertem Freibord	Deterministisch
1966er Freibordvertrag/MARPOL 73/78 Anhang 1	Öltanker	Deterministisch
Internationaler Bulk-Chemical-Code	Chemikalientanker	Deterministisch
Internationaler Code für Flüssiggastanker	Flüssiggastanker	Deterministisch

2 Berechnungen zur Stabilität eines beschädigten Schiffs

Schiffslänge und Passagierzahl abnahm. Dies war für die Mitgliedsländer der IMO völlig inakzeptabel; es wurde argumentiert, dass dies ein unausgewogenes Bild vom Sicherheitsniveau großer bestehender Passagierschiffe geben würde. Infolgedessen wurden ein *politisch korrekter* Kompromiss vereinbart und eine neue, aber nicht unbedingt wissenschaftlich *korrekte* Formel für den *R*-Index entwickelt. Die Erklärung für den abnehmenden Wert von *R* mit der ursprünglichen Formel für Passagierschiffe ist nicht klar, aber einige Gedanken sind hier zusammengefasst:

Bei den alten, deterministischen Regeln hing der Sicherheitsstandard des Schiffs vom Grad der wasserdichten Unterteilung des Schiffs ab, d. h. der Anzahl der eingebauten wasserdichten Schotte. Das Schadensausmaß repräsentierte den Abstand zwischen den wasserdichten Schotten, der maximal 11 m betrug. Daher betrug für die größeren Schiffe, die als Schiffe mit zwei Abteilungen im Sinne der Stabilität eines beschädigten Schiffs definiert waren, das Schadensausmaß 22 m. Im Vergleich dazu beträgt das maximale Schadensausmaß in den PS-Regelungen 60 m. Mit anderen Worten war das relative Schadensausmaß für die großen Schiffe sehr gering, und daher könnte man einen abnehmenden *R*-Index erwarten.

Die deterministische *B/5-Regel*, auf die die wasserdichten Anordnungen für bestehende Schiffe zu der Zeit in der Regel optimiert waren, könnte auch einen Einfluss auf den unerwartet abnehmenden *R*-Index-Wert gehabt haben; bei der Entwicklung der probabilistischen Regeln zeigten die Statistiken aus dem HARDER-Projekt, dass das maximale transversale Schadensausmaß *B* / 2 und nicht *B* / 5 sein sollte.

Die neuen SOLAS-2009-Vorschriften gelten für Trockenfrachtschiffe von 80 m Länge (*L*) und mehr und für alle Passagierschiffe mit einem Kiellegungsdatum am oder nach dem 1. Januar 2009, bzw. für Schiffe, die nach diesem Datum einen größeren Umbau durchlaufen. Die harmonisierten Vorschriften über Unterteilung und Stabilität eines beschädigten Schiffs sind in SOLAS Kap. II-1 in den Teilen *B* − 1 bis *B* − 4 enthalten. Diese Vorschriften verwenden die Überlebenswahrscheinlichkeit nach einem Schaden als Maß für die Sicherheit von Schiffen in einem beschädigten Zustand. Sie sollen den Schiffen einen Mindeststandard bei den Unterteilungen bieten, der durch den erforderlichen Unterteilungsindex *R* bestimmt wird, der von der Schiffslänge und der Anzahl der Passagiere abhängt. Jeder angenommene Schaden von beliebigem Ausmaß kann einen Beitrag zur Festlegung des erforderlichen Unterteilungsindex *R* leisten. Die Überlebenswahrscheinlichkeit in jedem Schadensfall wird bewertet, und die Summe aller positiven Überlebenswahrscheinlichkeiten ergibt einen erreichten Unterteilungsindex *A*. Der erreichte Unterteilungsindex *A* darf nicht kleiner sein als der erforderliche Unterteilungsindex *R*.

Für Frachtschiffe basierte die *R*-Index-Formel von Anfang an auf einem probabilistischen Ansatz, sodass es keine größeren Änderungen gab, die die Ergebnisse beeinflussten. Dies führt wiederum zu ziemlich gleichwertigen Ergebnissen für neue und alte Frachtschiffe. Allerdings wurde allgemein akzeptiert, dass einige Designs aufgrund der neuen Grundlage von statistischen Daten, zum Beispiel aus dem HARDER-Projekt, abweichen würden. Es sollte auch beachtet werden, dass die alten Regeln für Trockenfrachtschiffe in Wirklichkeit ein Kompromiss waren, der auf der Denkweise *Jede Regel ist besser als keine Regel* beruhte. Bei der Entwicklung des R-Index oder der PS-Regelungen im Allgemeinen mussten sie mit diesen Regeln umgehen. Wie bereits erwähnt, hat die Politik immer eine wichtige Rolle bei der Entwicklung von IMO-Regelungen gespielt, und Formeln können auf politischen Kompromissen basieren. Darum kann es schwierig sein, die Formeln vollständig zu verstehen.

Die Berechnungen sind für drei Anfangstiefgänge durchzuführen, siehe Abb. 3:

- ein tiefster Schottentiefgang ohne Trimm, d_s,
- ein teilweiser Schottentiefgang ohne Trimm, d_p,
- ein leichter Diensttiefgang mit einem Trimmniveau, das diesem Zustand entspricht, d_l.

Für jeden der drei betrachteten Tiefgänge muss der berechnete Teilindex A_s, A_p und A_l einen Prozentsatz des gesamten erreichten Index A erfüllen. Für Trockenfrachtschiffe soll dieser Prozentsatz nicht weniger als $0{,}5R$, für Passagierschiffe $0{,}9R$ betragen.

$$A = 0{,}4A_s + 0{,}4A_p + 0{,}2A_l \tag{4}$$

2.4.2 Zonenschaden

Um die Berechnung von A vorzubereiten, muss das zu betrachtende Schiff in eine feste diskrete Anzahl von Zonen unterteilt werden, in Längs-, Quer- und Vertikalrichtung. Eine Längszone oder einfach *Zone* ist definiert als *ein Längsintervall des Schiffs innerhalb der Abteilungslänge* (IMO [4]). Es liegt am Designer, wie die Zoneneinteilung erfolgt; die einzige Regel für die Unterteilung ist, dass die Abteilungslänge l_s die Extremwerte für den Rumpf in Längsrichtung definiert, wie in den Abb. 5, 6 und 7 gezeigt. Um die Sicherheit zu maximieren, sollte das Ziel sein, einen möglichst großen A-Index zu erreichen. Daher ist es wichtig, bei der Unterteilung strategisch vorzugehen, da jede Zone und alle Kombinationen von benachbarten Zonen zum A-Index beitragen. Mehr Zonen führen in der Regel zu einem größeren A-Index. Die Anzahl der Zonen sollte jedoch in gewissem Maße begrenzt sein, um die Rechenzeit auf einem akzeptablen Niveau zu halten. Eine Strategie könnte sein, die Zonen entsprechend der wasserdichten Unterteilung des Schiffs zu teilen, was als wirtschaftlich gilt. Darüber hinaus veranschaulicht

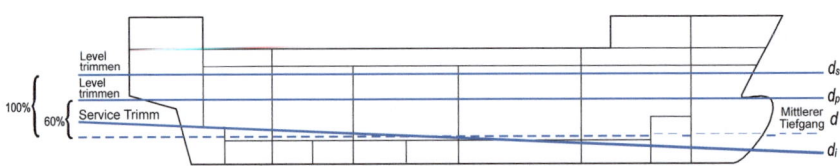

Abb. 3 Wasserlinien, die in probabilistischen Schadensberechnungen verwendet werden [4]

2 Berechnungen zur Stabilität eines beschädigten Schiffs   161

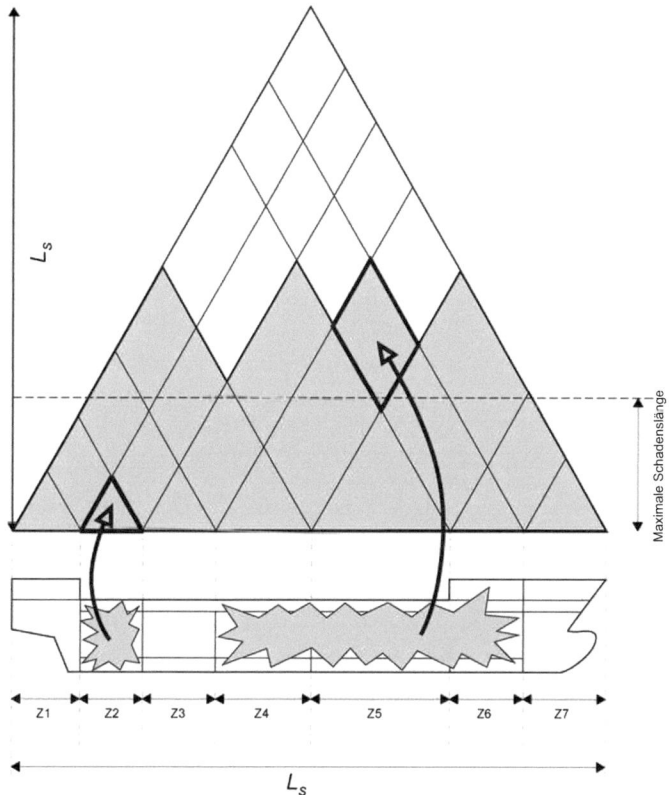

Abb. 4 Beispiel für eine Unterteilung (IMO [4])

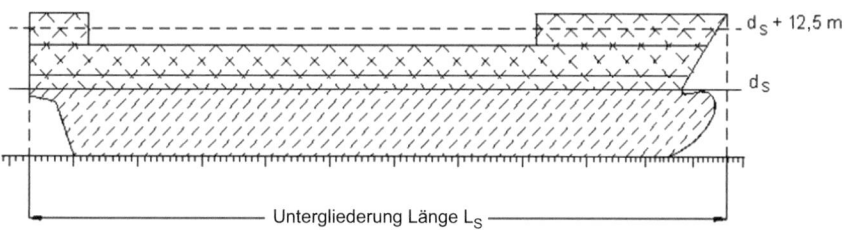

Abb. 5 Beispiel 1 zur Bestimmung der Abteilungslänge

Abb. 4 eine Sieben-Zonen-Teilung eines Schiffs mit den entsprechenden möglichen Einzel- und Mehrzonen-Schäden. Die unteren Dreiecke zeigen Ein-Zonen-Schäden an, während die Parallelogramme Mehr-Zonen-Schäden anzeigen IMO [1] (Djupvik et al. [8]; IMO [4]; Lützen [9]).

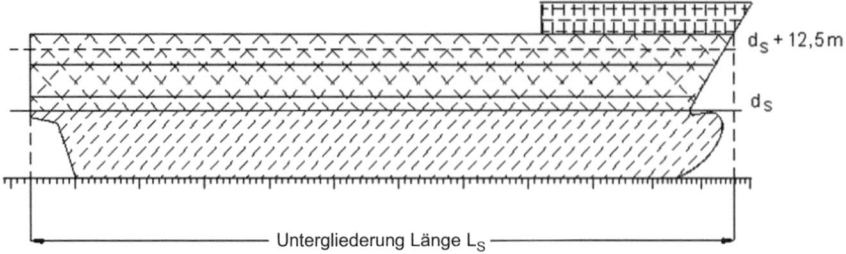

Abb. 6 Beispiel 2 zur Bestimmung der Abteilungslänge

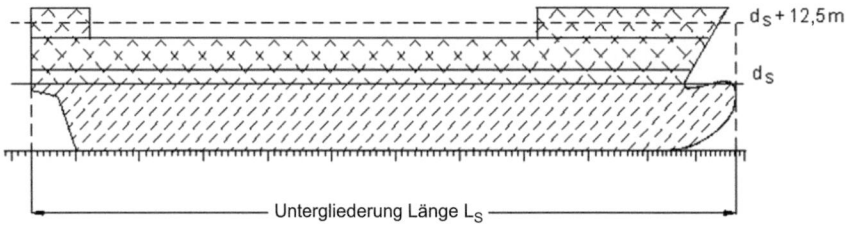

Abb. 7 Beispiel 3 zur Bestimmung der Abteilungslänge

2.5 Auszug aus ANHANG 22 der SOLAS

Die harmonisierten SOLAS-Vorschriften zur Unterteilung und Stabilität eines beschädigten Schiffs, wie sie in SOLAS Kap. II-1 enthalten sind, basieren auf einem probabilistischen Konzept, das die Überlebenswahrscheinlichkeit nach einer Kollision als Maß für die Sicherheit von Schiffen in einem beschädigten Zustand verwendet. Diese Wahrscheinlichkeit wird in den Vorschriften als *erreichter Unterteilungsindex A* bezeichnet. Die Wahrscheinlichkeit, dass ein Schiff nach einer beliebigen Kollision in einer gegebenen Längsposition nicht sinkt oder kentert, kann in folgende Komponenten zerlegt werden:

- die Wahrscheinlichkeit, dass das Längszentrum des Schadens genau in dem Bereich des Schiffs auftritt, der gerade betrachtet wird,
- die Wahrscheinlichkeit, dass dieser Schaden eine Längsausdehnung hat, die nur die Räume zwischen den querliegenden wasserdichten Schotten in diesem Bereich einschließt,
- die Wahrscheinlichkeit, dass der Schaden eine vertikale Ausdehnung hat, die nur die Räume unterhalb einer gegebenen horizontalen Grenze wie einem wasserdichten Deck überflutet,
- die Wahrscheinlichkeit, dass der Schaden eine Querdurchdringung hat, die nicht größer ist als der Abstand zu einer gegebenen Längsgrenze und

2 Berechnungen zur Stabilität eines beschädigten Schiffs

- die Wahrscheinlichkeit, dass die wasserdichte Integrität und die Stabilität während des Überflutungsvorgangs ausreichen, um ein Kentern oder Sinken zu vermeiden.

Die ersten drei dieser Faktoren hängen ausschließlich von der wasserdichten Anordnung des Schiffs ab, während die letzten beiden von der Form des Schiffs abhängen. Der letzte Faktor hängt auch von der tatsächlichen Beladungssituation ab. Durch Gruppierung dieser Wahrscheinlichkeiten wurden Berechnungen der Überlebenswahrscheinlichkeit oder des erreichten Index A formuliert, die die folgenden Wahrscheinlichkeiten einschließen:

- die Wahrscheinlichkeit, dass jedes einzelne Abteil und jede mögliche Gruppe von zwei oder mehr benachbarten Abteilen überflutet wird und
- die Wahrscheinlichkeit, dass die Stabilität nach der Überflutung eines Abteils oder einer Gruppe von zwei oder mehr benachbarten Abteilen ausreicht, um ein Kentern oder gefährliches Krängen aufgrund von Stabilitätsverlust oder Krängungsmomenten in Zwischen- oder Endstadien der Überflutung zu verhindern.

Dieses Konzept ermöglicht es, eine Regelanforderung durch die Forderung eines Mindestwerts von A für ein bestimmtes Schiff anzuwenden. Dieser Mindestwert wird in den gegenwärtigen Vorschriften als erforderlicher Unterteilungsindex R bezeichnet und kann von der Schiffsgröße, der Anzahl der Passagiere oder anderen Faktoren abhängig gemacht werden, die die Gesetzgeber für wichtig halten können.

Der Nachweis der Einhaltung der Regeln wird dann einfach zu:

$$A \geq R \tag{5}$$

Wie oben erklärt, wird der erreichte Unterteilungsindex A durch eine Formel für die gesamte Wahrscheinlichkeit als Summe der Produkte für jedes Abteil oder jede Gruppe von Abteilen der Wahrscheinlichkeit, dass ein Raum überflutet wird, multipliziert mit der Wahrscheinlichkeit, dass das Schiff aufgrund der Überflutung des betrachteten Raums nicht kentert oder sinkt, bestimmt. Mit anderen Worten, die allgemeine Formel für den erreichten Index kann in der folgenden Form gegeben werden:

$$A = \sum p_i s_i \tag{6}$$

Der Index i repräsentiert die Schadenszone (Gruppe von Abteilen), die innerhalb der wasserdichten Unterteilung des Schiffs betrachtet wird. Die Unterteilung wird in Längsrichtung betrachtet, beginnend mit der hintersten Zone/dem hintersten Abteil. Der Wert von p_i repräsentiert die Wahrscheinlichkeit, dass nur die Zone i, die gerade betrachtet wird, überflutet wird, ohne Berücksichtigung einer horizontalen Unterteilung, aber unter Berücksichtigung einer Querunterteilung. Eine Längsunterteilung innerhalb der Zone führt zu zusätzlichen Überflutungsszenarien, jedes mit seiner eigenen Auftretenswahrscheinlichkeit. Der Wert von i

repräsentiert die Überlebenswahrscheinlichkeit nach der Überflutung der Zone i, die gerade betrachtet wird.

In der Vorschrift 7 − 1 sollten die Begriffe Abteil (engl. *compartment*) und Gruppe von Abteilen (engl. *group of compartments*) als Zone (engl. *zone*) und angrenzende Zonen (engl. *adjacent zones*) verstanden werden. Zone ist definiert als ein Längsintervall des Schiffs innerhalb der Abteilungslänge. Raum (engl. *room*) ist definiert als ein Teil des Schiffs, begrenzt durch Schotten und Decks, mit einer spezifischen Durchlässigkeit. Raum (engl. *space*) ist eine Kombination von Räumen. Abteil (engl. *compartment*) ist ein an Bord befindlicher Raum innerhalb wasserdichter Grenzen. Schaden ist das dreidimensionale Ausmaß der Beschädigung des Schiffs. Für die Berechnung von p, v, r und b sollte nur der Schaden berücksichtigt werden, und für die Berechnung des s-Werts sollte der überflutete Raum (engl. *space*) berücksichtigt werden.

Obwohl die oben skizzierten Ideen sehr einfach sind, würde ihre praktische Anwendung in exakter Weise zu mehreren Schwierigkeiten führen, wenn eine mathematisch perfekte Methode entwickelt werden sollte. Wie oben erwähnt, würde eine umfangreiche, aber immer noch unvollständige Beschreibung des Schadens seinen Längs- und Vertikalstandort sowie seine Längs-, Vertikal- und Querausdehnung einschließen. Abgesehen von den Schwierigkeiten bei der Handhabung einer solchen fünfdimensionalen Zufallsvariable ist es unmöglich, ihre Wahrscheinlichkeitsverteilung mit der derzeit verfügbaren Schadensstatistik sehr genau zu bestimmen. Ähnliche Einschränkungen gelten für die Variablen und physikalischen Beziehungen, die bei der Berechnung der Wahrscheinlichkeit, dass ein Schiff während der Zwischenstadien oder im Endstadium der Überflutung nicht kentert oder sinkt, beteiligt sind.

Eine genaue Annäherung an die verfügbaren Statistiken würde zu äußerst zahlreichen und komplizierten Berechnungen führen. Um das Konzept praktikabel zu machen, sind umfangreiche Vereinfachungen notwendig. Obwohl es nicht möglich ist, die genaue Überlebenswahrscheinlichkeit auf einer solch vereinfachten Basis zu berechnen, war es dennoch möglich, ein nützliches vergleichendes Maß für die Vorzüge der Längs-, Quer- und Horizontalunterteilung eines Schiffs zu entwickeln.

3   Detaillierte Vorschriften gemäß SOLAS 2009

3.1   Abteilungslänge

Bevor wir weiter erklären, wie die R- und A-Indizes berechnet werden, ist es nützlich, einen häufig verwendeten Faktor namens *Abteilungslänge* (engl. *subdivision length*) einzuführen, der in den PS-Vorschriften mit l_s bezeichnet wird. Es ist wichtig, zwischen diesem Längenfaktor und dem in den deterministischen Vorschriften zur Stabilität eines beschädigten Schiffs (DS) verwendeten zu unterscheiden. Die Abb. 5, 6 und 7 veranschaulichen, wie die Abteilungslänge für drei verschiedene Szenarien bestimmt wird. Wie diese Abbildungen zeigen, hängt die Abteilungslänge von dem Auftriebsrumpf und der Reserveauftriebskraft des Schiffs ab und davon, ob diese *Bereiche* beschädigt sind oder nicht. Der Auftriebsrumpf umfasst

Schwimmender Rumpf	
Reserve-Auftrieb	
Reserveauftrieb, keine Beschädigung möglich	

Abb. 8 Legende für Abb. 5, 6 und 7

das eingeschlossene Volumen des Schiffs unterhalb der Wasserlinie, das in den Abbildungen als d_s bezeichnet wird, während die Reserveauftriebskraft das eingeschlossene Volumen des Schiffs oberhalb der Wasserlinie umfasst. Die schwarze Linie wird als maximales vertikales Schadensausmaß definiert und ist immer gleich $d_s + 12.5$ m, gemessen von der Basislinie. Das in Abb. 7 dargestellte Schiff unterscheidet zwischen Reserveauftriebskraft, die geschädigt und unbeschädigt ist. Abb. 8 zeigt die in den Abb. 5, 6 und 7 verwendete Legende. Die Abteilungslänge wird dann vom Heck bis zum vordersten Punkt des beschädigten Bereichs am Bug gemessen.

Das begrenzende Deck für die Reserveauftriebskraft kann teilweise wasserdicht sein. Das maximal mögliche vertikale Ausmaß des Schadens über der Basislinie beträgt $d_s + 12{,}5$ m (Abb. 8).

3.2 Berechnungsmethode

Das Ergebnis von DS-Berechnungen, d. h., ob das Schiff *sicher genug* ist oder nicht, hängt hauptsächlich von der Schiffsgröße ab, also der Länge, Breite und Tiefe des betreffenden Schiffs. Zusammen bestimmen diese drei Parameter das Ausmaß des Schadens am Schiff, wie in den vorherigen Kapiteln dieses Buches erklärt. Im Allgemeinen sind die in den Berechnungen verwendeten Parameter für verschiedene Schiffstypen gleich, aber die Auswirkungen der Parameter unterscheiden sich. Diese Auswirkungen hängen von Faktoren wie Schiffstyp, Schiffsgröße, Ladungsart und Anzahl der Passagiere ab.

Darüber hinaus muss das betreffende Schiff bestimmte Schadensszenarien überleben, die durch das vorbestimmte Schadensausmaß gegeben sind. Das Ziel ist natürlich, die kritischsten Schadensszenarien zu identifizieren. Dies geschieht durch die Untersuchung aller möglichen Schadenszustände innerhalb der Grenzen des Schadensausmaßes. Alle Schadensszenarien müssen den in SOLAS definierten Anforderungen entsprechen. Einige dieser Anforderungen wurden im vorherigen Abschnitt vorgestellt. Wenn die Ergebnisse der Berechnungen nicht dem Standard entsprechen, wird das Schiff nicht von dem Flaggenstaat oder den Klassifikationsgesellschaften genehmigt (Djupvik et al. [8]; Patterson und Ridley [7]).

Die harmonisierten SOLAS-Vorschriften zur Unterteilung und zur Stabilität eines beschädigten Schiffs, wie sie in SOLAS Kap. II-1 enthalten sind, basieren auf einem probabilistischen Konzept, das die Überlebenswahrscheinlichkeit nach einer Kollision als Maß für die Sicherheit von Schiffen in einem beschädigten Zustand verwendet. Diese Wahrscheinlichkeit wird in den Vorschriften als erreichter Unterteilungsindex A bezeichnet. Er kann als objektives Maß für die Sicherheit von Schiffen angesehen werden, und idealerweise wäre es nicht notwendig, diesen Index durch irgendwelche deterministischen Anforderungen zu ergänzen. Die Philosophie hinter dem probabilistischen Konzept ist, dass zwei verschiedene Schiffe mit dem gleichen erreichten Index gleich sicher sind und daher keine Notwendigkeit besteht, spezielle Teile des Schiffs zu behandeln, auch wenn sie in der Lage sind, verschiedene Schäden zu überleben. Die einzigen Bereiche, denen in den Vorschriften besondere Aufmerksamkeit geschenkt wird, sind die vorderen und unteren Regionen, die durch spezielle Unterteilungsregeln für Fälle von Rammen und Grundberührung behandelt werden.

Nur wenige deterministische Elemente, die notwendig waren, um das Konzept praktikabel zu machen, wurden aufgenommen. Es war auch notwendig, einen deterministischen geringfügigen Schaden zusätzlich zu den probabilistischen Vorschriften für Passagierschiffe einzuführen, um zu verhindern, dass Schiffe entworfen werden, die in einem Teil ihrer Länge als unakzeptabel anfällig wahrgenommenen Stellen aufweisen.

Es ist leicht zu erkennen, dass es viele Faktoren gibt, die die endgültigen Folgen eines Rumpfschadens an einem Schiff beeinflussen werden. Diese Faktoren sind zufällig, und ihr Einfluss auf Schiffe mit unterschiedlichen Eigenschaften ist verschieden. Zum Beispiel scheint es offensichtlich, dass bei Schiffen ähnlicher Größe, die unterschiedliche Mengen an Ladung transportieren, ein ähnlich großer Schaden zu unterschiedlichen Ergebnissen führen kann, aufgrund von Unterschieden in der Durchlässigkeit und dem Tiefgang während des Betriebs. Die Masse und Geschwindigkeit des rammenden Schiffs ist offensichtlich eine weitere zufällige Variable.

Aufgrund dessen hängt die Wirkung eines dreidimensionalen Schadens an einem Schiff mit gegebener wasserdichter Unterteilung von den folgenden Umständen ab:

- welcher spezielle Raum oder welche Gruppe von benachbarten Räumen überflutet wird;
- dem Tiefgang, der Trimmung und der intakten metazentrischen Höhe zum Zeitpunkt des Schadens;
- der Durchlässigkeit der betroffenen Räume zum Zeitpunkt des Schadens;
- dem Seegang zum Zeitpunkt des Schadens und
- anderen Faktoren wie möglichen Krängungsmomenten aufgrund unsymmetrischer Gewichtsverteilungen.

Einige dieser Umstände sind voneinander abhängig, und die Beziehung zwischen ihnen und ihren Auswirkungen kann in verschiedenen Fällen variieren. Darüber hinaus wird die Wirkung der Rumpfstärke auf die Durchdringung offensichtlich einen gewissen Einfluss auf die Ergebnisse für ein bestimmtes Schiff haben. Da der Ort und die Größe des Schadens zufällig sind, ist es nicht möglich zu sagen, welcher Teil des Schiffs überflutet wird. Allerdings kann die Wahrscheinlichkeit, dass ein bestimmter Raum überflutet wird, bestimmt werden, wenn die Wahrscheinlichkeit des Auftretens bestimmter Schäden aus Erfahrung, d. h. aus

Schadensstatistiken, bekannt ist. Die Wahrscheinlichkeit, dass ein Raum überflutet wird, entspricht dann der Wahrscheinlichkeit des Auftretens aller solcher Schäden, die den betreffenden Raum gerade dem Meer öffnen.

Aus diesen Gründen und aufgrund der mathematischen Komplexität sowie unzureichender Daten wäre es nicht praktikabel, eine genaue oder direkte Bewertung ihrer Auswirkung auf die Wahrscheinlichkeit, dass ein bestimmtes Schiff einen zufälligen eintretenden Schaden überlebt vorzunehmen. Allerdings kann durch Annahme einiger Annäherungen oder qualitativer Urteile eine logische Behandlung erreicht werden, indem der Wahrscheinlichkeitsansatz als Grundlage für eine vergleichende Methode zur Bewertung und Regulierung der Schiffssicherheit verwendet wird. Es kann mithilfe der Wahrscheinlichkeitstheorie gezeigt werden, dass die Wahrscheinlichkeit des Überlebens eines Schiffs als Summe der Wahrscheinlichkeiten seines Überlebens nach Überflutung jedes einzelnen Abteils, jeder Gruppe von zwei, drei usw. benachbarten Abteilen berechnet werden sollte, multipliziert jeweils mit den Wahrscheinlichkeiten des Auftretens solcher Schäden, die zur Überflutung des entsprechenden Abteils oder der Gruppe von Abteilen führen.

3.3 Längsunterteilung

Um die Berechnung des Index A vorzubereiten, wird die Abteilungslänge des Schiffs l_s in eine feste diskrete Anzahl von Schadenszonen unterteilt. Diese Schadenszonen bestimmen die Untersuchung der Stabilität eines beschädigten Schiffs in Bezug auf spezifische zu berechnende Schäden. Es gibt keine Regeln für die Unterteilung, außer dass die Länge l_s die Extreme für den tatsächlichen Rumpf definiert. Die Grenzen der Zonen müssen nicht mit physischen wasserdichten Grenzen übereinstimmen. Es ist jedoch wichtig, sorgfältig eine Strategie zu überlegen, um ein gutes Ergebnis zu erzielen (d. h. einen großen erreichten Index A). Alle Zonen und Kombinationen von benachbarten Zonen können zum Index A beitragen. Im Allgemeinen wird erwartet, dass der erreichte Index umso höher sein wird, in je mehr Zonengrenzen das Schiff unterteilt ist, aber dieser Vorteil sollte gegen zusätzliche Rechenzeit abgewogen werden. Abb. 9 zeigt verschiedene längsgerichtete Zonenteilungen der Länge l_s.

3.4 Begrenzung der Vorschriften

Wenn ein vor dem 1. Januar 2009 gebautes Passagierschiff Änderungen oder Modifikationen von großer Bedeutung erfährt, kann es weiterhin unter den für vor dem 1. Januar 2009 gebaute Schiffe geltenden Vorschriften zur Stabilität eines beschädigten Schiffs bleiben, außer im Falle eines Frachtschiffs, das in ein Passagierschiff umgewandelt wird.

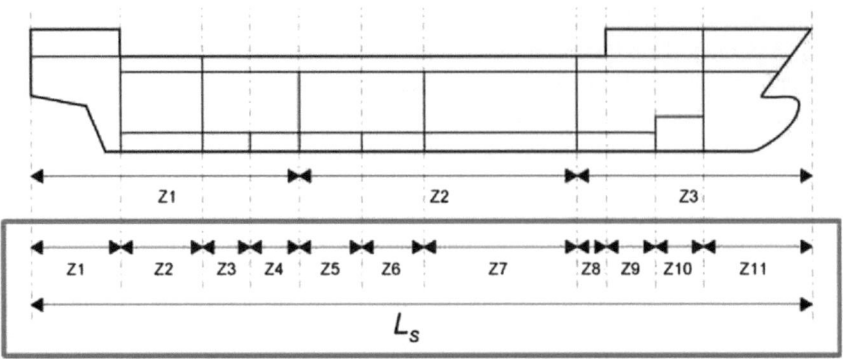

Abb. 9 Beispiele für die Bestimmung der Abteilungslänge

3.5 Leichter Einsatztiefgang

Der leichte Einsatztiefgang (d_l) stellt die untere Tiefgangsgrenze der minimal erforderlichen *GM*- (oder maximal zulässigen *KG*-) Kurve dar. Er entspricht im Allgemeinen für Frachtschiffe dem Ankunftszustand mit Ballast und mit 10 % der Betriebsstoffe. Für Passagierschiffe entspricht er im Allgemeinen der Ankunftszustand mit 10 % der Betriebsstoffe, einer vollen Besatzung von Passagieren und Mannschaft und ihrer beweglichen Habe sowie dem Ballast, der für Stabilität und Trimmung erforderlich ist. 10 % Ankunftszustand ist nicht unbedingt der spezifische Zustand, der für alle Schiffe verwendet werden sollte, sondern stellt im Allgemeinen eine geeignete untere Grenze für alle Beladungszustände dar. Dies ist so zu verstehen, dass es nicht die Andockbedingungen oder andere Nicht-Reise-Bedingungen einschließt.

3.6 Tiefgang und Trimmung

-Die lineare Interpolation der Grenzwerte zwischen den Tiefgängen d_s, d_p und d_l ist nur anwendbar unter gebührender Berücksichtigung der minimalen *GM*-Werte. Wenn es beabsichtigt ist, Kurven der maximal zulässigen *KG* zu entwickeln, sollte eine ausreichende Anzahl von KM_T-Werten für Zwischentiefgänge berechnet werden, um sicherzustellen, dass die resultierenden maximalen *KG*-Kurven mit einer linearen Variation von *GM* übereinstimmen. Wenn der leichte Einsatztiefgang nicht mit dem Trimm anderer Tiefgänge übereinstimmt, sollte KM_T für Tiefgänge zwischen Teil- und leichte Einsatztiefgänge für Trimmungen berechnet werden, die zwischen Trimm bei Teiltiefgang und Trimm bei leichtem Einsatztiefgang interpoliert sind. In Fällen, in denen beabsichtigt ist, dass der Betriebstrimm-Bereich ±0,5 % von l_s überschreitet, sollte die ursprüngliche *GM*-Grenzlinie auf die übliche Weise mit dem tiefsten Schottentiefgang und dem Teiltiefgang berechnet werden, die bei ebenem Trimm und tatsächlichem Servicetrimm für den leichten

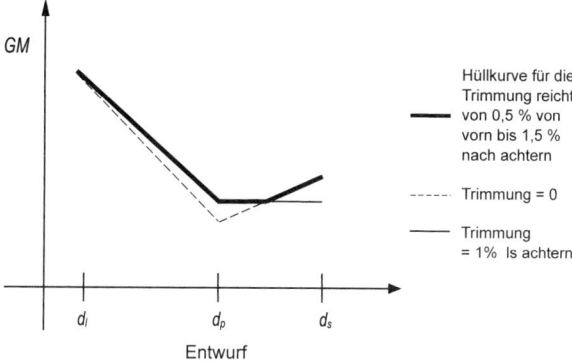

Abb. 10 Auswirkungen des Tiefgangs auf *GM* (IMO [4])

Einsatztiefgang verwendet werden. Dann sollten zusätzliche Sätze von *GM*-Grenzlinien auf Grundlage des Betriebstrimmbereichs konstruiert werden, der durch Beladungszustände des Teiltiefgangs und des tiefsten Schottentiefgangs abgedeckt wird, wobei sicherzustellen ist, dass Intervalle von 1 % l_s nicht überschritten werden. Für den leichten Einsatztiefgang sollte nur ein Trimm berücksichtigt werden. Die Sätze von d_l Grenzlinien werden kombiniert, um eine umhüllende begrenzende *GM*-Kurve zu ergeben. Der effektive Trimm-Bereich der Kurve sollte klar angegeben werden, siehe Abb. 10.

3.7 Erforderlicher Unterteilungsindex R

Der *R*-Index für Passagierschiffe wurde auf der Grundlage von Beispielberechnungen für Schiffe aus dem HARDER-Projekt (Hjort und Olufsen [6]) festgelegt. Ein wichtiges Ziel der Entwicklung der PS-Verordnungen war es, sicherzustellen, dass neue und bereits fertiggestellte Schiffe ungefähr das gleiche Sicherheitsniveau bezüglich der PS-Verordnungen haben sollten. Mit diesem Gedanken im Hinterkopf wurde eine anfängliche Formel für den *R*-Index für Passagierschiffe auf wissenschaftliche Weise entwickelt, indem mehrere Testläufe mit bestehenden Schiffen durchgeführt wurden. Das Problem mit diesem Ansatz war, dass der Wert des *R*-Index mit zunehmenden Werten der Schiffslänge und der Anzahl der Passagiere abnahm. Dies war für die Mitgliedsländer der IMO völlig inakzeptabel; es wurde argumentiert, dass dies ein unausgewogenes Bild vom Sicherheitsniveau großer bestehender Passagierschiffe geben würde. Infolgedessen wurde ein *politisch korrekter* Kompromiss vereinbart und eine neue, aber nicht unbedingt wissenschaftlich *korrekte* Formel für den *R*-Index entwickelt. Die Erklärung für den abnehmenden Wert von *R* mit der anfänglichen Formel für Passagierschiffe ist nicht klar, aber einige Gedanken sind hier zusammengefasst:

Mit den alten, deterministischen Regeln hing der Sicherheitsstandard des Schiffs vom Grad der wasserdichten Unterteilung des Schiffs ab, d. h. der Anzahl der eingebauten wasserdichten Schotte. Das Schadensausmaß repräsentierte den Abstand zwischen den wasserdichten Schotten, der maximal 11 m betrug. Daher betrug für die größeren Schiffe, die als *Zweikompartimentschiffe* im Sinne der Stabilität eines beschädigten Schiffs definiert wurden, das Schadensausmaß 22 m. Im Vergleich dazu beträgt das maximale Schadensausmaß in den PS-Verordnungen 60 m. Mit anderen Worten, das relative Schadensausmaß war für die großen schließlich eine Funktion der Schiffslänge. Für Frachtschiffe, die größer als 100 m sind und Frachtschiffe zwischen 80 und 100 m Länge, wird der R-Index durch die Gleichungen 8 und 9 berechnet.

Erklärungen zu den in den folgenden Gleichungen verwendeten Parametern sind in Tab. 4 zusammengefasst.

$$R = \frac{5000}{l_s + 2{,}5N + 15225} \tag{7}$$

$$R = 1 - \frac{128}{l_s + 152} \tag{8}$$

$$R = 1 - \left[\frac{1}{1 + \frac{l_s}{100}\frac{R_0}{1-R_0}}\right] \tag{9}$$

Bezüglich des reduzierten Gefahrengrades des Begriffs sollte die folgende Interpretation angewendet werden: Ein geringerer Wert von N, jedoch in keinem Fall weniger als $N = N_1 + N_2$, kann nach Ermessen der Verwaltung für Passagierschiffe zugelassen werden, die im Verlauf ihrer Reisen nicht mehr als 20 Meilen vom nächsten Land entfernt sind.

Für SPSs (engl. für *Special Purpose Ships*) gibt es einige andere spezifische Anforderungen. Im Allgemeinen wird das SPS gemäß SOLAS Kap. II-1 als Passagierschiff und das besondere Personal als Passagiere betrachtet. Die Anforderungen in Bezug auf den R-Index variieren jedoch mit der Anzahl der Personen, die das SPS befördern darf (IMO [3]):

- der Wert R wird als R genommen, wenn das SPS zertifiziert ist, um 240 Personen oder mehr zu befördern;
- der Wert R wird als $0{,}8R$ genommen, wenn das SPS zertifiziert ist, um nicht mehr als 60 Personen zu befördern;
- der Wert R wird durch lineare Interpolation zwischen den in 1 und 2 oben angegebenen R-Werten bestimmt, wenn das SPS mehr als 60, aber weniger als 240 Personen befördert.

Tab. 4 Im R-Index verwendete Parameter

N	$N_1 + 2N_2$
N_1	Anzahl der Personen, für die Rettungsboote bereitgestellt werden
N_2	Anzahl der Personen über N_1, einschließlich Offiziere und Besatzung
l_s	Abteilungslänge
R_0	Wert von R aus Gl. 9

3.8 Erreichter Unterteilungsindex A

Die Wahrscheinlichkeit des Überlebens nach Kollisionsschäden am Schiffsrumpf wird durch den Index A ausgedrückt. Die Erstellung eines Index A erfordert die Berechnung verschiedener Schadensszenarien, die durch das Ausmaß des Schadens und die anfänglichen Beladungszustände des Schiffs vor dem Schaden definiert sind. Drei Beladungszustände sollten berücksichtigt und das Ergebnis wie folgt gewichtet werden:

$$A = 0{,}4 A_s + 0{,}4 A_p + 0{,}2 A_l$$

Die Methode zur Berechnung von A für einen Beladungszustand wird durch die folgende Formel ausgedrückt:

$$A_c = \sum_{i=1}^{i=t} p_i s_i v_i \tag{10}$$

Der Index c repräsentiert einen der drei Beladungszustände, der Index i repräsentiert jeden untersuchten Schaden oder jede Schadensgruppe, und t ist die Anzahl der zu untersuchenden Schäden, um A_c für den jeweiligen Beladungszustand zu berechnen.

Um einen maximalen Index A für eine gegebene Unterteilung zu erhalten, muss t gleich T sein, der Gesamtzahl der Schäden. In der Praxis sind die zu berücksichtigenden Schadenskombinationen entweder durch signifikant reduzierte Beiträge zu A (d. h. Überflutung von wesentlich größeren Volumen) oder durch Überschreitung der maximal möglichen Schadenslänge begrenzt.

Der Index A wird wie folgt in Teilkoeffizienten unterteilt:

p_i Der Faktor p hängt ausschließlich von der Geometrie der wasserdichten Anordnung des Schiffs ab.

s_i Der Faktor s hängt von der berechneten Überlebensfähigkeit des Schiffs nach dem betrachteten Schaden für einen spezifischen Anfangszustand ab.

v_i Der v-Faktor hängt von der Geometrie der wasserdichten Anordnung (Decks) des Schiffs und dem Tiefgang des anfänglichen Beladungszustandes ab. Er repräsentiert die Wahrscheinlichkeit, dass die Räume über der horizontalen Unterteilung nicht überflutet werden.

Drei anfängliche Beladungszustände sollten zur Berechnung des Index A verwendet werden. Die Beladungszustände sind durch ihren mittleren Tiefgang d, Trimm und GM (oder KG) definiert. Der mittlere Tiefgang und Trimm sind in Abb. 3 dargestellt.

Die GM- (oder KG-) Werte für die drei Belastungszustände könnten als erster Versuch aus der GM- (oder KG-) Kurve, die die intakte Stabilität begrenzt, entnommen werden. Wenn der erforderliche Index R nicht erreicht wird, können die GM- (oder KG-) Werte erhöht (oder reduziert) werden, was impliziert, dass die Beladungszustände im intakten Fall aus dem Buch über die intakte Stabilität nun die *GM*- (oder *KG*-) Grenzkurve aus den Berechnungen zur Stabilität eines beschädigten Schiffs erfüllen müssen, die durch lineare Interpolation zwischen den drei *GM*s abgeleitet wurden.

3.8.1 Berechnung des p_i-Faktors

Der p_i-Faktor hängt von den wasserdichten Anordnungen und der Zoneneinteilung des Schiffs ab. Dieser Faktor steht für die Wahrscheinlichkeit spezifischer Schäden am Schiff, ohne horizontale Unterteilung. Das vertikale Schadensausmaß wird im v_i-Faktor berücksichtigt. Bei Schäden in einer einzigen Zone verwenden Sie dann Gl. 12. Es muss daran erinnert werden, dass gilt:

$$\sum p_i = 1 \tag{11}$$

Wenn der Schaden nur eine einzige Zone betrifft, dann gilt:

$$p_i = p(x1_j, x2_j) \times [r(x1_j, x2_j, b_k) - r(x1_j, x2_j, b_{k-1})] \tag{12}$$

Wenn der Schaden zwei benachbarte Zonen betrifft, dann gilt:

$$\begin{aligned}p_i =& p(x1_j, x2_{j+1}) \times [r(x1_j, x2_{j+1}, b_k) - r(x1_j, x2_{j+1}j, b_{k-1})]\\ & - p(x1_j, x2_j) \times [r(x1_j, x2_j, b_k) - r(x1_j, x2_j, b_{k-1})]\\ & - p(x1_{j+1}, x2_{j+1}) \times [r(x1_{j+1}, x2_{j+1}, b_k) - r(x1_{j+1}, x2_{j+1}, b_{k-1})]\end{aligned} \tag{13}$$

Es gibt äquivalente Gleichungen, wenn der Schaden für drei benachbarte Abteile gilt. Gemäß Anhang A in [1], wobei alle Parameter in Tab. 5 gegeben sind, und insbesondere gilt:

$$r(x1, x2, b_0) = 0 \tag{14}$$

Der Faktor $p(x1, x2)$ ist nach den folgenden Formeln zu berechnen:

normierte maximale Gesamtlänge der Schäden	$J_{\max}$	$= \frac{10}{33}$
Gelenkpunkt (engl. knuckle point) in der Verteilung	J_{kn}	$= \frac{5}{33}$
kumulierte Wahrscheinlichkeit bei J_{kn}	p_k	$= \frac{11}{12}$
maximale absolute Schadenslänge	$l_{\max}$	$= 60\,\text{m}$
Länge, an der die normalisierte Verteilung endet	L^*	$= 260\,\text{m}$

Die Wahrscheinlichkeitsdichte bei $J = 0$ ist

$$b_o = 2\left[\frac{p_k}{J_{kn}} - \frac{1 - p_k}{J_{\max} - J_{kn}}\right] \tag{15}$$

Wenn nun $l_s \leq L^*$, dann gilt:
$$J_m = \min\left(J_{\max}, \frac{l_{\max}}{l_s}\right) \tag{16}$$

3 Detaillierte Vorschriften gemäß SOLAS 2009

Tab. 5 Parameter, die im p_i Index verwendet werden

j	Die hinterste Zonennummer, die am Schaden beteiligt ist, beginnend mit Nr. 1 am Heck
n	Die Anzahl der benachbarten Schadenszonen, die am Schaden beteiligt sind
k	Die Anzahl eines bestimmten Längsschott als Barriere für die Querdurchdringung in der Schadenszone, gezählt von der Hülle zur Mittellinie. Die Hülle hat $k = 0$
$x1$	Die Entfernung vom hinteren Ende von l_s bis zum hinteren Ende der betreffenden Zone
$x2$	Die Entfernung vom hinteren Ende von l_s bis zum vorderen Ende der betreffenden Zone
b	Die mittlere Querentfernung in Metern, gemessen rechtwinklig zur Mittellinie auf der tiefsten Unterteilungsladungslinie zwischen der Hülle und einer angenommenen vertikalen Ebene, die zwischen den Längsgrenzen mit ganz oder teilweise dem äußersten Teil des in Betracht gezogenen Längsschotts verlängert wird

$$J_k = \frac{J_m}{2} + \frac{1 - \sqrt{1 + (1 - 2p_k)b_o J_m + \frac{1}{4}b_0^2 J_m^2}}{b_0} \qquad (17)$$

$$b_{12} = b_0 \qquad (18)$$

Wenn $l_s \geq L^*$, gilt:

$$J_m^* = \min\left(J_{\max}, \frac{l_{\max}}{L^*}\right) \qquad (19)$$

$$J_k^* = \frac{J_m^*}{2} + \frac{1 - \sqrt{1 + (1 - 2p_k)b_o J_m^* + \frac{1}{4}b_0^2 J_m^{*2}}}{b_0} \qquad (20)$$

$$J_m = \frac{J_m^* L^*}{l_s} \qquad (21)$$

$$J_k = \frac{J_k^* L^*}{l_s} \qquad (22)$$

$$b_{12} = 2\left(\frac{p_k}{J_k} - \frac{1 - p_k}{J_m - J_k}\right) \qquad (23)$$

$$b_{11} = 4\frac{1 - p_k}{(J_m - J_k)J_k} - 2\frac{p_k}{J_k^2} \qquad (24)$$

$$b_{21} = -2\frac{1 - p_k}{(J_m - J_k)^2} \qquad (25)$$

$$b_{22} = -b_{21}J_m \qquad (26)$$

Die dimensionslose Schadenslänge ist:

$$J = \frac{x2 - x1}{l_s} \quad (27)$$

Die normalisierte Länge eines Abteils oder einer Gruppe von Abteilen ist:

$$J_n = \min(J, J_m) \quad (28)$$

wobei weder die Grenzen des infrage stehenden Abteils oder der Gruppe von Abteilen mit den hinteren oder vorderen Endpunkten übereinstimmen, dann gilt für $J = J_k$:

$$p(x1, x2) = p_1 = \frac{1}{6}J^2(b + 11J + 3b_{12}) \quad (29)$$

und wenn $J > J_k$, dann gilt:

$$\begin{aligned} p(x1, x2) = p_2 &= \frac{1}{3}J_k^2 + \frac{1}{2}(b_{11}J - b_{12})J_k^2 + b_{12}JJ_k - \frac{1}{3}(J_n^3 - J_k^3) \\ &+ \frac{1}{2}(b_{21}J - b_{22})(J_n^2 - J_k^2) + b_{22}J(J_n - J_k) \end{aligned} \quad (30)$$

wobei die hintere Grenze des infrage stehenden Abteils oder der Gruppe von Abteilen mit dem hinteren Endpunkt übereinstimmt oder die vordere Grenze des Abteils oder der Gruppe von Abteilen mit dem vorderen Endpunkt übereinstimmt, dann gilt für $J = J_k$:

$$p(x1, x2) = \frac{1}{2}(p_1 + J) \quad (31)$$

Wenn $J > J_k$, dann gilt:

$$p(x1, x2) = \frac{1}{2}(p_2 + J) \quad (32)$$

wobei das Abteil oder die Gruppe von Abteilen, die infrage kommen, sich über die gesamte Abteilungslänge l_s erstreckt, dann gilt:

$$p(x_1, x2) = 1 \quad (33)$$

Es gilt folgende Definition:

$$r(x1, x2, b) = 1 - (1 - C)\left[1 - \frac{G}{p(x1, x2)}\right] \quad (34)$$

mit

$$C = 12J_b(-45J_b + 4) \quad (35)$$

und

$$J_b = \frac{b}{15B} \quad (36)$$

Die Definition von G wird berechnet aus

$$G = G_1 = \frac{1}{2}b_{11}J_b^2 + b_{12}J_b \qquad (37)$$

wobei Abteile oder Gruppen davon sich über die gesamte L_s erstrecken, oder:

$$G = G_2 = -\frac{1}{3}b_{11}J_0^3 + \frac{1}{2}(b_{11}J - b_{12})J_0^2 + b_{12}JJ_0 \qquad (38)$$

wenn sich das Abteil weder ganz am vorderen noch am hinteren Ende befindet und

$$J_0 = \min(J, J_b) \qquad (39)$$

Wenn das Abteil oder die Gruppe davon mit einem der Enden zusammentrifft, dann gilt:

$$G = \frac{1}{2}(G_2 + G_1 J) \qquad (40)$$

3.8.2 Berechnung des s_i-Faktors

Eine Reihe von Kriterien in den PS-Verordnungen bezüglich des s_i-Faktors erscheinen ziemlich deterministisch. Das Wasserlinienkonzept der DS-Verordnungen deckt die Fragen der wasserdichten Integrität, der Schiffssicherheit und der Evakuierung von Passagieren und Besatzung ab. Es gibt einen Unterschied zwischen PS- und DS-Methodik bei Passagierschiffen, bei denen die Anforderung der Sicherheitsmarge entfällt. Die Idee der Sicherheitsmarge soll das Eindringen von Wasser auf das Schottendeck verhindern, und dies wird als Konzept betrachtet. Die Auswirkungen mussten durch einige explizite Anforderungen hinsichtlich der wasserdichten Integrität und der Evakuierung von Passagieren ausgeglichen werden. Beispiele sind die Rettungsausrüstung. Ein weiterer wichtiger Kompromiss war die Einführung von Strafen auf den A-Index. Diese Strafen wurden im Falle von Wassereinbrüchen bestimmter Art, wie Wasser auf dem Schottendeck während der Evakuierung, Eintauchen von vertikalen Notausstiegsluken und fortschreitender Überflutung durch ungeschützte Öffnungen oder beschädigte Rohrleitungen und Kanäle in der beschädigten Zone vergeben. Es muss daran erinnert werden, dass der maximale vertikale Schaden als $d + 12{,}5$ m definiert ist.

Der Faktor s_i kann für jeden Fall von Überschwemmungen, die ein einzelnes oder eine Gruppe von Abteilen betreffen, bestimmt werden. Dies erfordert die im Folgenden definierten Variablen:

θ_e ist der Gleichgewichts-Krängungswinkel in jedem Stadium der Überschwemmung in Grad,

θ_v ist der Winkel in jedem Stadium der Überschwemmung, bei dem der Aufrichtehebel positiv oder negativ wird, oder der Winkel, bei dem eine

	nicht wasserdicht verschließbare Öffnung unter Wasser gerät,
GZ_{max}	ist der maximale positive Aufrichtehebel, in Metern, bis zum Winkel θ_v,
Bereich	ist der Bereich der positiven Aufrichtehebel in Grad, gemessen vom Winkel θ_e, und der positive Bereich ist bis zum Winkel θ_v zu nehmen,
Überschwemmungsstadium	ist der diskrete Schritt während des Überschwemmungsprozesses, einschließlich des Stadiums vor der Ausgleichung bis zum endgültigen Gleichgewicht.

Der Faktor s_i für jeden Schadensfall bei jeder Überschwemmungsbedingung d_s kann aus folgender Gleichung ermittelt werden:

$$s_i = \min(s_{\text{intermediate},i}, s_{\text{final},i}, s_{\text{mom},i}) \qquad (41)$$

wobei die Variablen wie folgt definiert sind:

$s_{\text{intermediate},i}$	ist die Wahrscheinlichkeit, alle Zwischenstadien der Überschwemmung bis zum endgültigen Gleichgewichtsstadium zu überleben. Sie wird berechnet wie in Gl. 42.
$s_{\text{final},i}$	ist die Wahrscheinlichkeit, im endgültigen Gleichgewichtsstadium der Überschwemmung zu überleben, unter Verwendung von Gl. 43.
$s_{\text{mom},i}$	ist die Wahrscheinlichkeit, Krängungsmomente zu überleben, unter Verwendung von Gl. 44.

Der Faktor $s_{\text{intermediate},i}$ gilt nur für Passagierschiffe (für Frachtschiffe sollte $s_{\text{intermediate},i}$ als 1 angenommen werden) und soll der kleinste der s-Faktoren sein, die aus allen Überflutungsstadien einschließlich des Stadiums vor der Ausgleichung, falls vorhanden, ermittelt werden. Er wird berechnet durch:

$$s_{\text{intermediate},i} = \left[\frac{GZ_{max}}{0{,}05} \frac{\text{Range}}{7}\right]^{\frac{1}{4}} \qquad (42)$$

wobei GZ_{max} nicht mehr als 0,05 m betragen darf und *Range* nicht mehr als 7° beträgt. $s_{\text{intermediate},i} = 0$, wenn der Zwischenkippwinkel 15° übersteigt. Wo Querflutungsarmaturen erforderlich sind, darf die Zeit für die Ausgleichung nicht mehr als 10 min betragen.

Der Faktor $s_{\text{final},i}$ wird aus folgender Formel ermittelt:

$$s_{\text{final},i} = K\left[\frac{GZ_{max}}{0{,}12} \frac{\text{Range}}{16}\right]^{\frac{1}{4}} \qquad (43)$$

wobei dies die in Gl. 43 verwendeten Variablen sind:

3 Detaillierte Vorschriften gemäß SOLAS 2009

GZ_{max} darf nicht mehr als 0,12 m betragen
Bereich darf nicht mehr als 16° betragen
$K = 1$ wenn $\theta_e \leq \theta_{min}$
$K = 0$ wenn $\theta_e \geq \theta_{min}$
$K = \sqrt{\frac{\theta_{max} - \theta_e}{\theta_{max} - \theta_{min}}}$ sonst und, θ_{min} ist 7° für Passagierschiffe und 25° für Frachtschiffe. Der Faktor θmax beträgt15° für Passagierschiffe und 30° für Frachtschiffe.

Der Faktor $s_{mom,i}$ gilt nur für Passagierschiffe (für Frachtschiffe soll $s_{mom,i}$ als 1 genommen werden) und wird am endgültigen Gleichgewicht berechnet durch:

$$s_{mom,i} = \frac{(GZ_{max} - 0.04)\text{Verdrängung}}{M_{heel}} \quad (44)$$

wobei die folgenden Definitionen gelten:

Verdrängung ist die intakte Verdrängung beim Schottentiefgang
M_{heel} ist das maximal angenommene Krängungsmoment wie in Gl. 45
$s_{mom,i}$ ≤ 1 Das Windkrängungsmoment M_{heel} wird berechnet mithilfe von:

$$M_{heel} = \max(M_{passenger}, M_{wind}, M_{survivalcraft}) \quad (45)$$

Die Momentdefinitionen sind:

$$M_{passenger} = (0.075N_p)(0.45B) \quad (46)$$

wobei N_p die maximale Anzahl von Passagieren ist, die im Dienstzustand, der dem tiefsten Schottentiefgang entspricht, an Bord sein dürfen, und B ist die Schiffsbreite.

M_{wind} ist die maximal angenommene Windkraft, die in einer Schadenssituation wirkt:

$$M_{wind} = \frac{(PAZ)}{9.806} \quad (47)$$

wobei folgende Größen in Gl. 47 verwendet werden:

P 120 N/m^2
A projizierte Seitenfläche über der Wasserlinie (m^2)
Z Abstand vom Zentrum der seitlich projizierten Fläche über der Wasserlinie $t/2$, (m)
T Tiefgang des Schiffs, d_i, (m)

$M_{survivalcraft}$ ist das maximal angenommene Krängungsmoment aufgrund des Ausbringens aller voll beladenen, mithilfe eines Davits ausgesetzten Rettungsmittel auf einer Seite des Schiffs. Weitere Details zu den hier verwendeten Annahmen finden Sie im Anhang A S. 29 von MSC 82/24/Add.1.

3.8.3 Berechnung des v_i-Faktors

Im Falle von wasserdichten Unterteilungen über der Wasserlinie muss der s_i-Wert für untere Abteile oder Gruppen von Abteilen mit einem Reduktionsfaktor v_i multipliziert werden. Dieser Faktor berücksichtigt die Wahrscheinlichkeit, dass die Räume über der horizontalen Grenze, die in Betracht gezogen wird, nach einer Kollision intakt bleiben. Wenn diese Räume aufgrund der Schiffskollision überflutet werden, wird die Reststabilität des Schiffs reduziert. Infolgedessen ändert sich der Auftrieb des Schiffs und die GZ-Kurve wird negativ beeinflusst. Der v_i-Faktor wird aus Gl. 48 ermittelt:

$$v_i = v(H_{j,n,m}, d) - v(H_{j,n,m-1}, d) \quad (48)$$

wobei

$$v_i \varepsilon [0, 1] \quad (49)$$

$H_{j,n,m}$ ist die geringste Höhe über der Basislinie in Metern innerhalb des Längenbereichs von $x1(j)\ldots x2(j+1)$ der m-ten horizontalen Grenze, die angenommen wird, um das vertikale Ausmaß der Überflutung zu begrenzen.

$H_{j,n,(m-1)}$ ist die geringste Höhe über der Basislinie in Metern innerhalb des Längenbereichs von $x1(j)\ldots x2(j+1)$ der $(m-1)$-ten horizontalen Grenze, die angenommen wird, um das vertikale Ausmaß der Überflutung zu begrenzen.

j ist das hintere Ende der beschädigten Zone.

n ist die Anzahl der angrenzenden Schadenszonen.

m ist die horizontale Grenze, die von der Wasserlinie aus nach oben gezählt wird.

d ist der zu berücksichtigende Tiefgang.

Die Berechnung der Terme $v(H_{j,n,m}, d)$ und $v(H_{j,n,m-1}, d)$ wird in Gl. 50 definiert:

$$v(H, d) = \begin{cases} 0{,}8 \frac{(H-d)}{7{,}8} & : \text{ wenn } (H-d) \leq 7{,}8 \\ 0{,}8 + 0{,}2 \frac{(H-d)-7{,}8}{4{,}7} & : \text{ wenn } (H-d) \geq 7{,}8 \\ 1 & : \text{ wenn } H_m \text{ mit der oberen Grenze übereinstimmt} \\ 0 & : \text{ wenn } m = 0 \end{cases} \quad (50)$$

wobei $v(H_{j,n,m}), d$ als 1 zu setzen ist, wenn H_m mit der hintersten wasserdichten Grenze des Schiffs innerhalb des Bereichs $x1j\ldots x2_{j+n-1}$ übereinstimmt und $v(H_{j,n,o}), d$ als 0 zu nehmen ist.

In keinem Fall darf v_m kleiner als null oder größer als 1 genommen werden.

Im Allgemeinen wird jeder Beitrag zum A-Index im Falle einer horizontalen Unterteilung mit d_A bezeichnet, und dann ist jeder definiert wie in Gl. 51:

$$\delta_A = p_i[v_1 s_{min1} + (v_2 - v_1)s_{min2} + \cdots + (1 - v_{m-1})s_{minm}] \qquad (51)$$

wobei

v_m der v-Wert ist, berechnet in Übereinstimmung mit den vorherigen Werten, und
s_{min} der kleinste s-Faktor für alle Kombinationen von Schäden ist, die erzielt werden, wenn der angenommene Schaden von der angenommenen Schadenhöhe H_m abwärts reicht.

4   Durchlässigkeit

Um die Berechnungen der Unterteilungen und zur Stabilität eines beschädigten Schiffs entsprechend den Vorschriften durchzuführen, müssen für die Durchlässigkeit jedes allgemeinen Frachtraums oder Teils eines Raums die in Tab. 6 aufgelisteten Daten gelten.

Die letzte Durchlässigkeit wird als diejenige mit der strengsten Anforderung gewählt.

Für die Unterteilungsberechnungen und die Berechnungen zur Stabilität eines beschädigten Schiffs wie in den Vorschriften wird die Durchlässigkeit jedes Frachtraums oder Teils eines Raums wie in Tab. 7 definiert.

Literatur

1. IMO 2006 Solas Chapter II-1 construction – structure, subdivision and stability. IMO 2006
2. IMO2008a International code on intact stability (2008 IS Code). International Maritime Organization. IMO 2008
3. IMO2008b resolution MSC. 226(84) – Code of safety for special purpose ships. International Maritime Organization. IMO 2008
4. IMO2008c resolution MSC. 281(85) Expanatory notes to the SOLAS Chapter II-1: subdivision and damage stability regulations. International Maritime Organization. IMO 2008
5. C. Kirchsteiger, On the use of probabilisitc and deterministic methods in risk analysis. J. Loss Prev. Process Ind. **12**(5), 399–419 (1999)
6. G. Hjort, O. Olufsen, Probabilistic damage stability: DNV-GL (2014)

Tab. 6 Vorschriften zur Durchlässigkeit

Räume	Durchlässigkeit
Geeignet für Lager	0,60
Belegt durch Unterkünfte	0,95
Belegt durch Maschinen	0,85
Leere Räume	0,95
Für Flüssigkeiten vorgesehen	0 oder 0,95

Tab. 7 Durchlässigkeitsvorschriften für Frachtschiffe

Räume	Durchlässigkeit bei Tiefgang d_s	Durchlässigkeit bei Tiefgang d_p	Durchlässigkeit bei Tiefgang d_l
Trockene Frachträume	0,70	0,80	0,95
Container-Räume	0,70	0,80	0,95
RoRo-Räume	0,90	0,90	0,95
Frachtflüssigkeiten	0,70	0,80	0,95

7. C.J. Patterson, J.D. Ridley, *Ship Stability, Powering and Resistance*, vol. 13 (Adlard Coles Nautical, London, 2014)
8. O.M. Djupvik, S.A. Aanondsen, B.E. Asbjørnslett, Probabilisitic damage stability: maximising the attained index by analyzing the effects of changes in the arrangements for offshore vessels NTNU (2015)
9. M. Lützen, Ph.D. thesis: ship collision damage. Lyngby, Denmark (2001)

Stabilitätsmethodik der zweiten Generation

14

Zusammenfassung

Scit der Wiedereinsetzung des Unter-Ausschusses für Stabilität und Ladungslinien und für die Sicherheit von Fischereifahrzeugen (SLF) bei der Internationalen Seeschifffahrts-Organisation (IMO) im Jahr 2002 wurden neue Kriterien für eine intakte Stabilität entwickelt, um fünf spezielle Ausfallarten der Stabilität zu berücksichtigen (siehe [1]). Diese sind parametrisches Rollen, reiner Stabilitätsverlust in Heckwellen, Querlegen, Totalausfall des Schiffs und übermäßige Beschleunigung. Für jeden Ausfallmodus werden drei Stufen definiert, um die Verwundbarkeit des Schiffs mit einem stufenweise steigenden Genauigkeitsgrad bei der Vorhersage der Schiffsbewegung zu bewerten. Die erste Stufe zielt darauf ab, die konservativste zu sein und mit einfachen Mitteln wie einem Taschenrechner anwendbar zu sein. Die zweite Stufe könnte die Verwendung von Excel-Tabellen oder Codierungssoftware erfordern, während die dritte aus einer direkten Stabilitätsbewertung (DSA, engl. direct stability assessment) besteht, die durch die Verwendung von Software durchgeführt wird, die modernste Schiffsmodelle implementiert hat. Wir könnten auch eine eher statische Analyse auf der ersten Stufe beobachten, die sich auf der dritten Stufe zu einer völlig dynamischen Analyse entwickelt. Ein Schiff muss eines der drei Kriterien für jeden Ausfallmodus erfüllen. Wenn ein Schiff nach dem ersten Level als verwundbar eingestuft wird, dann wird die Überprüfung auf dem zweiten Level durchgeführt. Ein Schiff, das die Überprüfung auf dem zweiten Level nicht besteht, muss einer DSA unterzogen werden. Im Falle eines Schiffs, das immer noch als verwundbar angesehen wird, sollten betriebliche Anleitungen und/oder Einschränkungen angewendet werden. Abb. 1 zeigt ein zusammenfassendes Diagramm der Kriterien. Die neuen Kriterien werden durch Verweis in den SOLAS- und Load-Line-Konventionen für Passagier- und Frachtschiffe von 24 m oder mehr verpflichtend sein [2], und weitere Verbesserungen werden in Zukunft von der IMO vorgenommen werden.

1 Einführung

Seit der Wiedereinsetzung des Unter-Ausschusses für Stabilität und Ladungslinien und für die Sicherheit von Fischereifahrzeugen (SLF) bei der Internationalen Seeschifffahrts-Organisation (IMO) im Jahr 2002 wurden neue Kriterien für eine intakte Stabilität entwickelt, um fünf spezielle Ausfallarten der Stabilität zu berücksichtigen (siehe [1]). Diese sind parametrisches Rollen, reiner Stabilitätsverlust in Heckwellen, Querlegen, Totalausfall des Schiffs und übermäßige Beschleunigung. Für jeden Ausfallmodus werden drei Stufen definiert, um die Verwundbarkeit des Schiffs mit einem stufenweise steigenden Genauigkeitsgrad bei der Vorhersage der Schiffsbewegung zu bewerten. Die erste Stufe zielt darauf ab, die konservativste zu sein und mit einfachen Mitteln wie einem Taschenrechner anwendbar zu sein. Die zweite Stufe könnte die Verwendung von Excel-Tabellen oder Codierungssoftware erfordern, während die dritte aus einer direkten Stabilitätsbewertung (DSA, engl. *direct stability assessment*) besteht, die durch die Verwendung von Software durchgeführt wird, die modernste Schiffsmodelle implementiert hat. Wir könnten auch eine eher statische Analyse auf der ersten Stufe beobachten, die sich auf der dritten Stufe zu einer völlig dynamischen Analyse entwickelt. Ein Schiff muss eines der drei Kriterien für jeden Ausfallmodus erfüllen. Wenn ein Schiff nach dem ersten Level als verwundbar eingestuft wird, dann wird die Überprüfung auf dem zweiten Level durchgeführt. Ein Schiff, das die Überprüfung auf dem zweiten Level nicht besteht, muss einer DSA unterzogen werden. Im Falle eines Schiffs, das immer noch als verwundbar angesehen wird, sollten betriebliche Anleitungen und/oder Einschränkungen angewendet werden. Abb. 1 zeigt ein zusammenfassendes Diagramm der Kriterien.

Die neuen Kriterien werden durch Verweis in den SOLAS- und Load-Line-Konventionen für Passagier- und Frachtschiffe von 24 m oder mehr verpflichtend sein [2], und weitere Verbesserungen werden in Zukunft von der IMO vorgenommen werden.

2 Die IMO-Kriterien der zweiten Generation für intakte Stabilität

Hier wird eine beschreibende Darstellung der Kriterien vorgeschlagen, um eine Vorstellung davon zu vermitteln, welche Art von Physik für die Kriterien verwendet werden soll. Es ist wahrscheinlich, dass weitere Änderungen an ihnen vorgenommen werden, bevor sie innerhalb der Korrespondenzgruppe vereinbart werden.

2.1 Parametrisches Rollen

Dieses Phänomen bezieht sich auf eine starke Variation des Aufrichtmoments unter parametrischen Bedingungen. Die Parameter sind ein Wellenlängen-Schiffs-

2 Die IMO-Kriterien der zweiten Generation für intakte Stabilität

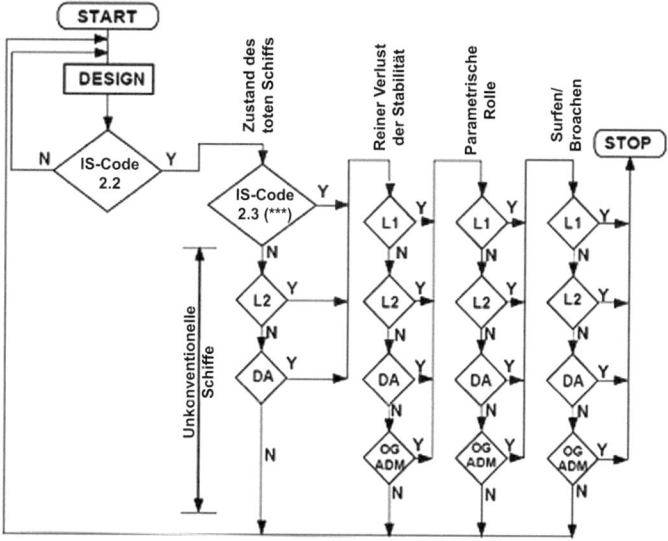

*** = WeC evtl. ergänzt mit Steilheitstabelle aus MSC 1/Circ. 1200

Abb. 1 Mehrschichtige Struktur der zweiten Generation intakter Stabilitätskriterien

längen-Verhältnis von 1, eine Wellenbegegnungsfrequenz gleich der doppelten natürlichen Rollperiode und eine Störung, um die Rollbewegung einzuleiten.

2.1.1 Erste Stufe

In dieser Phase wird die GM-Variation bei Wellen durch ihre Werte bei niedrigstem und höchstem Tiefgang geschätzt, die jeweils dem Wellenkamm und dem Wellental in der Schiffsmitte entsprechen. Abbildung 2 veranschaulicht diese Vereinfachung für den Wellenkamm in der Schiffsmitte. Wenn die Variation von GM höher als ein Standardwert R_{PR1} ist, dann wird das Schiff als verwundbar betrachtet.

R_{PR1} stellt die lineare Rolldämpfung für einen stationären Zustand oder die Kombination aus linearer Rolldämpfung und Wellengruppeneffekt für einen transienten Zustand dar [1, 3]. Ihre Ableitung wird in [1] aufgeführt. Anfangs wird GM als das GM im ruhigen Wasser für den betrachteten Beladungszustand angesehen.

$$\frac{\Delta GM}{GM} \geq R_{PR1} \tag{1}$$

$$R_{PR} = 1{,}87, \quad \text{wenn der Schiffsbauchradius} \ < 0{,}01B \tag{2}$$

$$R_{PR} = 0{,}17 + 0{,}425 \left(\frac{100 A_k}{LB} \right), \quad \text{wenn} \quad C_m > 0{,}96 \tag{3}$$

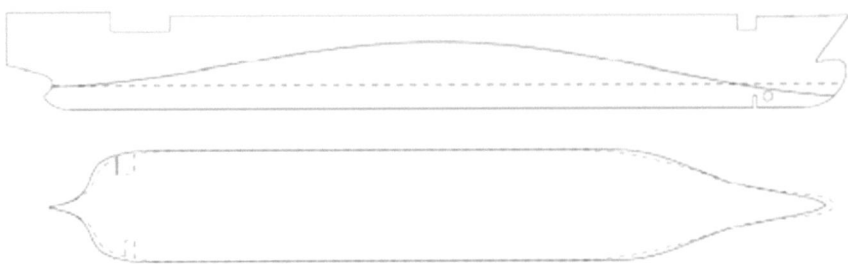

Abb. 2 Vergleich der vereinfachten Wasserlinie gegenüber der Wasserlinie der echten Welle im Wellenkammzustand a

$$R_{PR} = 0{,}17 + (10{,}625 \times C_m - 9{,}775)\left(\frac{100A_k}{LB}\right), \quad \text{wenn} \quad 0{,}9 < C_m < 0{,}96 \quad (4)$$

$$R_{PR} = 0{,}17 + 0{,}2125\left(\frac{100A_k}{LB}\right), \quad \text{wenn} \quad C_m < 0{,}94 \quad (5)$$

L ist die Länge zwischen den Loten; B die Konstruktionsbreite; A_k die Bilgenkielfläche; C_m der Mittelschiffsflächenkoeffizient.

Die Variation von *KB* wird vernachlässigt, und nur *BM*-Variationen aufgrund der Unterschiede der Wasserlinienmomente der Trägheit in Kamm- und Talbedingungen in der Schiffsmitte werden berücksichtigt. Delta *GM* wird nicht für den freien Oberflächeneffekt korrigiert ([4] Anhang 5) im Gegensatz zu anfänglichem *GM*, das korrigiert wird [5]. Daher werden die Wasserlinienmomente der Trägheit in Kamm- und Talbedingungen durch das Wasserlinienmoment der Trägheit bei ruhigem Wasser bei zwei verschiedenen Tiefgängen approximiert:

$$\Delta GM = \frac{I_H - I_L}{2V}; \quad \text{nur wenn} \; \frac{V_D - V}{A_W(D - d)} \geq 1{,}0 \quad (6)$$

wobei I_H und I_L die Wasserflächenmoments der Trägheit für höhere und niedrigere Tiefgänge sind, d_H und d_L wird berechnet gemäß den Angaben in [6]; Δ ist das Volumen der Verdrängung für den betrachteten Beladungszustand; Δ_D ist das Volumen der Verdrängung an der Wasserlinie gleich D; D ist die Konstruktionstiefe; d ist der Tiefgang im Beladungszustand; A_W ist die Schwimmfläche bei Tiefgang d.

Die Wellensteilheit, die zur Durchführung der Berechnung von d_H und d_L verwendet wird, soll aus drei bestehenden Vorschlägen gewählt werden, [4] Anhang 15.

Wenn Gl. (6) nicht erfüllt ist, soll ΔGM als die Hälfte der Differenz zwischen maximalem und minimalem *GM* berechnet werden, gewonnen aus der Wellenkammmitte bei *LCG* und jeweils 0,1*L* rückwärts und vorwärts bis zu 0,5L. Eine Methode, basierend auf den Richtlinien des American Bureau of Shipping wird in Anhang 2 aufgeführt [7]. In diesem Fall sind die Eigenschaften der zu berücksichtigenden Welle sehr konservativ:

2 Die IMO-Kriterien der zweiten Generation für intakte Stabilität

$$\text{Wellenlänge}: \lambda = L \tag{7}$$

$$\text{Wellenhöhe}: H = L \cdot S_W, \text{ wobei } S_W = 0{,}0167. \tag{8}$$

2.1.2 Zweite Ebene

Die zweite Ebene besteht aus zwei Prüfungen. Das Schiff muss eine davon erfüllen.

Erste Prüfung
Das Schiff gilt als gefährdet, wenn der Index C_1 größer ist als ein definierter Standard R_{PR0}, der wahrscheinlich als 0,06 genommen wird, [4] Anhang 21, worüber aber noch diskutiert wird. C_1 ist der gewichtete Durchschnitt aus einer Reihe von Wellen. Er ist für Fälle mit 16 Wellen definiert durch:

$$C_1 = \sum_{i=1}^{N} W_i C_i > R_{PR0} = 0{,}06 \tag{9}$$

wobei W_i der Gewichtungsfaktor ist, der die Wahrscheinlichkeit des Auftretens für jeden Fall der Wellen darstellt und aus Tab. 1 entnommen werden kann.

Grundsätzlich stellt der Index C_i die physische Anfälligkeit des Schiffs für parametrisches Rollen für jeden Fall von Wellen dar. Wenn diese Anfälligkeit festgestellt

Tab. 1 Fälle der Wellen für die parametrische Rollbewertung

Fallnummer der Welle	Gewicht W_i[m]	Wellenlänge λ_i(m)	Wellenhöhe H_i(m)
1	0,000013	22,574	0,350
2	0,001654	37,316	0,495
3	0,020912	55,743	0,857
4	0,092799	77,857	1,295
5	0,199218	103,655	1,732
6	0,248788	133,139	2,205
7	0,208699	166,309	2,697
8	0,128984	203,164	3,176
9	0,062446	243,705	3,625
10	0,024790	287,931	4,040
11	0,008367	335,843	4,421
12	0,002473	387,440	4,769
13	0,000658	442,723	5,097
14	0,000158	501,691	5,370
15	0,000034	564,345	5,621
16	0,000007	630,684	5,950

wird, ist es konsistent, sie entsprechend der Wahrscheinlichkeit des Auftretens einer solchen Welle, die das Schiff anfällig macht, irgendwie zu reduzieren.

C_i wird als 1 genommen, wenn Gl. (10) oder Bedingung (11) erfüllt ist und sonst 0:

$$V_{PRi} \leq V_D \tag{10}$$

$$\frac{\Delta GM(H_i, \lambda_i)}{GM(H_i, \lambda_i)} \geq R_{PR1} \text{ and } GM(H_i, \lambda_i) \leq 0 \tag{11}$$

In Gl. (10) ist V_D die Konstruktionsgeschwindigkeit des Schiffs, und V_{PRi} ist die Schiffsgeschwindigkeit für parametrische Resonanzbedingungen, definiert gemäß Gl. (12). Eine parametrische Resonanz von 2:1 existiert bei dieser Geschwindigkeit, weil die durchschnittliche natürliche Rollperiode genau die Hälfte der Wellenbegegnungsfrequenz ist.

$$V_{PRi} = \left| \frac{2\lambda_i}{T_\phi} \cdot \sqrt{\frac{GM(H_i, \lambda_i)}{GM}} - \sqrt{g \frac{\lambda_i}{2\pi}} \right| \tag{12}$$

wobei T_Φ die natürliche Rollperiode und GM die metazentrische Höhe im ruhigen Wasser sind.

In Bedingung (11) ist $GM(H_i, \lambda_i)$ der durchschnittliche GM-Wert während des Durchgangs einer Welle mit Länge λ_i und Höhe H_i, und $\Delta GM(H_i, \lambda_i)$ stellt die GM-Variation in einer Reihe von Wellen dar. Hierbei handelt es sich um die wahre sinusförmige Wasserlinie an verschiedenen Wellenkammpositionen x_{C_j} und ausgeglichenem Trimmen und Sinken, das zur Berechnung der GM-Variation in Wellen herangezogen wird, wie in Abb. 3 dargestellt. Es handelt sich um das gleiche Verfahren wie das, das verwendet wird, wenn Gl. (6) auf der ersten Ebene nicht erfüllt ist. Auch hier ist die Methode auf Grundlage der Richtlinien des American Bureau of Shipping [7] im Anhang 1 geeignet.

Zweite Überprüfung

Die zweite Überprüfung basiert auf der Reaktion in Kopf- oder Nachfolgewellen für den Bereich der Betriebsgeschwindigkeiten und Kurse des Schiffs. Es wird

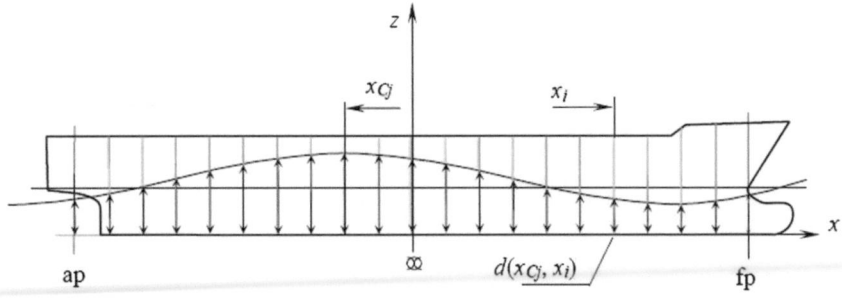

Abb. 3 Definition des Tiefgangs der i-ten Station mit der j-ten Position des Wellenkamms

2 Die IMO-Kriterien der zweiten Generation für intakte Stabilität

erwartet, dass die Stabilitätsberechnung Heben und Nicken quasi-statisch berücksichtigt. Das Schiff gilt als gefährdet, wenn der Index C_2 größer ist als $R_{PR1} = 0{,}15$.

$$C_2 = \left[\sum_{i=1}^{3} C_2(Fn_i, \beta_h) + C_2(0, \beta_h) + \sum_{i=1}^{3} C_2(Fn_i, \beta_f)\right]/7$$

$$C_2(Fn_i, \beta_i) = \sum_{i=1}^{N} W_i C_i$$

Die Indizes h und f stehen für Kopf- und Nachfolgewellen.

Der Gewichtungsfaktor W_i wird für jeden Fall von Wellen aus einem Wellenstreuungsdiagramm ermittelt. Das Verfahren ist zu umständlich, um in diesem Kapitel erklärt zu werden. Es wird in Teil III.D.2 detaillierter erläutert. C_i ist 0, wenn der maximale Rollwinkel R_{PR2} (höchstwahrscheinlich 25°) übersteigt und 1, wenn nicht. C_i wird unter sechs verschiedenen Bedingungen berechnet, die aus drei verschiedenen Geschwindigkeiten V_i und zwei Wellenrelativrichtungen bestehen: Kopfwellen entsprechend $C_2(Fn_i, \beta_h)$ und Nachfolgewellen entsprechend $C_2(Fn_i, \beta_f)$. Die Geschwindigkeiten V_i werden gemäß Gl. (13) und Tab. 2 berechnet.

$$\begin{aligned} Fn_i &= \frac{V_i}{\sqrt{Lg}} \\ V_i &= Vs \cdot K_i \end{aligned} \qquad (13)$$

Die Wellenbedingungen für die Bewertung des maximalen Rollwinkels (Einstellung C_i) sind wie folgt:

$$\text{Wellenlänge}: \lambda = L \qquad (14)$$

$$\text{Wellenhöhe}: h_j = 0{,}01 \cdot jL, \quad \text{where } j = 1, 2, \ldots, 10 \qquad (15)$$

Drei Methoden werden vorgeschlagen, um den maximalen Rollwinkel abhängig von den unten genannten Bedingungen zu bestimmen.

2.1.3 Numerische Transiente Lösung

Diese Methode sollte eine Bewertung der **natürlichen Reaktion** liefern und beruht auf der Lösung von Mathieu-artigen Gleichungen (abgeleitet vom Massen-Feder-Dämpfer-System), entweder linear mit einem DOF (16), vorgeschlagen in [4] Anhang 15, oder nichtlinear mit einem DOF (17), vorgeschlagen in [4] Anhang

Tab. 2 Entsprechender Begegnungsgeschwindigkeitsfaktor K_i

i	K_i	Entspricht Begegnung mit
1	1,0	Kopf- oder Nachfolgewellen bei V_s
2	0,866	Wellen mit 30° relativem Seitenwinkel zur Schiffsmittellinie bei V_s
3	0,500	Wellen mit 60° relativem Seitenwinkel zur Schiffsmittellinie bei V_s

18. Lösungen, die durch numerische Simulation im Zeitbereich mit der herkömmlichen Runge-Kutta-Methode erzielt wurden sind

$$\ddot{\Phi} + 2\delta_\Phi \cdot \dot{\Phi} + \omega^2 f_N(\Phi, t) = 0 \tag{16}$$

$$\ddot{\Phi} + 2\mu \cdot \dot{\Phi} + \beta \cdot \dot{\Phi}|\dot{\Phi}| + \delta \cdot \dot{\Phi}^3 + \omega^2 f_N(\Phi, t) = 0 \tag{17}$$

Φ ist der Rollwinkel; μ, β, δ sind die linearen, quadratischen und kubischen Dämpfungskoeffizienten, die aus der vereinfachten Methode von Ikeda gewonnen wurden, ω ist die ungedämpfte natürliche Frequenz, und f_N ist die Wiederherstellungskraft, die wie folgt berechnet wird:

$$f_N(\Phi, t) = \frac{GZ_W(\Phi, t)}{GM}$$

$$GZ_W(\Phi, t) = GZ_{still}(\Phi) + \{GM(t) - GM_{still}\}\{\sin(\Phi) - \sin(\Phi)^3/\sin(\Phi_{max})^2\}$$

$GZ_W(\Phi,t)$ ist der aufrichtende Hebel, der in Wellen mit statischem Gleichgewicht in Hebung und Neigung für die momentane Position der Wellenkammes zur Zeit t berechnet wird. Φ_{max} ist der Kenterwinkel. Diese GZ Berechnungsmethode wird in [4] Anhang 17 als genauer als andere bestehende Vorschläge vorgeschlagen (siehe [4] Anhang 15 und [8], S. 110), ist aber noch nicht vereinbart, weil auf dieser Ebene eine konservativere Schätzung bevorzugt werden könnte. In jedem Fall basiert die Berechnung auf der Froude-Krylov-Annahme und berücksichtigt keine Strahlung mit Kopplungs- und Beugungskomponenten.

2.1.4 Analytische erzwungene Antwort

Diese Methode zielt darauf ab, die Verwendung von numerischer Simulation auf Level 2 zu vermeiden, indem die Bewegungsgleichung analytisch gelöst wird (18). Die Lösung hat die Form $\Phi(t) = A\sin(\omega t - \varepsilon)$, wobei ω die Hälfte der Begegnungsfrequenz beträgt. Die Amplitude A, d. h. die stationären Zustände des hauptsächlichen parametrischen Rollens, wird gefunden, indem die Gleichung 12. Ordnung (19) für A z. B. mit Maki's Methode [9] gelöst wird.

$$\ddot{\Phi} + 2\mu \cdot \dot{\Phi} + \delta \cdot \dot{\Phi}^3 + \omega_\Phi^2 \Phi + \omega_\Phi^2 l_3 \Phi^3 + \omega_\Phi^2 l_5 \Phi^5 +$$
$$\omega_\Phi^2 \left(GM_{mean} + GM_{amp}\cos\omega_e t\right) \cdot \left(1 - \left(\frac{\Phi}{\pi}\right)^2\right)\frac{\Phi}{GM} = 0 \tag{18}$$

$$\left(\frac{\pi^2\omega(3A^2\omega^2\gamma + 8\alpha)}{(2\pi^2 - A^2)\omega_\Phi^2}\right)^2 + \left(\frac{\frac{6A^2\omega_\Phi^2 - 8\pi^2\omega_\Phi^2}{4(\pi^2 - A^2)\omega_\Phi^2}\frac{GM_{mean}}{GM} +}{\frac{-5\pi^2 A^4 l_5 \omega_\Phi^2 - 6\pi^2 l_3 \omega_\Phi^2 + 8\pi^2\omega^2 - 8\pi^2\omega_\Phi^2}{4(\pi^2 - A^2)\omega_\Phi^2}}\right)^2 = \left(\frac{GM_{amp}}{GM}\right)^2 \tag{19}$$

wobei γ und α gemäß [4] Anlage 15 Anhang 1 ermittelt werden. Dämpfungskoeffizienten, die nach Ikeda's vereinfachter Methode ermittelt wurden, sind erforderlich. [10] erwähnt die Notwendigkeit, eine zusätzliche Komponente für den Auftrieb von Bilgenkielen und dem Rumpf bei Vorwärtsgeschwindigkeit hinzuzufügen. l_3 und l_5 sind konstante Koeffizienten des Wiederherstellungsmoments dritter und fünfter Ordnungr in ruhigem Wasser, die aus der kleinsten quadratischen Anpassung auf der *GZ*-Kurve in ruhigem Wasser ermittelt werden. GM_{amp} und GM_{mean} sind die Amplitude der Variation der Metazentrumshöhe und des Durchschnitts der Variation. *GM* ist die Metazentrumshöhe in ruhigem Wasser.

Diese Methode ist diejenige, die in den erläuternden Notizen vorgeschlagen wird [11] und die wahrscheinlich für die regulatorische Anwendung beibehalten wird.

2.2 Reiner Stabilitätsverlust

Dieser Ausfallmodus steht im Zusammenhang mit der Veränderung des aufrichtenden Moments, wenn das Schiff über eine ausreichend lange Zeit in Wellen fährt, die es in Gefahr bringen [12].

Die Kriterien sind nur auf Schiffe anzuwenden, die eine Froude-Zahl von mehr als 0,24 haben.

2.2.1 Erste Ebene

Ein Schiff gilt als anfällig, wenn das minimale GM in Wellen kleiner ist als ein festgelegter Standard R_{PLA}:

$$GM_{\min} < R_{PLA} \quad (20)$$

wobei R_{PLA} noch festgelegt werden soll, vorgeschlagen sind Werte von 0,05 oder $1,83\, dFn^2$.

Das minimale *GM* wird berechnet, wie in Gl. (21):

$$GM_{\min} = KB(d) + \frac{I_L}{V_d} - KG \quad (21)$$

wobei $KB(d)$ die vertikale Position des Auftriebszentrums bei Tiefgang d ist (der Beladungszustand ist zu berücksichtigen), und I_L ist das Trägheitsmoment der Wasserlinienebene, bestimmt bei Tiefgang d_L (Wellenkammzustand) definiert nach Gl. (22):

$$\begin{aligned} d_L &= d - \delta d_L \\ \delta d_L &= Min\left(0{,}75d, \tfrac{L \cdot S_w}{2}\right) \end{aligned} \quad (22)$$

wobei S_w die Wellensteilheit ist, die gleich 0,0334 angenommen wird oder aus [4, 6], Tab. 5-B-1 oder 5-B-2 entnommen werden kann. Sie ist im Allgemeinen doppelt so hoch wie die für parametrisches Rollen verwendete.

Das Verfahren ist das gleiche wie für Ebene 1 parametrisches Rollen hinsichtlich der Lösung der Gl. (22).

2.2.2 Zweite Ebene

Ein Schiff in einem bestimmten Beladungszustand gilt als anfällig, wenn:

$$\max(CR_1, CR_2, CR_3) > R_{PL0} \quad (23)$$

$$CR_1 = \sum_{i=1}^{N} W_i C_{1_i} \qquad (24)$$

$$CR_2 = \sum_{i=1}^{N} W_i C_{2_i} \qquad (25)$$

$$CR_3 = \sum_{i=1}^{N} W_i C_{3_i} \qquad (26)$$

und mit W_i, einem statistischen Gewicht, entnommen aus Tab. 3, [13].

Die drei Kriterien C_{1_i}, C_{2_i} und C_{3_i} sind wie folgt definiert:

Wenn $GM_{min} < R_{PL1}$, dann wird C_{1_i} als 1 genommen und sonst als 0. GM_{min} wird berechnet, wie oben in Ebene 1 parametrisches Rollen erklärt, wenn Gl. (22) nicht erfüllt ist.

Wenn $\Phi_{loll} > R_{PL2}$, dann wird C_{2_i} als 1 genommen und sonst als 0. Φ_{loll} ist ein maximaler Lollwinkel, der aus dem GZ berechnet wird, mit der Wellenkuppe zentriert am LCG, und jedem $0{,}1L$-Intervall vorwärts und rückwärts vom LCG bis zu $0{,}5L$.

Tab. 3 Umgebungsbedingungen für reinen Verlust

Fallnummer	Gewicht W_i	Wellenlänge λ_i [m]	Wellenhöhe H_i [m]	Wellensteilheit $s_{w,i}$	$1/s_{w,i}$
1	0,000013	22,574	0,700	0,0310	32,2
2	0,001654	37,316	0,990	0,0265	37,7
3	0,020912	55,743	1,715	0,0308	32,5
4	0,092799	77,857	2,589	0,0333	30,1
5	0,199218	103,655	3,464	0,0334	29,9
6	0,248788	133,139	4,410	0,0331	30,2
7	0,208699	166,309	5,393	0,0324	30,8
8	0,128984	203,164	6,351	0,0313	32,0
9	0,062446	243,705	7,250	0,0297	33,6
10	0,024790	287,931	8,080	0,0281	35,6
11	0,008367	335,843	8,841	0,0263	38,0
12	0,002473	387,440	9,539	0,0246	40,6
13	0,000658	442,723	10,194	0,0230	43,4
14	0,000158	501,691	10,739	0,0214	46,7
15	0,000034	564,345	11,241	0,0199	50,2
16	0,000007	630,684	11,900	0,0189	53,0

2 Die IMO-Kriterien der zweiten Generation für intakte Stabilität

Wenn $GZ_{max} < R_{PL3}$, dann wird C_{3_i} als 1 genommen und sonst als 0. GZ_{max} ist der minimale Wert des maximalen aufrichtenden Hebelarms, der aus GZ-Kurven ermittelt wird, wie in der Definition von C_2 erwähnt.

Es existieren mehrere Vorschläge für den Wert oder die Vorgaben.

Die neuesten sind in[13, 14] verfügbar und wurden wie folgt vereinbart:

$$R_{PL0} = 0{,}05 \tag{27}$$

$$R_{PL1} = 0{,}06\,\text{m} \tag{28}$$

$$R_{PL2} = 30° \tag{29}$$

$$R_{PL3} - 8\left(\frac{H_i}{\lambda_i}\right)dF_n^2\,[\text{m}] \tag{30}$$

2.3 Stabilität bei Totalausfall des Schiffs

Dieser Modus wird betrachtet, wenn das Schiff ohne Antriebskraft hohem Wellengang und starken Winden ausgesetzt ist. Diese beiden erregenden Kräfte können eine synchrone Rollresonanz und große Krängungsmomente verursachen und möglicherweise zu einem Stabilitätsversagen führen.

2.3.1 Erste Ebene

Das Kriterium wurde vereinbart als aktuelles Wetterkriterium des Intact Stability Code von 2008 mit der modifizierten Tab. 3 der Wellensteilheit, die in MSC.1/ Circ. 1200 enthalten ist.

Ein Schiff wird als nicht gefährdet angesehen, wenn Bereich b gleich oder größer als Bereich a ist, wie in Abb. 4 angegeben.

I_{W1} ist der konstante Windkipphebel und I_{W2} ist der Böenkipphebel. Φ_0 ist der Gleichgewichtswinkel der Krängung, Φ_1 ist der Winkel des Windrollens aufgrund der Welle (siehe [15], S. 15 für seine Berechnung), Φ_2 ist der Winkel der Überflutung oder der zweite Schnittpunkt mit dem Böenkippmoment oder 50°.

Das Windkippmoment wird gemäß (31) berechnet:

$$\begin{aligned} I_{W1} &= \frac{P \cdot A \cdot Z}{1000 \cdot g \cdot \Delta} \\ I_{W2} &= 1{,}5 \cdot I_{W1} \end{aligned} \tag{31}$$

P ist der Winddruck (504 Pa), A ist die projizierte Seitenfläche von Schiff und Ladung über der Wasserlinie (m^2), Z ist der vertikale Abstand zwischen A und der Oberfläche der unter Wasser liegenden Seitenfläche (m), Δ ist die Verdrängung (t).

2.3.2 Zweite Ebene

Viele Diskussionen über das Kriterium der zweiten Ebene für diesen Ausfallmodus laufen noch. Ihre letzten Versionen sind in den folgenden Referenzen

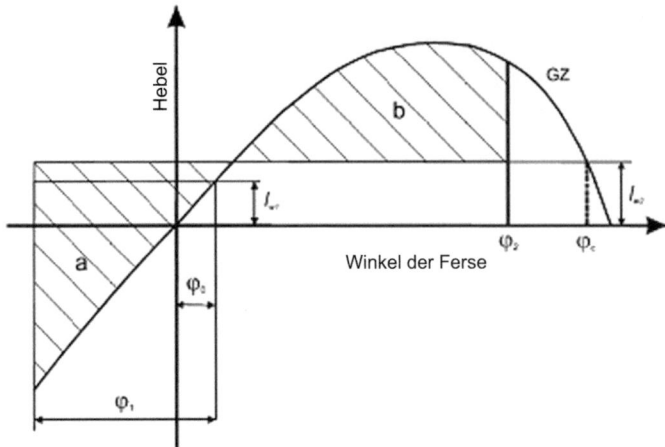

Abb. 4 Gefährdungskurve der Schiffsstabilität

enthalten: [8] Anhang 3 (Methode A) und 4 (Methode B) und [16] Anhang 7 und [17] Anhang 19 und 20.

Über das Folgende scheint Einigkeit zu bestehen:
Die Rollbewegung des Schiffs wird durch das folgende nichtlineare Modell mit einem DOF beschrieben:

$$(J_{xx} + J_{add})\ddot{\Phi} + D(\dot{\Phi}) + \Delta \cdot GZ(\Phi) = M_{\text{wind,tot}}(\Phi, t) + M_{\text{waves}}(t) \quad (32)$$

J_{xx} ist das trockene Trägheitsmoment des Schiffs, J_{add} ist das hinzugefügte Trägheitsmoment, $D(\dot{\Phi})$ ist das allgemeine Dämpfungsmoment, Δ ist die Verdrängung des Schiffs, GZ(Φ) ist der Rückstellhebel, $M_{\text{wind,tot}}(\Phi, t)$ ist das gesamte augenblickliche Moment aufgrund von Wind auch unter Berücksichtigung der Wirkung der hydrodynamischen Reaktion, $M_{\text{waves}}(t)$ ist das gesamte augenblickliche Moment aufgrund von Wellen.

Das folgende Verfahren berücksichtigt die Zusammenführung von zwei bestehenden Methoden [2]. Gl. (32) wird dann wie folgt neu geschrieben:

$$\ddot{\Phi} + 2\mu \cdot \dot{\Phi} + \beta \cdot \dot{\Phi}|\dot{\Phi}| + \delta \cdot \dot{\Phi}^3 + \omega_0^2 c(\Phi) = \omega_0^2 \cdot \left(\bar{m}_{\text{wind,tot}} + m(t)\right) \quad (33)$$

Mit erzwungener $m(t) = \delta m_{\text{wind,tot}}(t) + m_{\text{waves}}(t)$ und rückstellendem $c(\Phi) = {GZ(\Phi)}/{GM}$ $\bar{m}_{\text{wind,tot}}$ ist der mittlere Windkipphebel und $\delta m_{\text{wind,tot}}(t)$ ist der Windkipphebel bei Böen.

$$\bar{m}_{wind,tot} = 0{,}5 \cdot \frac{\rho_{air} \cdot \bar{V}_W^2 \cdot (H_W + H_{yd}) \cdot C_y \cdot A_L}{\Delta \cdot GM} \quad (34)$$

wobei ρ die volumetrische Luftmassendichte ist, V_w ist die mittlere Windgeschwindigkeit, H_w ist der vertikale Abstand von der Wasserlinie zum angenommenen

Zentrum des Winddrucks (positiv über Wasser), H_{yd} ist der vertikale Abstand von der Wasserlinie zum angenommenen Zentrum der Driftreaktion (positiv unter Wasser), C_y ist der seitliche Windwiderstandsbeiwert, A_L ist die seitliche Windangriffsfläche, Δ ist die Schiffsverdrängung, GM ist die metazentrische Höhe des Schiffs in aufrechter Position.

Das Spektrum des gesamten dimensionslosen fluktuierenden Moments wird wie folgt berechnet:

$$\begin{aligned} S_{m_{\text{waves}}}(\omega) &= r^2(\omega) \cdot \frac{\omega^4}{g^2} \cdot S_{ZZ}(\omega) \\ S_{\delta m_{\text{wind,tot}}}(\omega) &= \left(\frac{\rho_{\text{air}} \cdot \bar{V}_W^2 \cdot (H_W + H_{yd}) \cdot C_y \cdot A_L}{\Delta \cdot GM} \right)^2 \cdot \chi^2(\omega) \cdot S_v(\omega) \\ S_m(\omega) &= S_{m_{\text{waves}}}(\omega) + S_{\delta m_{\text{wind,tot}}}(\omega) \end{aligned} \quad (35)$$

wobei $r(\omega)$ die effektive Steigungsfunktion der Wellen ist, ω ist die Wellenfrequenz (Dopplereffekt aufgrund von Drift wird vernachlässigt), $S_{zz}(\omega)$ ist das Meereshöhenspektrum, $\chi(\omega)$ ist die aerodynamische Admittanzfunktion, $S_v(\omega)$ ist das Windböenspektrum, [3] Anhang 3. Die zu verwendenden Spektren müssen noch definiert werden.

Unter einigen angemessenen Annahmen kann die Bewegungsgleichung gelöst werden. Details finden Sie in [18, 19].

Sobald das Spektrum der Rollbewegung ermittelt ist, wird ein zeitabhängiger Kenterindex bestimmt. Diese gewichtete durchschnittliche Gesamtstabilitätsausfallwahrscheinlichkeit ist mit einem Standard R_{DS} gleich 10^{-6} zu vergleichen, wie von [20], S. 15 empfohlen, aber noch zu bestätigen, da innerhalb der CG noch nicht vereinbart.

2.4 Übermäßige Beschleunigung

Die Kriterien hier können in Bezug auf maximal zulässige GM oder maximal zulässige seitliche Beschleunigungswerte an einem bestimmten Punkt auf dem Schiff ausgedrückt werden. Für einige Schiffe könnte es recht schwierig sein, solche Bedingungen zu erfüllen, da die Anforderungen an die Schadensstabilität höher sein könnten als die hier berechneten GM-Werte.

2.4.1 Erste Ebene

Bei der Berechnung der Varianz des Rollwinkels in einem natürlichen Seegang für ein spezifiziertes Wellenspektrum kann man erkennen, dass der dominierende Beitrag zu einem der an der Berechnung beteiligten Integrale (Gl. 24) in [17]) aus dem Bereich der Frequenzen nahe der natürlichen Rollfrequenz kommt. Daher wird die Varianz des Rollens zum folgenden Ausdruck vereinfacht:

$$\sigma_\varphi^2 = \frac{\omega_\varphi^4 I_1}{g^2} \cdot \pi^2 r^2 \omega_\varphi S_\zeta \frac{(\omega_\varphi)}{\delta_\varphi} = 0{,}0256 r^2 \omega_\varphi^5 S_\zeta \frac{(\omega_\varphi)}{\delta_\varphi} \quad (36)$$

wobei ω_φ die natürliche Rollfrequenz ist; I_1 ist ein Integral, das den Einfluss der Hauptwellenrichtung und der Richtungsverteilung der Wellenenergie berücksichtigt; r ist der Reduktionsfaktor des anregenden Kippmoments; S_ζ ist das Spektrum; δ_φ ist der logarithmische Dekrement des freien Rollabfalls (engl. *free roll decay*) bei der Amplitude φ.

Dies führt schließlich zu den folgenden Gleichungen für die laterale Beschleunigung und den lateralen Ruck: $\sigma_a = \sigma_\varphi (g + \omega_\varphi^2 h)$ und $\sigma_j = \sigma_\varphi \omega_\varphi (g + \omega_\varphi^2 h)$.

Zwei Standards wurden vorgeschlagen. Sie sind 5,9 (m/s) oder 7,848 (m/s) für Schiffe mit einer Länge zwischen den Loten größer als 250,0 m.

2.4.2 Zweite Ebene

Die Rollgleichung in linearisierter Form lautet wie folgt:

$$I_\Phi \ddot{\varphi} + b_\varphi \dot{\varphi} + c_\varphi \varphi = M \sin(\omega_e t + \varepsilon) \tag{37}$$

wobei I_φ das Roll-Trägheitsmoment ist (einschließlich trockener und hinzugefügter Masse, engl. *dry and added mass*), b_φ ist der effektive Rollreibungskoeffizient abhängig von der Rollamplitude φ_a, c_φ ist die effektive linearisierte Steifigkeit, M ist die Amplitude des anregenden Moments. Die Ermittlung der Koeffizienten und der Amplitude der Kräfte (engl. *amplitude of forcing*) zusammen mit den betrachteten Annahmen wird genau in [17], S. 20 beschrieben. Die Lösung der Gleichung unter diesen Annahmen kann wie folgt dargestellt werden:

$$\frac{\varphi_a}{\zeta_a} = \frac{r \omega^2 \omega_\varphi^2 \sin \mu}{g \left[(\omega_\varphi^2 - \omega^2)^2 + \omega^2 \omega_\varphi^2 \left(\delta_\varphi / \pi \right) \right]^{1/2}} \tag{38}$$

wobei ζ_A die Wellenamplitude ist, r der Reduktionsfaktor des anregenden Kippmoments, ω_φ die natürliche Rollfrequenz, ω die Wellenfrequenz, μ die Wellenrichtung, g die Gravitationsbeschleunigung und δ_φ das logarithmische Dekrement des freien Rollabfalls bei der Amplitude φ.

Daraus folgt für die Amplitude der Seitenbeschleunigung: $\frac{a_y}{g} = k_L \varphi_a \left(1 + h\omega^2 / g \right)$, und für die Amplitude des Seitenrucks: $\frac{J_a}{g} = k_L \varphi_a \omega \left(1 + h\omega^2 / g \right)$

wobei k_L ein Faktor ist, der von der Längsposition auf dem Schiff abhängt, und h ist die Höhe des Beobachtungspunkts. Die Verwendung des Wellenspektrums zur Bestimmung der Varianz des Rollwinkels in natürlichen Seewegen wird hier nicht dargestellt.

In Bezug auf die Standards wurde zunächst auf bestehende Standards des High Speed Craft Code verwiesen, aber diese wurden dann als unangemessen bezeichnet, [4] Anhang 29. Der Wert von 0,2 g kann daraus abgelesen werden.

Vorschläge für Umgebungsbedingungen sind in den Anhängen 1, 2 und 3 von [4] und Anhang 1 von [21] enthalten.

3 Direkte Stabilitätsbewertung (DSA)

Eine Zusammenfassung der wichtigsten Anforderungen, die von der Arbeitsgruppe für die DSA erstellt wurden, wird unten aufgelistet. Dementsprechend hat [22] ein Modell mit sechs DOF vorgeschlagen, das für alle Ausfallmodi geeignet sein sollte.

Die Arbeitsgruppe entwickelt derzeit das DSA-Verfahren und stimmt darüber ab. Dies ist in [17] Anhang 21 und [23] enthalten. Das Rechenwerkzeug muss aus einer Simulationssoftware im Zeitbereich bestehen, die mindestens folgende Fähigkeiten aufweist.

3.1 Allgemeine Anforderungen

i. Die Wellenmodellierung kann auf der Theorie kleiner Wellen (airy waves) basieren, es sei denn, ausgereifte nichtlineare Wellenmodelle sind verfügbar. Die statistische und hydrodynamische Gültigkeit des Wellenmodells muss verstanden werden, wenn Fourier-Reihen zur mathematischen Duplizierung (engl. *mathematical duplication*) verwendet werden. (vgl. SLF 51/INF 4).
ii. Die Rolldämpfung muss Wellen-, Wirbel- und Hautreibungskomponenten beinhalten. Roll-Decay-Tests sollten bevorzugt werden, andernfalls CFD. Besondere Sorgfalt ist auf die Duplizierung zu legen: bei Wellenkomponenten der Dämpfung, die bereits in die Berechnung der Beugungskräfte einbezogen sind, oder bei der Komponente der Dämpfung (z. B. Querströmungswiderstand), die direkt berechnet wird und die aus den zur Kalibrierung verwendeten Daten ausgeschlossen werden muss.
iii. Rumpfkräfte sind Widerstandskräfte (einschließlich Wellen-, Wirbel- und Oberflächenreibung) sowie Quer- und Gierkräfte und -momente. Wenn die Strahlungs- und Beugungskräfte als Lösung des Rumpf-Randwertproblems berechnet werden, müssen Maßnahmen ergriffen werden, um zu verhindern, dass diese Effekte mehr als einmal einbezogen werden.

3.2 Parametrisches Rollen und übermäßige Beschleunigung

1.a.i. Mindestens drei DOF (Heben, Rollen und Nicken) und sogar fünf DOF für einige Schiffe (Hinzufügen von Quer- und Gierbewegung).
ii. Froude-Krylov und hydrostatische Kräfte sollten mit Formulierungen für den genauen Körper berechnet werden (Panel- und Streifentheorie-Ansatz, engl. *panel and strip-theory approach*).
iii. Strahlungs- und Beugungskräfte sollten mit approximativen Koeffizienten, linearer Formulierung für den Körper oder genauer Lösung des Körper-Randwertproblems berechnet werden.

iv. Vorsicht, die Dämpfungskomponente nicht mehr als einmal berücksichtigen (siehe allgemeine Anforderungen)!
v. Die Fähigkeit, statistisch gültige langkämmige unregelmäßige Wellen zu reproduzieren, muss vorhanden sein.

3.3 Reiner Stabilitätsverlust

i. Mindestens vier DOF (Vortrieb, Heben, Rollen und Nicken) modelliert und volle Kopplung für die nicht modellierten.
ii. Froude-Krylov und hydrostatische Kräfte sollten mit Formulierungen für den genauen Körper berechnet werden, einschließlich Panel- und Streifentheorie.
iii. Strahlung und Beugung werden berechnet wie für PR und übermäßige Beschleunigung. Hydrodynamische Kräfte aufgrund von Wirbelablösung vom Rumpf sind ordnungsgemäß zu modellieren.
iv. Der Schub kann aus einem auf Koeffizienten basierenden Modell ermittelt werden (unter Berücksichtigung der Propeller-Rumpf-Interaktion).
v. Widerstandseffekte dürfen nicht mehr als einmal einbezogen werden.

3.4 Wellenreiten und Querlegen

i. Mindestens vier DOF (Vortrieb, Querbewegung, Rollen und Gieren) erforderlich und volle Kopplung oder statisches Gleichgewicht für andere DOF werden angenommen.
ii. Froude-Krylov und hydrostatische Kräfte müssen aus Formulierungen für den genauen Körper berechnet werden, einschließlich Panel- und Streifentheorie oder polynomiale Gleichungen.
iii. Strahlung und Beugung berechnet wie für alle anderen Modi.
iv. Hydrodynamische Kräfte aufgrund von Wirbelablösung von einem Rumpf sollten ordnungsgemäß modelliert werden. Dies sollte hydrodynamische Auftriebskräfte und -momente aufgrund der Koexistenz von Wellenteilchengeschwindigkeit und Schiffsvorwärtsgeschwindigkeit, abgesehen von Manövrierkräften und -momenten in ruhigem Wasser, einschließen.
v. Widerstand, Rollendämpfung, Quer- und Gierkräfte und -momente sollten nicht mehr als einmal einbezogen werden.

3.5 Totalausfall des Schiffs

i. Mindestens fünf DOF (d. h. alle außer Vortrieb).
ii. Froude-Krylov und hydrostatische Kräfte sind aus Formulierungen für den genauen Körper zu berechnen, einschließlich Panel- und Streifentheorie.
iii. Strahlung und Beugung berechnet wie für alle anderen Modi.

iv. Drei Komponenten für aerodynamische Kräfte und Momente sollten auf Grundlage von Modelltestergebnissen bewertet werden, es sei denn, CFD zeigt ausreichende Übereinstimmung.
v. Längsdriftkraft, Drift-Krängungsmoment und Drift-Giermoment aus Experimenten muss ermittelt werden, es sei denn, CFD zeigt ausreichende Übereinstimmung.
vi. Optionale Fähigkeit zur Reproduktion von statistisch gültigen lang- oder kurzkämmigen unregelmäßigen Wellen.
vii. Rolldämpfung, Quer- und Gierkräfte und -momente sollten nicht mehr als einmal einbezogen werden.

Literatur

1. V. Belenky, C.C. Bassler, K.J. Spyrou, *Development of Second Generation Intact Stability. Criteria, Naval Surface Warfare Center, US Navy*
2. Proceedings of The 11th International Ship Stability Workshop, Current Status of New Generation Intact Stability Criteria Development, Alberto Francescutto, University of Trieste, Naoya Umeda Osaka University
3. Current Status of Second Generation Intact Stability Criteria Development and Some Recent Efforts, Naoya Umeda Osaka University
4. IMO SLF55/INF15
5. Revision Proposals of Draft Vulnerability Criteria and Standards For Parametric Roll and Pure Loss of Stability Japan Submission to the Iscg, 3rd March 2014
6. Proposed Amendments to Part B of the 2008 IS Code to Assess The Vulnerability of Ships to the Parametric Rolling Stability Failure Mode, IMO, 2014
7. Guide for the Assessment of Parametric Roll Resonance in the Design of Container Carriers American Bureau Of Shipping, June 2008
8. IMO SLF52/INF2
9. A. Maki, N. Umeda, S. Shiotani, E. Kobayashi, Parametric rolling prediction in irregular seas using combination of deterministic ship dynamics and probabilistic wave theory. J. Mar. Sci. Technol. **16**(13), 294310 (2011)
10. S. Kruger, H. Hatecke, H. Billerbeck, A. Bruns, F. Kluwe, Investigation of the 2nd generation of intact stability criteria for ships vulnerable to parametric rolling in following seas. Hamburg University of Technology Flensburger Schiffbau-Gesellschaft(2013). Accessed 9–14 June 2013
11. Draft Explanatory Notes on the Vulnerability of Ships to the Parametric Rolling Stability Failure Mode, IMO 2014
12. V.N. Belenky, N.B. Sevastianov, *Stability and Safety of Ships Risk of Capsizing*, 2nd edn. (Jersey City, SNAME, 2007), S. 195–198
13. H. Sadat-Hosseini, F. Stern, A. Olivieri, E. Campana, H. Hashimoto, N. Umeda, G. Bulian, A. Francescutto, Head-waves parametric rolling of surface combatant. Ocean Eng. **37**, 859–878 (2010)
14. Proposed Amendments to Part B of the 2008 IS Code to Assess the Vulnerability of Ships to the Pure Loss of Stability Failure Mode, IMO 2014
15. IMO MSC267.85
16. IMO SLF53/INF10
17. IMO SLF54/INF12

18. G. Bulian, A. Francescutto, A simplified modular approach for the prediction of the roll motion due to the combined action of wind and waves. J. Eng. Marit. Environ. **218**(M3), 189–21 (2004)
19. G. Bulian, A. Francescutto, A. Maccari, Possible simplified mathematical models for roll motion in the development of performance-based intact stability criteria extended and revised version. Quaderno Di Dipartimento N 46, Department Dinma, University Of Trieste (2008)
20. IMO SLF54/Wp3
21. IMO SLF55/WP3
22. G. Bulian, A. Fancescutto, Second generation intact stability criteria: on the validation of codes for direct stability assessment in the framework of an example application. Pol. Marit. Res
23. Draft Guidelines of Direct Stability Assessment Procedures as a Part of the Second Generation Intact Stability Criteria, SDC 1. INF8. Annex 27, IMO, 2014

Beispiele und Aufgaben 15

1 Beispiele und Aufgaben

1. Ein Öltanker hat eine Konstruktionsbreite von 39,5 m mit einem Konstruktionstiefgang von 12,75 m und einer Mittelschiffsfläche von 496 m². Berechnen Sie den Mittelschiffsflächenkoeffizienten C_m.
   [$C_m = 0{,}9849$]
2. Finden Sie die Schwimmfläche eines Schiffs, das 36 m lang ist, 6 m Breite und einen Feinheitskoeffizienten von 0,8 hat.
   [172,8 m²]
3. Die Daten in Tab. 1 beziehen sich auf Schiffe aus der späten viktorianischen Zeitalter. Die Einheiten sind in *Fuß*.
   Berechnen Sie für jeden Schiffstyp ∇, A_m, A_w in *SI*-Einheiten. Sie können 1 ft = 0,3048 m verwenden.
4. Ein Schiff ist 150 m lang, mit einer Breite von 20 m und einer Beladungstiefe von 8 m, Leichtgang 3 m. Der Blockkoeffizient beträgt 0,788 für den Beladungstiefgang und 0,668 für den Leichtgang. Berechnen Sie die beiden unterschiedlichen Verdrängungen.
   [18912 m³, 6012 m³]
5. Ein Schiff 100 m lang, 15 m breit und mit einer Tiefe von 12 m schwimmt auf geradem Kiel mit einem Tiefgang von 6 m mit einem Schärfegrad der Verdrängung von 0,800 in Standard-Salzwasser mit einer Dichte von 1,025 t.m^{-3}. Finden Sie heraus, wie viel Ladung abgeladen werden muss, wenn das Schiff bei gleichem Tiefgang in Süßwasser schwimmen soll.
   [180t]
6. Ein Schiff von 120 m Länge, mit einer Breite von 15 m und einem Schärfegrad der Verdrängung von 0,700 schwimmt auf der Beladungstiefe von 7 m in Süßwasser. Wie viel zusätzliche Ladung kann geladen werden, wenn das Schiff

Tab. 1 Schiffsinformationen

Schiffsklasse	Länge	Breite	Tiefgang	C_b	C_w	C_m
Pacific S. N. Co.	390,0	42,5	21,0	0,609	0,77	0,86
Royal Mail Co.	344,0	40,5	21,0	0,590	0,76	0,84
National Line Co.	385,0	42,0	22,0	0,659	0,80	0,88
Anchor Line	350,0	35,0	21,0	0,687	0,84	0,85
Schlachtschiff (3 Decks)	260,0	61,0	25,5	0,537	0,82	0,76
Schlachtschiff (2 Decks)	238,0	55,8	23,8	0,530	0,84	0,66
Holzfregatte	251,0	52,0	21,3	0,453	0,79	0,64
Schoner	160,0	31,3	13,0	0,495	0,76	0,79
Panzerfregatte	337,3	50,3	23,0	0,490	0,73	0,79

bei dem *gleichen* Tiefgang, aber in Meerwasser mit Standarddichte $1,025 \text{ t.m}^{-3}$ schwimmen soll?
[In Salzwasser 9040,5 t und Süßwasser 8820 t]

7. Ein typisches Frachtschiff mit den folgenden Spezifikationen: Länge zwischen den Loten, 120 m, mittlere Breite 20 m, Tiefgang 8 m, Verdrängung Δ 14000 t, Mittelschiffsflächenkoeffizient von 0,985 und Wasserflächenkoeffizient 0,808 soll um 10 m in der Mittelschiffsposition verlängert werden. Berechnen Sie die neuen Werte für C_b, C_w, C_p und Δ.
[$C_b = 0,733$, $C_w = 0,823$, $C_p = 0,744$, $\Delta = 15620$ t]

2 Beispiele und Aufgaben

1. Ein Schiff hat ein Verdrängungsvolumen $\nabla = 15500 \text{ m}^3$, $C_B = 0,71$ und $C_M = 0,95$. Die Fläche des eingetauchten Mittelschiffabschnitts beträgt $A_M = 160 \text{ m}^2$, und das Verhältnis von Breite zu Tiefgang beträgt 2,17. Bestimmen Sie die Länge, Breite und den Tiefgang des Schiffs.
[$L = 129,6 \text{ m}, B = 19,12 \text{ m}, T = 8,81 \text{ m}$]

2. Ein Schiff hat eine Länge von 130 m, eine Breite von 17,7 m und einen Tiefgang von 7,3 m. Das Verdrängungsvolumen beträgt $\nabla = 12044,5 \text{ m}^3$ und $C_P = 0,845$. Bestimmen Sie die Fläche des eingetauchten Mittelschiffabschnitts A_M und C_M.
[$A_M = 109,6 \text{ m}^2, C_M = 0,849$]

3. Ein Zweimann-Segeldingi verdrängt ein Volumen von $0,27 \text{ m}^3$. Seine Ladelinienlänge beträgt 4,25 m, und die Wasserlinienbreite auf halber Schiffslänge beträgt 1,1 m. Angenommen $C_P = 0,58$ und ein Mittelschiffsflächenkoeffizient $C_M = 0,63$, berechnen Sie die Werte von $\widehat{m}$, C_B und Tiefgang (Schwert hochgezogen).
[$\widehat{m} = 6,576, C_B = 0,365, T = 0,158 \text{ m}$]

4. Eine Luxus-Motoryacht soll ein Verdrängungsvolumen von 350 m^3 und ein Breite-zu-Tiefgang-Verhältnis von 3,5 haben. Angenommen, die Froude-Zahl

Tab. 2 Gewichte der Schiffskomponenten

ARTIKEL	Masse (kg)	$VCG(m)$	$LCG(m)$
Rumpfstruktur	720	1,0	0,3
Ballastkiel	1100	−1,8	0,7
Hilfsmotor und Heckgetriebe	150	0,1	−2,3
Deckausrüstung, Anker, Kabel	100	1,6	2,0
Segel, Mast, Takelage	80	6,5	0,7
Crew	400	1,3	−3,0
Treibstoff, Wasser, Vorräte	280	0,2	−0,8

beträgt $F_n = 0{,}40$, verwenden Sie die Designtrendlinien, um eine geeignete Länge (LBP), Breite (B) und Tiefgang (T) für dieses Schiff zu schätzen. Berechnen Sie auch die Schiffsgeschwindigkeit, die der genannten Froude-Zahl entspricht.
[ca. $LBP = 46{,}86\,\text{m}, B = 7{,}7\,\text{m}, T = 2{,}2\,\text{m}, V = 16{,}67$ Knoten]

5. Ein Lenkwaffenzerstörer soll eine Verdrängung von 5000 Tonnen und eine Höchstgeschwindigkeit von 32 Knoten haben. Ein geeignetes Breite-zu-Tiefgang-Verhältnis beträgt 3,0. Angenommen, die Salzwasserdichte beträgt $1025\,\text{kg.m}^{-3}$, berechnen Sie geeignete Hauptabmessungen für dieses Schiff. Beachten Sie, dass Sie die Designtrendlinien verwenden müssen; da jedoch kein Wert für F_n gegeben ist, müssen Sie einen typischen Wert für $\widehat{m}$ oder C_B annehmen, sagen wir aus Tab. 1.2. [*Hinweis: Um zur richtigen Antwort zu gelangen, verwenden Sie eine iterative Technik, wie z. B. das Newton-Verfahren*]
[ca. $LBP = 125{,}5\,\text{m}, B = 17{,}2\,\text{m}, T = 5{,}7\,\text{m}$]

6. Die in Tab. 2 angegebenen Daten beziehen sich auf eine 10 m lange Segelyacht. Verwenden Sie diese Informationen, um die Position des Schwerpunkts dieses Bootes sowohl vertikal als auch längs in dem angegebenen Beladungszustand zu berechnen. Berechnen Sie auch den vertikalen Abstand, durch den der Schwerpunkt sich bewegt, wenn ein Crewmitglied mit einer Masse von 80 kg zum Masttopp 13,5 m über der Wasserlinie gehoben wird, um einen Schaden an der Takelage zu reparieren.
   VCG wird von der Beladungswasserlinie aus gemessen, positiv nach oben.
   LCG wird von der Schiffsmitte aus gemessen, positiv nach vorne
   [$VCG = 0{,}004\,\text{m}, LCG = -0{,}19\,\text{m}$, Änderung von $VCG = 0{,}34\,\text{m}$]

3 Beispiele und Aufgaben

1. Ein vollständig ballastbeladenes Schiffsmodell schwimmt frei in einem Schleppbecken. Beim Umsetzen eines Ballastgewichts, um den Trimm des Modells zu ändern, fällt das Gewicht versehentlich in das Becken. Steigt der Wasserstand im Becken: (a) an, (b) fällt er oder (c) bleibt er gleich? Begründen Sie Ihre Antwort.

2. Das Volumen an Wasser, das benötigt wird, um den Wasserstand in einer leeren Schleuse vom unterstromigen Niveau auf das oberstromige Niveau zu erhöhen, ist V_0. Wie viel Wasser geht in einem Schleusenzyklus flussabwärts verloren:
   a. Wenn ein Schiff mit verdrängtem Volumen V_1 die Schleuse flussaufwärts passiert?
   b. Wenn ein Schiff mit verdrängtem Volumen V_1 die Schleuse flussabwärts passiert?
   c. Wenn ein Schiff mit verdrängtem Volumen V_1 die Schleuse flussaufwärts passiert und ein zweites Schiff mit dem gleichen Volumen flussabwärts durch die Schleuse fährt?

   Zeigen Sie Details, wie die Antworten zu (a), (b) und (c) ermittelt wurden.

   Die Wasserverluste in einem Kanalsystem, das den Schiffsverkehr in beide Richtungen abwickelt, wurden über einen langen Zeitraum überwacht, und es stellte sich heraus, dass der durchschnittliche Wasserverlust weniger als V_0 pro Schleusenzyklus beträgt. Erklären Sie, warum dies so sein könnte.

3. Die Länge, Breite und mittlerer Tiefgang eines Schiffs betragen 115 m, 15,65 m und 7,15 m, jeweils. Die mittlere Querschnittsfläche und die Schärfegrade der Verdrängung betragen jeweils 0,921 und 0,665. Das Schiff schwimmt in Salzwasser. Ermitteln Sie:
   a. die Verdrängung (Masse) in Tonnen,
   b. die Verdrängung (Gewicht) in MN,
   c. die mittlere Querschnittsfläche,
   d. den prismatischen Koeffizienten.

   [$\Delta = 8771,3\,\text{t} = 86,05 MN, A_M = 103,1\,\text{m}^2, C_P = 0,722$]

4. Ein Experiment zur Bewegung von verankerten Minen soll in Süßwasser in einem Wellenkanal durchgeführt werden. Die Mine ist eine Kugel mit einem Durchmesser von 5 cm aus Polystyrol (Gewicht wird als vernachlässigbar angenommen). Der Verankerungsblock ist ein Bleiwürfel mit einer Kantenlänge von 5 cm. Die spezifische Dichte von Blei beträgt 14,0. Unter der Bedingung, dass die Mine mit dem Bleiwürfel durch eine leichte Schnur verbunden ist, sodass sie vollständig untergetaucht knapp unter der freien Oberfläche schwimmt, bestimmen Sie:
   a. die Spannung in der Schnur,
   b. die Reaktionskraft zwischen dem Bleiwürfel und dem Boden des Tanks.

   [(a) $0,642N$, (b) $15,3N$]

5. Ein homogener rechteckiger Block mit der Dichte ρ schwimmt vollständig eingetaucht mit zwei seiner Flächen horizontal in zwei Flüssigkeiten, die sich nicht mischen. Die Dichten der Flüssigkeiten sind ρ_1 und ρ_2, sodass $\rho_1 < \rho < \rho_2$. Zeigen Sie, dass für das Verhältnis, in dem die vertikalen Flächen dieses Blocks durch die gemeinsame Oberfläche der Flüssigkeiten geteilt werden, gilt:

$$\frac{\rho_2 - \rho}{\rho - \rho_1}$$

6. Eine Yacht bewegt sich von Meerwasser zu Süßwasser und sinkt 0,5 cm. Ein Mann mit einem Gewicht von 750 N verlässt diese Yacht, und sie steigt wieder bis zur ursprünglichen Wasserlinie auf. Ermitteln Sie:
   a. das ursprüngliche Gewicht der Yacht, einschließlich des Mannes,
   b. die Wasserlinienfläche.
   [(a) 30750N, (b) 15,3 m²]

4 Beispiele und Aufgaben

[Wo angebracht sind die Antworten in eckigen Klammern gegeben.]

1. Ein Schiff hat eine Verdrängung von 2643 t. TPM = 720 relativ zu Wasser mit der Dichte 1025 kg.m⁻³. Der mittlere Tiefgang dieses Schiffs, in Wasser mit der Dichte 1025 kg.m⁻³, beträgt 3,98 m. Ermitteln Sie den mittleren Tiefgang dieses Schiffs, wenn es in Wasser mit der Dichte 1006 kg.m⁻³ zu Wasser gelassen würde.
   [4,05 m]

2. Für ein Schiff mit senkrechten Seiten und dem Gewicht W befindet sich der Schwerpunkt G in einer Entfernung h über dem Auftriebszentrum B. Wenn eine Ladung mit dem Gewicht w an Bord gebracht wird, die sich in einer Tiefe b unterhalb der ursprünglichen Wasserlinie befindet, erhöht sich der Tiefgang um den Betrag d. Zeigen Sie, dass der vertikale Abstand zwischen dem Schwerpunkt und dem Auftriebszentrum nach dem Hinzufügen der Ladung w um folgenden Betrag reduziert wird:

$$\frac{w}{W+w}(h+b+0{,}5d)$$

3. Ermitteln Sie für ein gleichschenkliges Dreieck, siehe Abb. 1, mit einem Scheitelpunkt am Ursprung wie gezeigt, die folgenden Flächenträgheitsmomente:
   $J_T = \frac{1}{48}B^3H$ um $y = 0$.
   $J_{OL} = \frac{1}{4}BH^3$ um $x = 0$.

Abb. 1 4. Beispiele und Aufgaben, Frage 1

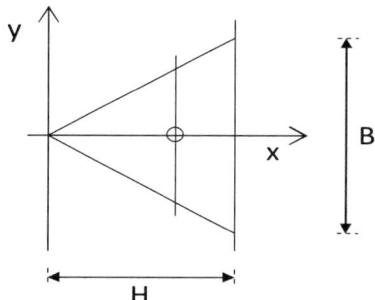

Abb. 2 4. Beispiele und Aufgaben, Frage 4

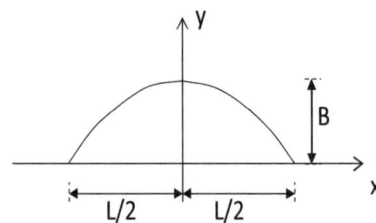

$J_L = \frac{1}{36}BH^3$ um die Achse durch den Schwerpunkt (d. h. $\bar{x} = 2H/3$)

$J_{1L} = \frac{1}{12}BH^3$ um die Basis $x = H$.

4. Ein Plättchen wird zwischen $x = -\frac{L}{2}$ und $x = \frac{L}{2}$ begrenzt durch:

   - die x-Achse und
   - die gezeigte Kurve $y = B\cos(\frac{\pi x}{L})$

   in Abb. 2,

   Zeigen Sie, dass die Fläche des Plättchens $A = \frac{2}{\pi}LB$ ist und dass für die Koordinaten des Schwerpunkts gilt:

   $$\frac{\bar{x}}{B} = 0, \qquad \frac{\bar{y}}{B} = \frac{\pi}{8}$$

   Hinweis: $\cos 2\theta = 1 - 2\sin^2\theta$

5 Beispiele und Aufgaben

[Wo angebracht sind Antworten in eckigen Klammern gegeben]

1. Eine Kurve der Schwimmfläche eines Schiffs kann ungefähr wie in Abb. 3 dargestellt werden:

   $$A(z) = az^n$$

   wobei a eine Konstante ist. Zeigen Sie, dass in Bezug auf den Schwimmflächenkoeffizienten C_W und den Schärfegrad der Verdrängung C_B gilt:

Abb. 3 5. Beispiele und Aufgaben, Frage 1

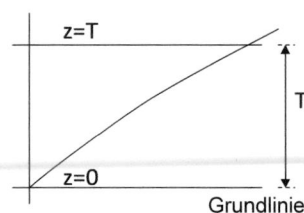

5 Beispiele und Aufgaben

Abb. 4 5. Beispiele und Aufgaben, Frage 2

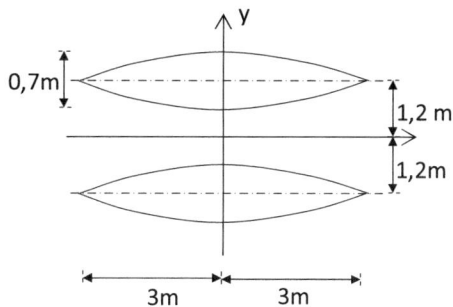

Abb. 5 5. Beispiele und Aufgaben, Frage 6

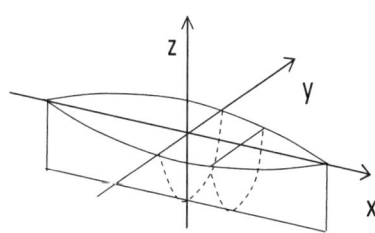

a.
$$n + 1 = \frac{C_W}{C_B}$$

b.
$$\frac{KB}{T} = \frac{\bar{z}}{T} = \frac{C_W}{C_W + C_B}$$

2. Ein Katamaran hat eine Wasserlinie wie in Abb. 4 gezeigt.
   Der Schwimmflächenkoeffizient beträgt $C_W = 0{,}75$ für jede Halbschale. Berechnen Sie die zweiten Momente der Schwimmfläche J_L und J_T über $x = 0$ und $y = 0$, jeweils unter der Annahme, dass die Wasserlinie symmetrisch zu $x = 0$ ist und jede halbe Wasserlinie die folgende Form hat:

$$y = \pm \frac{b}{2}\left[1 - \left(\frac{2x}{L}\right)^n\right]$$

   (y gemessen von der Mittellinie der Halbschale)

3. Eine mathematische Rumpfform nach Wigley hat parabolische Wasserlinien und Abschnitte und ist in Abb. 5 dargestellt. Sie wird mathematisch durch die folgende Gleichung definiert:

$$y = \frac{B}{2}\left[1 - \left(\frac{z}{T}\right)^2\right]\left[1 - \left(\frac{2x}{L}\right)^2\right]$$

   über die Bereiche $0 \geq z \geq -T$, $-s\frac{L}{2} \leq x \leq \frac{L}{2}$ und B ist die WL-Breite mittschiffs und T der Tiefgang.

Zeigen Sie, dass die Fläche der Schnittkurve

$$a(x) = \frac{2}{3}BT\left[1 - \left(\frac{2x}{L}\right)^2\right]$$

ist (für $x =$ konstant für jeden gegebenen Abschnitt),
und dass für die Schwimmfläche gilt:

$$A(z) = \frac{2}{3}LB\left[1 - \left(\frac{z}{T}\right)^2\right]$$

(für $z =$ konstant für jede gegebene Wasserlinie).
Finden Sie daher Werte der Koeffizienten C_W, C_M, C_B, C_P und die Tiefe des Schwerpunkts unterhalb der Belastungswasserlinie.

$$\left[C_W = C_M = C_P = \frac{2}{3}, C_B = \frac{4}{9}, \frac{\bar{z}}{T} = -\frac{3}{8}\right]$$

6 Beispiele und Aufgaben

Jede numerische Integration **muss** in tabellarischer Form dargestellt werden:

1. Verwenden Sie die **erste** Regel von Simpson, um das bestimmte Integral mit DREI Punkten zu schätzen.

$$\int_0^2 x^2 dx$$

  Vergleichen Sie Ihre Antwort mit dem genauen Wert aus der Integration.
2. Verwenden Sie die **erste** Regel von Simpson, um das bestimmte Integral mit SIEBEN Punkten zu schätzen.

$$\int_0^2 x^2 dx$$

  Vergleichen Sie Ihre Antwort mit dem genauen Wert aus der Integration.
3. Verwenden Sie die **erste** Regel von Simpson, um das bestimmte Integral mit NEUN Punkten zu schätzen.

$$\int_0^2 x^6 dx$$

  Vergleichen Sie Ihre Antwort mit dem genauen Wert aus der Integration.
4. Verwenden Sie die **erste** Regel von Simpson, um das bestimmte Integral mit FÜNFZEHN Punkten zu schätzen.

$$\int_0^2 x^6 dx$$

Vergleichen Sie Ihre Antwort mit dem genauen Wert aus der Integration.
5. Verwenden Sie die **zweite** Regel von Simpson, um das bestimmte Integral mit VIER Punkten zu schätzen.

$$\int_0^2 x^2 dx$$

Vergleichen Sie Ihre Antwort mit dem genauen Wert aus der Integration.
6. Verwenden Sie die **zweite** Regel von Simpson, um das bestimmte Integral mit SIEBEN Punkten zu schätzen.

$$\int_0^2 x^2 dx$$

Vergleichen Sie Ihre Antwort mit dem genauen Wert aus der Integration und der Antwort aus Frage 2.
7. Verwenden Sie die **erste** Regel von Simpson, um das bestimmte Integral mit SIEBEN Punkten zu schätzen.

$$\int_0^2 \sin(5x) dx$$

Vergleichen Sie Ihre Antwort mit dem genauen Wert aus der Integration.
8. Verwenden Sie die erste Regel von Simpson, um das bestimmte Integral mit DREIZEHN Punkten zu schätzen.

$$\int_0^2 \sin(5x) dx$$

Vergleichen Sie Ihre Antwort mit dem genauen Wert aus der Integration.
9. Verwenden Sie die **erste** Regel von Simpson, um zu folgendes Integral abzuschätzen:

$$\int_1^3 y\, dx$$

wobei die Werte von y und x folgendermaßen tabelliert sind:

x	1,00	1,25	1,50	1,75	2,00	2,25	2,50	2,75	3,0
y	2,45	2,80	3,44	4,20	4,33	3,97	3,12	2,38	1,80

7 Beispiele und Aufgaben

[Wo angemessen werden Antworten in eckigen Klammern gegeben]

1. Die halben Breiten (HB) an der beladenen Wasserlinie eines Schiffs LBP = 144 m sind wie folgt:

Station	0(AP)	1	2	3	4	5	6	7	8(FP)
HB(m)	17,0	20,8	22,4	22,6	21,6	18,6	12,8	5,6	0,0

Ermitteln Sie die Fläche und den Schwerpunkt der beladenen Wasserlinie sowie die longitudinalen und transversalen Flächenträgheitsmomente J_L und J_T.

[4812 m^2, 13,68 m hinter der Position 4, 5587765 m^4 über LCF, 641412 m^4 über CL]

Ein Anbau wird hinter AP mit den folgenden Eigenschaften an der beladenen Wasserlinie hinzugefügt: Länge = 21,6 m
Fläche = 474 m^2
Schwerpunkt = 8,17 m hinter AP,
$j_L = 44006$ m^4 über AP,
$j_T = 28440$ m^4 über CL.
Ermitteln Sie die Fläche und den Schwerpunkt der beladenen Wasserlinie sowie die longitudinalen und transversalen zweiten Flächenträgheitsmomente J_L und J_T, einschließlich des Anhangs.
[5286 m^2, 19,64 m achtern von Position 4, 7508200 m^4 um neue LCF, 669852 m^4 um CL]

2. Die Ordinaten der Querschnittsflächenkurve (a) für ein Schiff $LBP = 150$ m werden als Prozentsatz der Querschnittsfläche in der Schiffsmitte wie folgt angegeben:

Station	0(AP)	$\frac{1}{2}$	1	2	3	4	5
a(%)	1,70	15,5	33,2	65,6	88,1	97,8	100,0

Station	6	7	8	9	$9\frac{1}{2}$	10(FP)
a(%)	100,0	98,0	83,3	42,0	17,3	0,0

Die Breite des Schiffs beträgt 20 m, der Tiefgang 8 m und der Querschnittsflächenkoeffizient in der Schiffsmitte 0,96. Berechnen Sie das Verdrängungsvolumen und den LCB.
[16418,7 m^3, 2,29 m vor der Schiffsmitte]

3. Ein Kraftstofftank ist 6 m lang und hat einen gleichmäßigen Querschnitt. Der Querschnitt wird durch die folgenden Breiten (B) an Wasserlinien definiert, die 0,5 m voneinander entfernt sind (d. h. 0,5 m zwischen den Wasserlinien 0 und 1, 1 und 2):

Wasserlinie	0	$\frac{1}{2}$	1	2	3	4	5
B(mm)	610	970	1310	1760	2130	2470	2740

Berechnen Sie die Masse des Öls mit einer spezifischen Dichte von 0,88, die bei vollem Tank transportiert werden kann, und dessen vertikales Schwerpunktzentrum.
[24,75 t, 1,48 m über WL 0]

8 Beispiele und Aufgaben

[Wo angebracht sind die Antworten in eckigen Klammern angegeben]

1. Ein 110 m langes Schiff *(LBP)* schwimmt bei einem gleichmäßigen Tiefgang von 4,85 m, wobei das *LCF* 1,30 m vor der Schiffsmitte liegt. Eine Masse von 30 t wird nach vorne verlagert, bis der Tiefgang am FP 5,05 m beträgt. Ermitteln Sie die endgültige Position dieser Masse, wenn ihre Anfangsposition 47,0 m hinter der Schiffsmitte lag und das *MCT* 64 t m/cm ist.
   [40,4 m vor der Schiffsmitte]
2. Ein 140 m langes Schiff *(LBP)* schwimmt mit Tiefgängen von 4,85 m hinten und 4,25 m vorne. *LCF* liegt 1,90 m vor der Schiffsmitte. *TPC* und *MCT* betragen 19,4 und 108 t m/cm, jeweils. Finden Sie heraus, wo eine Masse von 135 t platziert werden sollte, um den Tiefgang am FP auf 4,25 m zu halten. Ermitteln Sie den neuen Tiefgang am AP.
   [9,55 m hinter der Schiffsmitte; 4,993 m]
3. Ein 120 m langes Schiff *(LBP)* mit einer maximalen Breite von 15 m, schwimmt in normalem Salzwasser mit Tiefgängen von 6,6 m vorne *(FP)* und 7,0 m hinten *(AP)*. Die Block- und Schwimmflächenkoeffizienten betragen jeweils 0,75. *LCF* wird in der Schiffsmitte angenommen, und GM_L beträgt 120 m. Finden Sie heraus, wie viel mehr Ladung geladen werden kann, und bestimmen Sie ihre Position relativ zur Schiffsmitte, wenn das Schiff eine Sandbank mit einem maximalen Tiefgang von 7,0 m überqueren muss.
   [276,75 t, 13,6 m vor der Schiffsmitte]
4. Eine große Motoryacht, vorbereitet für eine ausgedehnte Charterreise, hat die folgenden Eigenschaften:
   $LBP = 40$ m.
   $TPC = 2,09$.
   $MCT = 4,37$ t m/cm
   $LCF = 3,5$ m hinter der Schiffsmitte.
   Anfänglicher Tiefgang hinten $T_A = 1,80$ m, gemessen 1,0 m hinter *AP*.
   Anfänglicher Tiefgang vorne $T_F = 1,68$ m, gemessen am *FP*.
   Berechnen Sie die Tiefgänge vorne und hinten, sobald die Gegenstände aus Tab. 3 an Bord gebracht werden.
   [$T_A = 1,96$ m, $T_F = 2,05$ m]
5. Eine neue Klasse von Fregatten hat die folgenden hydrostatischen Eigenschaften bei einem mittleren Tiefgang von 4 m in Wasser der Dichte 1025 kg.m^{-3}:
   $TPM = 720$

Tab. 3 Schiffsdaten

ARTIKEL	Masse (Tonnen)	LCG (m) von der Schiffsmitte
Kraftstoff	27,0	5,2
Vorräte und Süßwasser	19,0	4,7 vorne
Gepäck	3,5	0,0
Beiboote	2,2	17,0 achtern

$MCT = 3000$ t m/m
$LCF = 4$ m achtern der Schiffsmitte.
$LCB = 1$ m achtern der Schiffsmitte.
Verdrängung $= 2643$ t.
Als eine der Klassen in Portsmouth zu Wasser gelassen wurde, wo die Wasserdichte 1025 kg.m^{-3} beträgt, ging sie mit einem mittleren Tiefgang von 3,98 m und einem Hecktrimm von 0,6 m (gemessen zwischen den Senkrechten) ins Wasser.
Angenommen, ein genau gleiches Schiff soll am Clyde gestartet werden, wo die Wasserdichte 1006 kg. m^{-3} beträgt, schätzen Sie die Tiefgänge an den Senkrechten nach dem Stapellauf.
[$T_{AP} = 4{,}33$ m, $T_{FP} = 3{,}77$ m]

9 Beispiele und Aufgaben

1. Das *TPM* eines Schiffs mit Seitenwänden (engl. *wall-sided ship*), das in normalem Salzwasser mit einem Tiefgang von 2,75 m schwimmt, beträgt 940. Die Verdrängung bei diesem Tiefgang beträgt 3335 t, und der *VCB* liegt 1,13 m unter der Wasserlinie. Der *VCG* dieses Schiffs liegt 3,42 m über dem Kiel. Das transversale zweite Moment der Schwimmfläche beträgt 7820 m^4. Berechnen Sie die neuen Werte von *KB*, *KG* und *KM$_T$*, wenn eine Masse von 81,2 t 3,05 m von der Mittellinie auf einem Deck 8,54 m über dem Kiel platziert wird. Schätzen Sie den Neigungswinkel aufgrund dieser zusätzlichen Last.
[$KB = 1{,}648$ m, $KG = 3{,}542$ m, $KM_T = 3{,}994$ m, Neigungswinkel 9,1°]
2. Ein homogener fester rechteckiger Block mit quadratischem Querschnitt schwimmt in Süßwasser, wobei eine Fläche horizontal ist. Zeigen Sie, dass dieser Zustand instabil ist, wenn die spezifische Dichte des Blocks zwischen folgenden Werten liegt:

$$\frac{1}{3+\sqrt{3}} \qquad \frac{1}{3-\sqrt{3}}.$$

3. Ein homogener Baumstamm, dessen Querschnitt ein gleichseitiges Dreieck ist, schwimmt in Süßwasser, wobei seine Spitze nach unten und die Oberseite horizontal ist. Zeigen Sie, dass dieser Zustand stabil ist, wenn die spezifische Dichte des Baumstamms größer als 9/16 ist.

4. Ein homogener zylindrischer Körper mit einem Höhen-/Durchmesserverhältnis von 0,8 und einer spezifischen Dichte von 0,5 schwimmt in Süßwasser. Zeigen Sie, dass die folgenden Bedingungen instabil sind:
   a. Zylinder schwimmt mit seiner Achse vertikal.
   b. Zylinder schwimmt mit seiner Achse horizontal.
5. Ein homogener runder Kegel schwimmt mit seiner Spitze nach unten und der Oberseite horizontal. Die Höhe des Kegels ist H und der Durchmesser oben ist D. Zeigen Sie, dass, wenn dieser Kegel mit einem Tiefgang T schwimmt, die Position des transversalen Metazentrums gegeben ist durch:

$$KM_T = \frac{3}{4}T\left[1 + \left(\frac{D}{2H}\right)^2\right]$$

10 Beispiele und Aufgaben

1. Ein Katamaran besteht aus zwei asymmetrischen Halbrümpfen, die jeweils 4 m lang sind, mit einer Wasserlinienform, wie in Abb. 6 gezeigt.
   Die Gleichung des gekrümmten Teils jedes Halbrumpfes ist parabolisch und wird durch

$$y(x) = 0{,}2\left[1 - \frac{x^2}{4}\right]$$

   gegeben. Berechnen Sie das transversale Trägheitsmoment dieser Wasserlinie.
   [1,2471 m^4]
2. Eine Seeplattform wird auf 8 Säulen (vertikale Elemente) und 2 Pontons (horizontale Elemente) gestützt. Die Säulen sind zylindrisch mit einem Durchmesser von 6 m, und die Pontons sind quadratisch mit den Abmessungen 8 m × 8 m. Die Längs- und Querabstände sind in Abb. 7 dargestellt.
   Bestimmen Sie den VCG (über dem Kiel), wenn der GM_T bei einem Tiefgang von 40 m 3 m betragen soll.
   [14,49m]

Abb. 6 10. Beispiele und Aufgaben, Frage 1

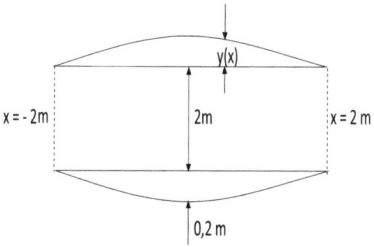

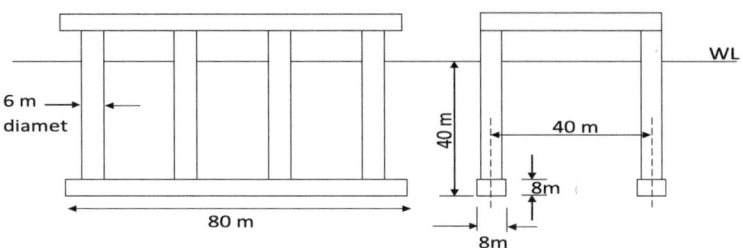

Abb. 7 10. Beispiele und Aufgaben, Frage 2

3. Ein Ein-Mann-Kanu und ein Zwei-Mann-Kanu mit einer Verdrängung von jeweils 95 und 190 kg sollen so konstruiert werden, dass das transversale Metazentrum 200 mm über der Wasserlinie liegt. Ermitteln Sie die Wasserlinienlänge L, die Wasserlinienbreite B und den Tiefgang T für beide Entwürfe, wenn sie in Süßwasser schwimmen. Vergleichen Sie ihre B / T- Verhältnisse. Sie können die folgenden Informationen verwenden: $\widehat{m}$ ist 10,
   VCB liegt $0,375T$ unter der Wasserlinie,
   J_T ist $0,045.LB^3$,
   C_B ist 0,45.
   [Ein-Mann-Kanu 4,56 m × 478 mm × 97 mm ; Zwei-Mann-Kanu 5,75 m × 567 mm × 130 mm]
4. Schätzen Sie die Höhe des transversalen Metazentrums GM_T für eine neue Klasse von Containerschiffen unter Verwendung der folgenden Informationen: $L = LBP = 270$ m, $B = 35$ m, $T = 11,5$ m, $\Delta = 75000$ t, $C_W = 0,795$, $KG = 10,75$ m, $\rho = 1,025$ t m^{-3}. Die Wasserlinie ist symmetrisch um die Schiffsmitte ($x = 0$) und wird mathematisch definiert durch:

$$y(x) = \frac{B}{2}\left[1 - \left(\frac{2x}{L}\right)^n\right]$$

   Der VCB wird mit der Formel von Morrish geschätzt.
   [4,14 m]
5. Ein Doppelbodentank, der sich über das gesamte Schiff erstreckt, hat die folgenden halben Freiflächenbreiten (m) (engl. *free surface half-breadths*), die in gleichen Abständen entlang des Tanks angegeben sind:
   8,82, 8,00, 6,93, 5,65, 4,24, 2,84 und 1,53.
   Der Tank ist 24 m lang, und das Schiff hat ein Verdrängungsvolumen von 17000 m³.
   Berechnen Sie den Verlust von GM_T aufgrund des Freiflächeneffekts, wenn dieser Tank Ballastwasser der gleichen Dichte wie das Wasser, in dem das Schiff schwimmt, enthält.
   [0,228 mm]

11 Beispiele und Aufgaben

1. $GM_T = 1$ m für einen Frachtdampfer mit $50MN$ Verdrängung. Ein Kran hebt eine Last von 0,2 MN aus einem Laderaum durch eine vertikale Höhe von 10 m. Die Höhe des Kranarms beträgt 20 m über diesem Laderaum, und der Radius des Arms beträgt 10 m. Berechnen Sie die Reduzierung von GM_T durch das Anheben der Last. Berechnen Sie den ungefähren Krängungswinkel, der durch das Drehen des Krans um 30° entsteht, unter der Annahme, dass er zunächst vorne und hinten ausgerichtet ist.
[[0,08 m], 1,36°]

2. Ein Schiff mit einer Verdrängung von 10000 t schwimmt im Wasser eines Docks mit einer Dichte von 1024 kg·m^{-3}. Dieses Schiff transportiert Öl mit einer spezifischen Dichte von 0,84 in einem Doppelbodentank. Dieser rechteckige Tank ist 25 m lang und 15 m breit und wird in seiner Mitte durch eine Längsschottwand geteilt. Berechnen Sie den Verlust an GM_T aufgrund der teilweisen Befüllung dieses Tanks.
[0,148 m]

3. Die Verdrängung eines Schiffs in Meerwasser mit einer Dichte von 1025 t m^{-3} beträgt 5100 t, und die Abstände des Schwerpunkts und des transversalen Metazentrums vom Kiel sind $KG = 4$ m und $KM_T = 4,8$ m. Ein Doppelbodentank ist im aufrechten Zustand voll mit Süßwasser. Dieser rechteckige Tank ist 20 m lang, 6 m breit, 1 m tief, und sein Boden befindet sich auf Kielhöhe. Die innenbordige Längsschottenwand, die eine Seite dieses Tanks bildet, befindet sich auf der Mittellinie des Schiffs. Angenommen, KM_T bleibt unverändert, berechnen Sie den Krängungswinkel, nachdem 60 t Süßwasser verbraucht wurden.
[2,9°]

4. Die Unterseite des Kiels eines Schiffs berührt gerade die Oberseite der Dockblöcke, wenn der Tiefgang bei ebenem Kiel 4,25 m beträgt. Die folgenden Informationen in Tab. 4 werden gegeben, wenn der Wasserstand fällt.
Angesichts dessen, dass KG 4,57 m beträgt, berechnen Sie die Höhe des transversalen Metazentrums GM_1 (siehe Anmerkungen zur Definition), wenn der Wasserstand fällt, und ermitteln Sie daraus den Tiefgang, bei dem das Gleichgewicht neutral ist.
[3,524 m]

5. Ein Schiff mit $LBP = 120$ m, das bei einem Tiefgang von 7 m auf ebenem Kiel schwimmt, setzt auf einem Felsen auf, der 5 m hinter dem vorderen Lot liegt. Das Schiff ruht, während die Flut 1,2 m fällt, bevor es abgeschleppt wird.

Tab. 4 Schiffsverdrängung im Vergleich zum Tiefgang

Tiefgang auf ebenem Kiel (m)	4,25	4,00	3,75	3,5
Verdrängung (t)	3560	3300	3050	2810
KM_T (m)	5,22	5,40	5,62	5,76

Die anfängliche Verdrängung beträgt 12.400 t, und die entsprechende GM_T beträgt 0,24 m.

Die folgenden Informationen sind für den Bereich der Tiefgänge verfügbar, die berücksichtigt werden müssen:

$TPC = 18,4$

$MCT = 140$ t m/cm

Der LCF befindet sich in der Schiffsmitte, und KM_T beträgt 7,12 m und wird als unverändert angenommen.

Berechnen Sie die Tiefgänge an den Loten kurz bevor das Schiff abgeschleppt wird und geben Sie an, ob das Schiff aufrecht geblieben ist oder nicht.

[$T_{AP} = 7,728$ m, $T_{FP} = 5,717$ m, Nein]

12 Beispiele und Aufgaben

1. Eine Kahn mit konstantem rechteckigen Querschnitt ist 60 m lang, 8,5 m breit und schwimmt in normalem Salzwasser mit einem mittleren Tiefgang von 3,4 m. Er ist zunächst instabil und hat einen Lollwinkel von 6°. Eine Masse von 0,3 t wird über eine Strecke von 6 m zur näher am Wasser liegenden Kante über das Deck bewegt. Ermitteln Sie die zusätzliche Neigung.
   [1,9°]
2. Die Variation des aufrichtenden Hebels mit dem Kippwinkel für ein Frachtschiff, $\Delta = 10.000$ t, ist wie in Tab. 5 festgelegt.
   Bestimmen Sie das maximale GZ und den Stabilitätsbereich.
   [ca. 0,54 m und 83°]
   Bestimmen Sie den/die möglichen Kippwinkel, wenn eine Masse von 500 t 10 m über das Deck von Backbord nach Steuerbord bewegt wird.
   [ca. 25° und 73°]
   Schätzen Sie den Stabilitätsbereich, wenn das Schwerpunktzentrum um 0,25 m angehoben wird.
   [ca. 67°]
3. Ein Schiff mit einer Verdrängung von 50MN hat ein KG von 6,85 m. Die Werte in Tab. 6 wurden aus einem Satz von Stabilitätskurven bei der oben genannten

Tab. 5 Aufrichtende Hebel gegen Neigungswinkel

ϕ (Grad)	0	15	30	45	60	75	90
$GZ(m)$	0,0	0,275	0,515	0,495	0,330	0,120	−0,100

Tab. 6 Schiffsneigungswinkel

ϕ (Grad)	0	10	20	30	40	50	60	70	80	90
$GZ_{as}(m)$	0,0	0,635	1,300	1,985	2,650	3,065	3,145	3,025	2,725	2,230

Verdrängung ermittelt, die unter Verwendung eines angenommenen Wertes für die vertikale Position des Schwerpunkts $KG_{as} = 5$ m erstellt wurden:
Berechnen Sie die dynamische Stabilität und die gegen das aufrichtende Moment gespeicherte potenzielle Energie bis zu einem Kippwinkel von 80°.
[84,315° m, 73,58 MJ]
4. Ein kastenförmiges Schiff mit einer Länge von 65 m, einer Breite von 10 m und einer Tiefe von 6 m schwimmt aufrecht bei einem ebenen Kieldraft von 4 m in normalem Salzwasser und hat $GM_T = 0{,}6$ m.
Berechnen Sie die gegen das aufrichtende Moment gespeicherte potenzielle Energie bis zu einem Kippwinkel von 20°.
[107,2 t m]

13 Beispiele und Aufgaben

1. Ein kastenförmiges Schiff von 65 m Länge, 10 m Breite und 6 m Tiefe schwimmt aufrecht bei einem ebenen Kielzug von 4 m in Standard-Salzwasser und $KG = 3{,}0$ m. Das Schiff hat ein Vorschiffskompartiment, das 5 m lang, 10 m breit und bis zur vollen Tiefe reicht. Ermitteln Sie die neuen Tiefgänge an den Loten, wenn dieses Kompartiment leckgeschlagen wird, unter der Annahme einer Durchlässigkeit von 0,9.
[$T_A = 3{,}339$ m, $T_F = 5{,}399$ m]
2. Ein kastenförmiges Schiff von 64 m Länge, 10 m Breite und 6 m Tiefe schwimmt aufrecht bei einem ebenen Kielzug von 5 m in Standard-Salzwasser und $KG = 3{,}0$ m. Das Schiff hat ein Vorschiffskompartiment, das 6 m lang und 10 m breit ist und vom Kiel bis zu einer Höhe von 3,5 m reicht. Ermitteln Sie die neuen Tiefgänge an den Loten, wenn dieses Kompartiment leckgeschlagen wird, unter der Annahme einer Durchlässigkeit von 0,25.
[$T_A = 4{,}858$ m, $T_F = 5{,}306$ m]
3. Ein kastenförmiges Schiff von 120 m Länge, 18 m Breite und 10 m Tiefe schwimmt aufrecht bei einem ebenen Kielzug von 8 m in Standard-Salzwasser. Das Deck hat vorne eine parabolische Scherung von 3 m. Schätzen Sie, als erste Annäherung, das Zentrum und die Länge eines Kompartiments, das, wenn es beschädigt und dem Meer geöffnet ist, dazu führen würde, dass dieses Schiff an einer Wasserlinie schwimmt, die am Deck an einem Punkt 20 m vor der Schiffsmitte tangiert. Nehmen Sie an, dass die Durchlässigkeit des Kompartiments 0,85 beträgt. Bitte beachten Sie, dass die parabolische Scherkurve (vorne) $z_S(x)$ wie folgt definiert ist:

$$z_S(x) = s\left(\frac{2x}{L}\right)^2 \qquad 0 \le x \le 0{,}5L$$

in Bezug auf das Deckniveau der Schiffsmitte. In diesem Ausdruck bezeichnen L und s die Länge und den Betrag der vorderen Scherung.
[Zentrum 24 m vor der Schiffsmitte und Länge 22,5 m ca.]

Tab. 7 Startproblem

Wegstrecke (m)	125	130	135	140	145	150	155	160	165
Auftrieb (MN)	36,27	40,39	44,63	48,96	53,37	57,19	58,30	59,41	60,51
LCB hinter LCG (m)	9,7	8,5	7,4	6,3	5,4	4,4	3,0	1,7	0,4

4. Ein Frachtschiff hat ein Stapellaufgewicht von $60,82 MN$, und der vordere Dollbordzapfen liegt 68,7 m vor dem *LCG*. Der Schwerpunkt des Schiffs passiert das Ende der Wegstrecke nach 117 m Fahrt. Weitere Informationen sind in Tab. 7 gegeben.

   Berechnen Sie das kleinste Moment gegen das Kippen, die zurückgelegte Strecke, wenn das Heck anhebt, die maximale Last des vorderen Dollbordzapfen und kommentieren Sie, ob der vordere Dollbordzapfen das Ende der Wegstecke passiert.

   [ungefähr 35,7 MNm, 150m, 3,63 MN; Nein]

MIX
Papier aus verantwortungsvollen Quellen
Paper from responsible sources
FSC® C105338

If you have any concerns about our products,
you can contact us on
ProductSafety@springernature.com

In case Publisher is established outside the EU,
the EU authorized representative is:
Springer Nature Customer Service Center GmbH
Europaplatz 3, 69115 Heidelberg, Germany

Printed by Libri Plureos GmbH
in Hamburg, Germany